JN233905

農 薬 学

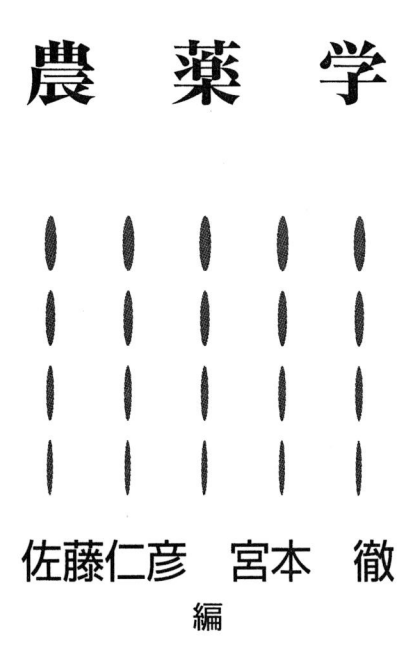

佐藤仁彦　宮本　徹
編

朝倉書店

執 筆 者

佐藤 仁彦	東京農工大学名誉教授
宮本 徹	東京農業大学応用生物科学部教授
有江 力	東京農工大学農学部助教授
安藤 哲	東京農工大学大学院生物システム応用科学研究科教授
廿日出 正美	静岡大学農学部教授
後藤 哲雄	茨城大学農学部教授
近藤 榮造	佐賀大学農学部教授
竹内 安智	宇都宮大学野生植物科学研究センター教授
小林 勝一郎	筑波大学応用生物化学系助教授
坂 齊	東京大学大学院農学生命科学研究科教授
米山 勝美	明治大学農学部教授

〈執筆順〉

まえがき

　人類が生活するために始めた採取農業や焼畑農業を経て定住・耕作農業へ移行し，近代的集約農業体系が確立された．農作物栽培において病害虫や雑草と闘うために労力が少なくてすみ，農作物の収量が多くなる防除技術の開発が求められてきたが，19世紀末から農薬が使われるようになり，人口増加に見合う食糧増産に大きく貢献してきた．現在では農産物の安定供給において不可欠な農業生産資材となっている．しかし，農薬は害虫や病原菌を殺滅し，雑草を枯死させる生物活性をもつ化学物質であるので人畜や他の生物に対して全く無害ではありえない．したがって，農薬がもっている選択毒性機構などの特性を活用して適正に使用すれば，大きな利益をもたらすが，不適切に使用すれば，他の生物・環境に悪影響を及ぼすことになる．自然環境を保全しつつ，人類の幸福のために農薬をいかに利用するかは社会的にも重要な課題である．

　本書は大学農学・生物系学部あるいは薬学部，農業者大学校で農薬について学ぼうとする学生諸君を対象に，農薬のあらましを主として化学の面から平易に解説したものである．教科書・参考書として企画されているが，農業高校教員，農業改良普及員，農業試験場職員ならびに農薬およびその利用に関連のある方々に基礎知見として役立てば幸いである．また，環境保全に関与する学生諸君や技術者，研究者の方々の参考書としても利用していただければ幸いである．

　本書はまず農薬とは何かとその歴史を概括し，次いで多くの人に学んでもらいたい農薬の毒性とリスク評価を述べる．各論では，農薬の基本構造と作用機構，選択性，主要な農薬の特性・適用などについても平易に解説されている．殺虫剤の中に生物農薬を，また，末部にバイテク農薬を解説している．さらに農薬の製剤・施用法に関する基礎事項にもふれている．随所にまだ十分議論がつくされていない知見も含まれているものの，教科書としての制約から簡略にすぎる部分が少なくないので，利用される場合，講義において適宜補足していただければと希望している．

まえがき

　最後に本書を編集するにあたって，既刊の書籍または研究論文から挿図や表を参考にさせていただいた．ここに厚く謝意を表する．また，本書の刊行にあたって御尽力いただいた朝倉書店編集部の方々に深く感謝する．

2003 年 9 月

編著者を代表して　佐　藤　仁　彦

目　次

1. 農薬概論 〔佐藤仁彦〕…1
1.1 農薬の定義…1
1.2 農薬の名称と分類…1
　a. 農薬の名称…1
　b. 用途による分類…1
　c. 有効成分・組成による分類…4
　d. 剤型による分類…4
1.3 農薬の変遷…5
1.4 規制農薬と代替農薬…8
1.5 農薬の役割…9

2. 農薬の毒性とリスク評価 〔宮本　徹〕…10
2.1 農薬のヒトへの毒性とその評価…10
　a. 急性毒性…10
　b. 慢性毒性…11
　c. 特殊毒性とその評価への考え方…12
2.2 農薬の野生生物や環境への影響…13
　a. 魚毒性
　b. 農薬の環境内動態…14
　c. 農薬の水域生態系への影響評価…14
2.3 農薬による二次毒性と安全性確保…14
　a. 残留毒性…14
　b. 内分泌攪乱化学物質としての疑い…17

3. 殺菌剤 〔有江　力〕…19
3.1 植物の病害と病原…19
　a. 植物病害による被害の重要性…19
　b. 植物の病気は植物と病原の相互作用により起こる…20
　c. 病原の感染機構…20
3.2 殺菌剤の開発と施用法…22

	a. 殺菌剤の開発の歴史	22
	b. 殺菌剤の対象病原	22
	c. 殺菌剤の施用法	23
	d. 殺菌剤の移行性	24
	e. 予防(保護)剤と治療剤	25
3.3	殺菌剤の化学性に基づく分類	25
	a. 有機塩素系	25
	b. 有機リン系	27
	c. 硫黄系	28
	d. カーバメート系	28
	e. 有機水銀系	31
	f. 有機スズ系	32
	g. 銅系	32
	h. 有機ヒ素系	32
	i. 無機系	33
	j. 脂肪族,アルキル系	33
	k. アニリド系	35
	l. アリール系,フェニル系	37
	m. ヘテロ環系	37
	n. ストロビルリン系	44
	o. 生物系	45
	p. その他	49
3.4	殺菌剤の作用機構	54
	a. 病原菌に対して直接の殺菌性や静菌性を示す薬剤	55
	b. 病原菌の感染・発病に関与する機構を特異的に阻害する薬剤	62
	c. 病原菌に対する抵抗性を植物に賦与する薬剤	65
	d. 微生物殺菌剤	67
3.5	殺菌剤耐性	68
3.6	有機農業における殺菌剤と特定農薬	71

4. 殺虫剤 ································ 72

4.1	選択毒性とこれを生み出す因子 〔宮本 徹〕	72
	a. 投与法	72
	b. 皮膚の透過性	73
4.2	殺虫剤の標的機能とその部位	73

		a.	刺激伝達機能…………………………………………………74
		b.	物質代謝およびエネルギー代謝機能……………………78
		c.	生合成機能………………………………………………82
	4.3	薬物代謝にかかわる主要酵素……………………………………82
		a.	酸　　　化………………………………………………83
		b.	還　　　元………………………………………………88
		c.	加 水 分 解………………………………………………88
		d.	抱　　　合………………………………………………89
	4.4	有機リン系殺虫剤…………………………………………………95
		a.	基 本 構 造………………………………………………95
		b.	作 用 機 構………………………………………………96
		c.	化学構造と生物活性……………………………………100
	4.5	カーバメート系殺虫剤……………………………………………108
		a.	基 本 構 造………………………………………………108
		b.	作 用 機 構………………………………………………110
		c.	化学構造と生物活性……………………………………110
	4.6	ピレスロイド系殺虫剤……………………………………………113
		a.	基 本 構 造………………………………………………108
		b.	作 用 機 構………………………………………………115
		c.	化学構造と生物活性……………………………………115
		d.	光安定性ピレスロイドの利用…………………………119
	4.7	ニコチノイド系殺虫剤……………………………………………119
		a.	基 本 構 造………………………………………………119
		b.	作 用 機 構………………………………………………121
		c.	化学構造と生物活性……………………………………121
	4.8	その他の含窒素系殺虫剤…………………………………………124
		a.	ネライストキシン………………………………………124
		b.	クロルジメホルム………………………………………124
		c.	新規含窒素系殺虫剤……………………………………124
	4.9	有機塩素系殺虫剤…………………………………………………125
		a.	DDT………………………………………………………126
		b.	BHC………………………………………………………126
		c.	ド リ ン 剤………………………………………………127
		d.	化学構造と生物活性……………………………………127

4.10	害虫行動制御剤	〔安藤 哲〕	128
	a. 昆虫の行動の制御		128
	b. フェロモン研究の概略		128
	c. ガ類性フェロモンの化学構造と多様性		129
	d. フェロモンの利用		130
	e. その他の情報伝達物質		132
	f. 合成誘引剤と忌避剤		133
4.11	生物農薬	〔廿日出正美〕	133
	a. 害虫防除を対象とするもの		134
	b. 病害防除を対象とするもの		140
	c. 雑草の防除を対象とするもの		141

5. 殺ダニ剤，線虫防除剤，殺鼠剤 ……143

5.1	殺ダニ剤	〔後藤哲雄〕	143
5.2	線虫防除剤	〔近藤榮造〕	148
	a. くん蒸剤		148
	b. 非くん蒸剤		149
	c. その他の線虫防除剤		150
5.3	殺鼠剤	〔佐藤仁彦〕	150

6. 除草剤 ……153

6.1	除草剤の分類	〔竹内安智〕	153
6.2	除草剤の施用方法		154
	a. 土壌処理		154
	b. 茎葉処理		155
6.3	除草剤の選択性		155
	a. 形態的選択性		156
	b. 物理的選択性		156
	c. 生理的選択性		156
	d. 生育ステージによる反応差		159
	e. 製剤処方および施用法		159
6.4	除草剤の作用機構		160
	a. 植物ホルモン作用の阻害・攪乱型除草剤		160
	b. 光合成系に作用する除草剤		160
	c. 重要成分合成阻害剤		161

	d. 細胞分裂阻害除草剤	165
	e. エネルギー代謝阻害除草剤（酸化的リン酸化阻害除草剤）	165
	f. その他の作用機構	165
6.5	主な除草剤の作用特性	165
	a. フェノキシ酢酸系除草剤	166
	b. 安息香酸系除草剤	166
	c. ハロゲン化カルボン酸除草剤	167
	d. カーバメートおよびチオカーバメート系除草剤	169
	e. ウレア（尿素）系除草剤	169
	f. スルホニルウレア系除草剤	169
	g. 酸アミド（クロロアセトアミド，アセトアミド，オキシアミド）系除草剤	174
	h. ジニトロアニリン系除草剤	174
	i. 有機リン酸系除草剤	175
	j. 含リン酸アミノ酸（グリシン，リン酸）系除草剤	176
	k. アリロキシプロピオン酸系およびシクロヘキサンジオン系除草剤	176
	l. フェノール系除草剤	177
	m. ジフェニルエーテル系除草剤	177
	n. ビピリジリウム系除草剤	178
	o. 複素環系除草剤	178
	p. その他の有機除草剤	181
	q. 無機除草剤	185
	r. 生物農薬	185
6.6	除草剤抵抗性雑草と除草剤抵抗性作物	185
6.7	土壌中における除草剤の挙動と殺草活性 〔小林勝一郎〕	186
	a. 土壌吸着と移動性	187
	b. 分解・代謝	187
	c. 存在形態と活性発現	187
	d. 処理層と選択性	188
	e. 土壌処理除草剤の特性	188

7. 植物生育調節剤 〔坂 齊〕 190

7.1	オーキシンとジベレリン	192
7.2	サイトカイニン，アブシジン酸およびエチレン	194
7.3	ブラシノステロイドとジャスモン酸	195
7.4	その他の生育調節剤	195

8. バイテク農薬 ……………………………………………〔米山勝美〕…197
  8.1 バイテク農薬とは……………………………………………………197
  8.2 遺伝子農薬……………………………………………………………198
    a. 遺伝子組換え法 ……………………………………………………198
    b. 遺伝子組換え技術の基礎 …………………………………………198
    c. 遺伝子組換え植物の作出 …………………………………………199
  8.3 遺伝子組換え植物……………………………………………………200
  8.4 病害抵抗性を誘導する化学農薬……………………………………201
  8.5 遺伝子を改良した微生物農薬………………………………………203

9. 農薬の製剤と施用 …………………………………………〔佐藤仁彦〕…204
  9.1 農薬製剤の補助剤……………………………………………………204
  9.2 農薬製剤の種類………………………………………………………206
  9.3 農薬製剤の性質………………………………………………………206
  9.4 農薬の施用法…………………………………………………………208

文　　献 ……………………………………………………………………211
索　　引 ……………………………………………………………………215

1. 農薬概論

1.1 農薬の定義

　一般的理解として，農薬とは農作物を病害虫や雑草から保護し，農業生産性をあげるための薬剤といえる．法律による定義は，農薬取締法（1948年制定，1971，2002年改正）によれば「農薬とは農作物（樹木及び農林産物を含む）を害する菌，線虫，ダニ，昆虫，ネズミその他の動植物，またはウイルス（以下「病害虫」と総称する）の防除に用いられる殺菌剤，殺虫剤，その他の薬剤，及び農作物などの生理機能の増進または抑制に用いられる生長促進剤，発芽抑制剤その他の薬剤をいう」となる．ここで，「病害虫」には例示された菌，昆虫などのほかに雑草も含まれる．したがって，農薬とは「農林作物を害するウイルス，菌，雑草，線虫，ダニ，昆虫，ネズミおよびその他の防除に用いられる殺菌剤，殺虫剤，除草剤およびその他の薬剤ならびに農林作物の生理機能の増進または抑制に用いられる植物成長調整剤などの総称」である．

1.2 農薬の名称と分類

a. 農薬の名称

　農薬の名称には，一般名，化学名，種類名，商品名，試験名などがあり，それぞれの相互関係を理解しやすいようにまとめると表1.1のようになる．

b. 用途による分類

　一般的には，定義にも記されているように用途別に分類されることが多い．

1) 病害防除剤

　農作物，有用植物，農産物などを病原微生物の有害作用から護るために用いられる薬剤である．殺菌剤はその主たるものである（イプロジオン剤，フルトラニル剤，メタラキシル剤など）．作用面からみて，予防あるいは保護剤（ピロキロン剤など），治療剤（カスガマイシン剤など）に，使用面からみて，茎葉処理剤（ペンシクロン剤など），種苗処理剤（イソプロチオラン剤など），土壌処理剤（PCNB剤など）に分けることができる．

2) 害虫防除剤

　農作物，有用植物，農産物などの害虫を防除するために用いられる薬剤である．殺虫

表 1.1　農薬の名称

名称		解説	例*
一般名	ISO 一般名	国際的に採用された名称であり，農薬の有効成分や構造などを簡潔に表現する形で付けられ，国際標準化機構 (Intrenational Organization for Standardization, ISO) が国際規格として決める．	①dichrorvos ②benomyl ③asulam
	ISO一般名以外の一般名	一般名としては ISO 国際規格（ISO 一般名）を特に支障のないかぎり優先するが，これが定められていない場合は，農林水産省の「農薬の一般名命名基準」に従って命名した名称とする．ただし，古くより登録されている農薬にあっては以前より種類名に用いられていた名称が一般名となる．	①DDVP ②ベノミル ③アシュラム
化学名		有効成分の化学名を一定の命名規制によって付したものである．	①2,2-dichlorovinyl dimethyl phosphate ②methyl 1-(butylcarbamoyl)-2-benzimidazolecarbamate ③methyl sulfanilylcarbamate
種類名		農林水産省に登録される際の分類名で，農薬に含まれる有効成分の一般名に剤型名を付して命名される．	①DDVP 乳剤 ②ベノミル水和剤 ③アシュラム乳剤
商品名		農薬を商品として販売する場合の名称で，製造業者の登録商標になっている場合には，®やTM などを付して表示される．銘柄名ともいう．	①デス，ホスビット ②ベンレート ③アージラン
試験名		農薬の開発試験段階で用いられる名称でコードナンバーともいう．	

*①殺虫剤，②殺菌剤，③除草剤

剤はその主たるものである（エトフェンプロックス剤，DDVP剤，フェンバレレート剤など）．虫体内への侵入経路（経皮，経口，経気門）によって，接触剤（カルバリル剤など），食毒剤（ジフルベンズロン剤など），くん蒸剤（臭化メチル剤など）に分けることができる．ほかに，天敵昆虫や天敵微生物を害虫防除に利用する生物防除剤（オンシツツヤコバチ剤，BT剤など），フェロモン剤などがある．

3) 有害動物防除剤

農作物，樹木，農産物などを加害する植物寄生性ダニ，植物寄生性線虫，野そ，鳥，その他の有害動物を防除するために用いる薬剤である．

4) 雑草防除剤

農作物や樹木などに有害となる草木植物の防除に用いられる薬剤であり，除草剤とも呼ばれる（グルホシネート剤，ダイムロン剤，ブロマシル剤など）．作用面からみて，選択性剤（MCP剤など），非選択性剤（シマジン剤など）に，使用面からみて，茎葉処

1.2 農薬の名称と分類

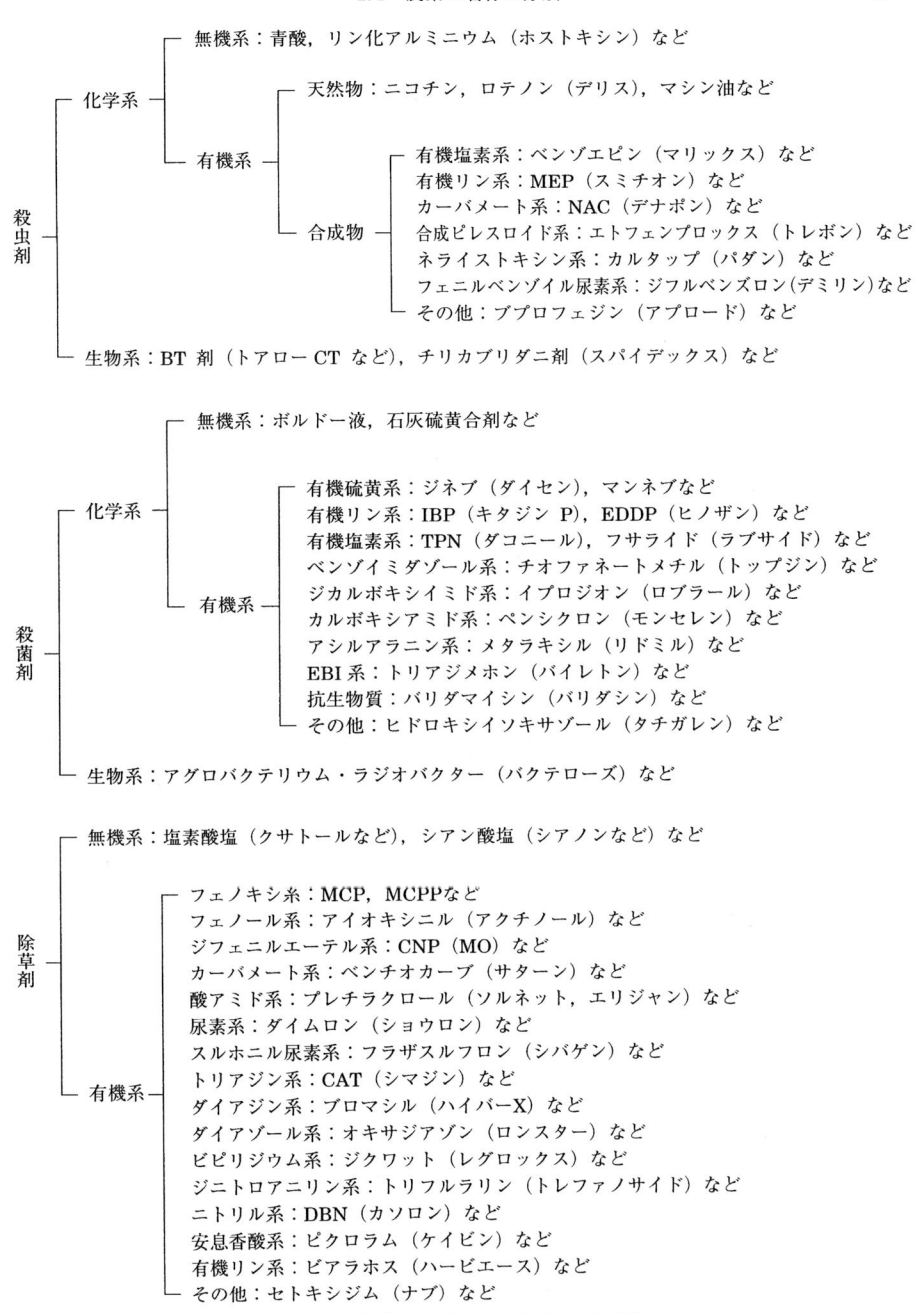

殺虫剤
- 化学系
  - 無機系：青酸，リン化アルミニウム（ホストキシン）など
  - 有機系
    - 天然物：ニコチン，ロテノン（デリス），マシン油など
    - 合成物
      - 有機塩素系：ベンゾエピン（マリックス）など
      - 有機リン系：MEP（スミチオン）など
      - カーバメート系：NAC（デナポン）など
      - 合成ピレスロイド系：エトフェンプロックス（トレボン）など
      - ネライストキシン系：カルタップ（パダン）など
      - フェニルベンゾイル尿素系：ジフルベンズロン（デミリン）など
      - その他：ブプロフェジン（アプロード）など
- 生物系：BT剤（トアローCTなど），チリカブリダニ剤（スパイデックス）など

殺菌剤
- 化学系
  - 無機系：ボルドー液，石灰硫黄合剤など
  - 有機系
    - 有機硫黄系：ジネブ（ダイセン），マンネブなど
    - 有機リン系：IBP（キタジンP），EDDP（ヒノザン）など
    - 有機塩素系：TPN（ダコニール），フサライド（ラブサイド）など
    - ベンゾイミダゾール系：チオファネートメチル（トップジン）など
    - ジカルボキシイミド系：イプロジオン（ロブラール）など
    - カルボキシアミド系：ペンシクロン（モンセレン）など
    - アシルアラニン系：メタラキシル（リドミル）など
    - EBI系：トリアジメホン（バイレトン）など
    - 抗生物質：バリダマイシン（バリダシン）など
    - その他：ヒドロキシイソキサゾール（タチガレン）など
- 生物系：アグロバクテリウム・ラジオバクター（バクテローズ）など

除草剤
- 無機系：塩素酸塩（クサトールなど），シアン酸塩（シアノンなど）など
- 有機系
  - フェノキシ系：MCP，MCPPなど
  - フェノール系：アイオキシニル（アクチノール）など
  - ジフェニルエーテル系：CNP（MO）など
  - カーバメート系：ベンチオカーブ（サターン）など
  - 酸アミド系：プレチラクロール（ソルネット，エリジャン）など
  - 尿素系：ダイムロン（ショウロン）など
  - スルホニル尿素系：フラザスルフロン（シバゲン）など
  - トリアジン系：CAT（シマジン）など
  - ダイアジン系：ブロマシル（ハイバーX）など
  - ダイアゾール系：オキサジアゾン（ロンスター）など
  - ビピリジウム系：ジクワット（レグロックス）など
  - ジニトロアニリン系：トリフルラリン（トレファノサイド）など
  - ニトリル系：DBN（カソロン）など
  - 安息香酸系：ピクロラム（ケイビン）など
  - 有機リン系：ビアラホス（ハービエース）など
  - その他：セトキシジム（ナブ）など

図1.1 農薬の有効成分・組成による分類

理剤（DCPA 剤など），土壌処理剤（ベンチオカーブ剤など）に分けることができる．

5） 植物生育調節剤（植物成長調整剤）

植物の生理機能の増進あるいは抑制を目的に用いられる薬剤であり，植物化学調節剤，植物成長調整剤とも呼ばれる（ジベレリン剤，イナベンフィド剤，ウニコナゾール剤など）．

c. 有効成分・組成による分類

用途別にみて主要な3種（殺虫剤，殺菌剤，除草剤）について有効成分・組成による分類を図1.1に示す．

d. 剤型による分類

薬剤の原体（有効成分）がそのまま実用場面に供されることは少なく，各種の補助剤（界面活性剤，固体希釈剤，溶剤，固着剤など）を原体に加えて製剤化し，市販され，使用されている．この製剤形態を剤型という．剤型を大きく分類すると固形剤，液剤，その他となる．主なものを図1.2に示す（第9章参照）．

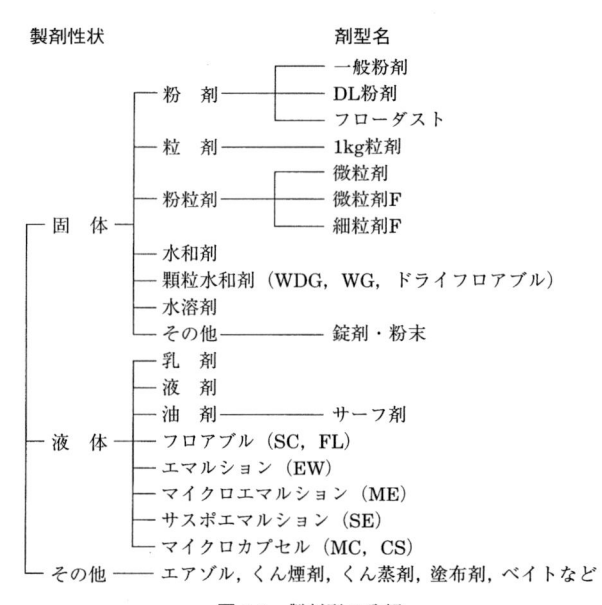

```
製剤性状                    剤型名
          ┌─ 粉  剤 ─┬─ 一般粉剤
          │          ├─ DL粉剤
          │          └─ フローダスト
          ├─ 粒  剤 ─── 1kg粒剤
          │          ┌─ 微粒剤
          ├─ 粉粒剤 ─┼─ 微粒剤F
          │          └─ 細粒剤F
─ 固  体 ─┤
          ├─ 水和剤
          ├─ 顆粒水和剤（WDG, WG, ドライフロアブル）
          ├─ 水溶剤
          └─ その他 ─── 錠剤・粉末

          ┌─ 乳  剤
          ├─ 液  剤
          ├─ 油  剤 ─── サーフ剤
─ 液  体 ─┼─ フロアブル（SC, FL）
          ├─ エマルション（EW）
          ├─ マイクロエマルション（ME）
          ├─ サスポエマルション（SE）
          └─ マイクロカプセル（MC, CS）

─ その他 ─── エアゾル，くん煙剤，くん蒸剤，塗布剤，ベイトなど
```

図1.2 製剤型の分類

1.3 農薬の変遷

　人類が食糧を得るために始めた狩猟・採取農業から遊牧・焼畑農業の時代を経て，人口の増加に伴い定住・耕作農業へと移行してきた．農作物を栽培するようになったことにより共存している種々の病害虫や雑草と闘う破目になった．わが国はモンスーン地帯に属していたため高温多湿の気候が農民を苦しめる農作物の病害虫や雑草の多発をもたらし，それが耕作農民の悩みの種であった．病害虫を防除する有効な技術もなく，もっぱら神仏に祈願する呪術的方法がとられていた．1945年以前全国各地の農村で年中行事として実施されていた"虫送り"や"虫追い"がそれにあたる．

　わが国における病害虫の防除方法に関する最初の書物は，大蔵永常の『除蝗録』(1826)および『除蝗録後編』(1844)であるとされている．前者では蝗(イナムシ：ウンカ，ヨコバイ類)の注油駆除法について説明している．注油駆除法は田面に鯨油を注いでおき，そこへウンカ類を笹ぼうきで払い落として溺死させるものである．後者では各種の殺虫剤(鯨油，芥子油，菜種油，油桐の実，馬酔木(あせび)，苦汁(にがり)，石灰など)を紹介し，その使用法を説明している．

　わが国の病害虫防除体制が体系的に整備されてくるのは明治以降である．明治政府によって近代科学技術に立脚した欧米の農学が積極的に取り入れられ，農薬の輸入，防除技術の開発研究・普及が推進された．かくして明治中期ごろから，除虫菊，ボルドー液，石灰硫黄合剤，ヒ酸鉛などの農薬が使用されるようになったが，当時は商品価値の高い果樹・野菜類に限られていたようである．1940年以前の代表的農薬を簡単に紹介する．

　除虫菊　除虫菊(ムシヨケギク)がわが国にはじめて輸入されたのは1881年イギリスからであるとされている．1886年に和歌山県で栽培された後，瀬戸内海沿岸で広く栽培されるようになり，日本は一時世界で最大の除虫菊生産国となり，米国などへ輸出されるようにもなった．20世紀に入り，除虫菊石油乳剤が製造され農業害虫防除に使用された．時を経て，農薬の他に蚊取線香やのみ取粉などにも使用されはじめ，一般の人々によく知られるようになった．しかし，20世紀後半には，合成ピレトリン類に座をゆずり，除虫菊の役割は終った．

　ボルドー液　Millardet(フランス・ボルドー大学)は1882年偶然の機会から硫酸銅と石灰の混合物がブドウのべと病予防に著しい効果があることを発見した．この混合剤－ボルドー液(Bordeaux mixture)は，1897年わが国に導入，小ブドウ園で試用された．その後日本式ボルドー液の調合法が開発され，実用に供され，キュウリのべと病，ブドウのうどんこ病，柑きつのそうか病などの果樹病害のほかに野菜の病害防除にも用いられるようになった．さらに，イネいもつ病防除にも卓効を示し，全国各地でイネいもち病防除に使用されてきている．

　ヒ酸鉛　1892年米国でマイマイガ幼虫に供されたのが最初であるとされている．そ

れ以前に使用されていたパリスグリーン(酢酸亜ヒ酸銅)やロンドンパープル(亜ヒ酸石灰とヒ酸石灰との混合物)などの殺虫剤にくらべ,効果が確実で作物への薬害が少ないという利点ももっていた。1908年わが国へ輸入され,ナシ園を中心に広く使われるようになった。1936年には国産も開始された。その後,1971年作物残留性農薬に指定され,現在使われていない。

石灰硫黄合剤 1851年フランスでブドウのうどんこ病防除に使用されたのが最初だとされている。その後,米国の果樹園でカイガラムシ防除に用いられるようになった殺菌剤,殺虫剤である。わが国では1907年ごろから,果樹園のカイガラムシ防除に,その後ムギのさび病防除にも用いられ,1939年には生産量が最高になった。現在もムギ類の赤かび病,うどんこ病,さび病および果樹園の病害虫防除に使用されている。

1940年以前のわが国の農薬は,天然有機農薬,無機農薬が大部分をしめていた。わずかに有機水銀剤とクロルピクリンなどの有機合成農薬があったが,ほとんど進展がなかった。一方,欧米においては,1940年代有機合成農薬の研究が活発に行なわれていた。その成果としてDDT, BHC, パラチオン, 2,4-Dなどの有力な化合物が相ついで開発された。

1945年以降これらの有機合成農薬は,原体の輸入や技術提携などによってわが国に導入され,急速に普及する状況となった。

1948年ごろから登場し,普及した主な有機合成農薬を簡単に紹介する。

有機塩素系殺虫剤 有機合成農薬時代の端緒を切り開いたのは有機塩素系殺虫剤である。最も早く導入されたのはDDT(1948年),次いでBHC(1949年),また1954年ごろからは,アルドリン,ディルドリン,エンドリンなどのドリン剤が使用されるようになった。いずれも現在は使用されていない。

DDTの殺虫活性を見出し,農薬として利用を進めたのはスイス,ガイギー社の研究グループであり,中でもMüllerはその功績によって1948年ノーベル賞を授与されている。わが国には,1946年頃から防疫用DDTが輸入され,同時に各地の試験場で農薬としての適用試験が実施され多くの水稲害虫,果樹・野菜害虫に有効であることがわかり1948年に実用化された。

BHCを最初に合成したのはイギリスの電気科学者Michael Farady(1825)といわれている。しかし,その殺虫活性の発見は1940年代であった。1941年フランスのDupire,翌1942年イギリスICI社のSladeらによるγ異性体の強力な殺虫力の発見が実用化への足がかりとなった。わが国では,1948年から始めたウンカ類の防除試験で卓効が認められ従来の注油駆除法に代わってBHC粉剤がウンカ類の防除に全国的に普及した。その後1951年にニカメイガ幼虫に対する水面施用剤も実用化され,稲作における害虫防除を中心に生産が増大していった。

ドリン剤はアルドリン,ディルドリン,エンドリンなどの一連の塩素化環状ジエン系

化合物で米国の Jurins Hyman によって開発された．わが国では 1953 年から全国で稲作および園芸作物害虫への適用試験が行われ，広範囲の害虫に卓効が認められた．

有機リン系殺虫剤　　有機リン系殺虫剤の研究は 1934 年ドイツ，IG ハルベン社の Schrader を中心とする研究グループによって開始され，1944 年には TEPP，パラチオンなどが創製された．米国では ACC 社がパラチオンの工業化に成功した．ドイツ，バイエル社もパラチオンに関する研究を継続し，ホリドール剤の開発に成功した．わが国では，1951 年バイエル社から輸入したホリドールを用い，四国農試（現 独立行政法人農業技術研究機構近畿中国四国農業研究センター），静岡農試，農学技術研究所（現 独立行政法人農業技術研究機構中央農業総合研究センター）などで実用試験が行われた．その結果，ニカメイガ幼虫防除に卓効を示すことがわかり，わが国農業界に一代旋風を巻き起こした．さらに，パラチオン剤は果樹・野菜の害虫など広範囲の害虫防除にも卓効を示し，1954 年から国産化も開始され全国的に普及した．

有機水銀殺菌剤　　1949 年高知農試で，1950 年広島農試で，従来種子塗末用に使用されていた有機水銀剤"セレサン"に消石灰などの増量剤を添加した粉剤（セレサン石灰）がイネいもち病防除に卓効を示すことが発見されたことにより有機水銀剤の使用量が増大した．有機水銀剤は，パラチオンによるニカメイガ幼虫，BHC によるウンカ類の防除とともに，わが国の稲作に画期的な進歩をもたらした．

除草剤　　1950 年以降の農業技術の中で大きく進歩をとげたのが除草剤の導入，普及である．温暖多雨条件下にあるわが国においては，雑草の発生・繁殖がいちじるしく，昔から農民は雑草との闘いであるとまでいわれてきた．すなわち，雑草の防除に多大の労力が投入されていた．

除草剤の発端は，1950 年米国から輸入された 2,4–D である．これは，1942 年米国の Zimmerman によってホルモン作用が，1944 年 Hamner によって選択的除草効果が発見され，実用化がはかられた．わが国では水稲作に対する適用試験が進められ，稲作後期除草剤として 1950 年実用化された．その後，1953 年には寒冷地向け MCP などが開発された．

これらの有機合成農薬は 1955 年以降も依然として多く使用されていたが，農薬の人畜毒性や残留性などについてより高度の安全性が要求されるようになった．そのきっかけとなったのは，農薬使用の普及拡大にともなって顕在化してきた公害問題や農薬の安全性問題の発生である．1962 年には米国の Rachel Carson 女史が"Silent Spring"を刊行して，農薬の乱用による自然環境の破壊を警告し，農薬批判の広範な国際世論を喚起した．このような社会情勢から農薬研究は新しい段階に入らざるを得なかった．すなわち，病害虫・雑草防除における有効性と同時に低毒性という大きな課題を背負うこととなり，地球的規模で低毒性農薬の開発実用化が推進された．

この時期に実用化された新しい農薬の代表的なものの農薬名（商品名，わが国におけ

る登録年）

殺虫剤： マラソン(1953年)，ダイアジノン(1955年)，DEP(ディプテレックス，1957年)，NAC（デナポン，1959年)，MPP（バイジット，1960年)，ジメトエート（1961年)．

殺菌剤： キャプタン（1953年)，マンネブ（1956年)．

除草剤： CAT（シマジン，1958年)，DCMU（カーメックス，1960年)，DCPA（スタム，1961年)．

また国産農薬として，有機リン系殺虫剤MEP（スミチオン，1961年)，紋枯病用有機ヒ素剤アソジン（1959年)，いもち病防除剤ブラストサイジン（1961年)，水田除草剤PCP（1957年）などが次々と開発された．

1.4　規制農薬と代替農薬

農薬使用の普及は農産物の安定供給，労働力の省力化，労働生産性の増大に貢献してきたが，その反面，深刻な問題を引き起こすことにもなった．除草剤PCPによる魚介類の被害，有機水銀の玄米中への残留，BHCの牛乳中への残留などの農薬公害といわれるものであるが，たまたま起こったメチル水銀による水俣病の悲惨な事例と重なり，農薬批判は世界でも例をみないほど激烈であった．このような農薬批判のもとに，農薬の規制が次第に強化されるようになった．1969～1971年に，有機水銀剤，パラチオン，DDT，BHCの使用が全面禁止となった．それとともに1971年1月に改正農薬取締法が公布され，多くの規制措置がとられることとなった．従来は薬効，魚毒性，薬害，急性毒性に関する試験成績のみであった農薬登録要件が一段と強化され，新たに慢性毒性および残留性（農作物，土壌など）に関する試験成績，提出が義務づけられた．また，登録保留基準として作物残留性，土壌残留性，水質汚濁性が設定され，それぞれ作物残留性農薬（BHC剤，エンドリン剤，ヒ酸鉛剤)，土壌残留性農薬（アルドリン剤，ディルドリン剤)，水質汚濁性農薬（PCP除草剤，エンドリン剤，テロドリン剤，ベンゾエピン剤，ロテノン剤）の指定が行われた．さらに既登録農薬であっても，作物残留性，土壌残留性，水質汚濁性において危害を及ぼす恐れがある場合には登録が取り消されることとなった．このような一連の措置によって，1950年以降農薬の中心的なものの多くが登録失効し，これに代る低毒性農薬の開発・実用化が急務とされ，安全性の高い農薬が登場してきた．これらを代替農薬と呼んでいる．

20世紀後半，外国の技術依存で出発したわが国の農薬工業も，国産農薬の必要性が叫ばれ，独自の新農薬を開発・実用化し，代替農薬の誕生をみた．すなわち，殺虫剤のうち，ニカメイガ幼虫用に使用されていたパラチオンやBHCの代わりにMEP（スミチオン）が住友化学により開発され，ウンカ，ヨコバイ用に使用されていたBHCに代わりにカーバメート系のMPMC（メオパール）が住友化学により，MTMC（ツマサイ

ド）が日本農薬により，BPMC（バッサ）がクミアイ化学により，MIPC（ミプシン）が三菱化成により開発された．殺菌剤うち，イネいもち病用として使用されていた有機水銀剤の代わりに IBP（キタジン P）がクミアイ化学により，ブラストサイジンが東京大学と農業技術研究所により，カスガマイシンが微生物化学研究所により，ポリオキシン（イネ紋枯病用）が理化学研究所により，それぞれ開発され実用化された．除草剤では水田雑草用に使用されていた PCP の代わりに CNP（MO）が三井化学により開発実用化された．

　農業生産にとって必要不可欠な資材である農薬に対して一般消費者の正しい理解が不十分なため，農薬は毒物であるという考え方が横行したことから，非化学的な手段の探索が始まり，いわゆる生物由来の殺虫剤，殺菌剤，除草剤の開発実用化が盛んになった．

　1981 年に BT 剤が，1990 年以降各種の微生物農薬，天敵農薬が開発実用化されている（4.6 節参照）．

1.5　農薬の役割

　21 世紀は農薬・環境の時代である．その一翼を担うのは植物保護の分野であり，中でも農薬のもつ潜在力を無視することは出来ない．今後とも，理想的な農薬，すなわち，目的の効果を発揮し，低毒性，選択毒性，環境調和，残留性が適度である，安価，施用が容易などを具備した農薬の開発実用化が進行するであろう．

2. 農薬の毒性とリスク評価

　自動車や電化製品は生産環境が整備された工場で計画的に生産されるが，農産物は温度や湿度，風雨の影響を直接受け病害虫雑草の攻撃に曝されて生産される．農産物を工業製品のように一つの規格で目的の数量だけ確保する（農業生産を行う）ためには，これら病害虫雑草や過酷な環境条件を克服する人為的手段を生産体系の中に組み込む必要がある．農薬や肥料はこのための一つの農業資材である．わが国の病害虫防除は，江戸時代に鯨油を水田に撒きその水面に落ちたウンカを駆除したことに始まる．第二次大戦前までは，除虫菊，タバコ葉，デリス根，ヒ酸鉛，石灰硫黄合剤等の天然物や無機化合物によって病害虫を防除してきたが，これらは野菜や果樹の病害虫に対する防除であって，イネのメイチュウやいもち病に対しては効果がなかった．第二次大戦の中で多くの人工化学物質が生まれ，戦後われわれの日常生活の中に転用されて，われわれは豊かで快適，便利な生活を獲得してきたが，同時に新たな毒性発現や環境汚染，生態系の攪乱といった負の遺産をも抱え込むに至った．有機合成農薬もその一つである．殺虫剤のDDTやBHC，パラチオン，殺菌剤の有機水銀剤，除草剤のPCPなどは病害虫雑草をこれまでとは違って積極的に防除できるようになった．しかし，農薬は一群の医薬と同様に対象生物に損傷を与えることを目的に生れた化学物質であるから，その毒性や環境への影響には十分な配慮が必要である．ただこれを危惧するあまり，自然農法や有機農業を推奨，無農薬栽培の可能性を説く一群の人達がいるが，世界の人口の急増と耕地面積の微減を考慮すると，これは容易に受け入れられるものではない．近年わが国では製造業を中心に ISO 14001 の認証取得が精力的に進められている．これは製品の製造過程で排出される環境負荷物を法の下で規制して環境保全を図るだけではなく，これら負荷物を自らの計画の下で抑制，転用し有限の資源を有効に活用する新しい取り組みである．もはや後戻りができないわれわれの社会で，豊かさを底支えしている化学物質とうまくつきあい，人間と地球環境が共存するすべを模索することは今や避けては通れぬ課題といえる．本章では，農薬がもつ毒性を整理し，そのリスクと農薬から得る利益をいかにバランスをとって総合評価すべきかを学ぶ．

2.1　農薬のヒトへの毒性とその評価

a.　急性毒性（acute toxicity）
摂取した薬物が原因で短時間に生体に大きな損傷を与え，時には生体を死に追いやる

表 2.1 「毒物及び劇物取締法」による急性毒性の区分

区分	LD$_{50}$		LC$_{50}$ (4 hr) 吸入		
	経口 (mg/kg)	経皮 (mg/kg)	ガス (ppm)	蒸気 (mg/l)	ダスト・ミスト (mg/l)
毒物	<30	<100	<500	<2.0	<0.5
劇物	30〜300	100〜1000	500〜2500	2.0〜10	0.5〜1.0
普通物	>300	>1000	>2500	>10	>1.0

毒性.「毒物及び劇物取締法」で規制され,毒性の強さにより普通物,劇物,毒物,特定毒物の4種に区分される（表2.1).一般に薬物を口から投与して発現する経口毒性で評価するが,他に静脈,腹腔,筋肉,皮下注射による評価もされる.農薬をはじめとする人工化学物質の製造や農業に従事する人達に対する安全性評価の見地からは,経皮,吸入による毒性評価が行われている.ラットやマウスに薬物を投与し通常24時間後にその半数が死ぬ薬量を半数致死量（median lethal dose, LD$_{50}$）とし,実験動物の体重1 kg 当りの薬物量 (mg/kg) で示して評価する.経皮毒性の評価にはウサギがよく使われる.吸入毒性については,薬物を与え1時間あるいは4時間後に実験動物の半数が死ぬ薬物濃度で評価.半数致死濃度（median lethal concentration, LC$_{50}$ (4 hr)) などとして ppm や試験空間 1 m^3 あるいは 1 l 当たりの薬物量 (mg/m^3 あるいは mg/l) で示す.現在登録されている農薬の大半は毒性の低い普通物で,次に劇物が多く,毒物はわずかで,特定毒物はパラチオン,メチルパラチオン,シュラーダン,ホスファミドン,メチルジメトン,リン化アルミニウム,TEPP,モノフルオロ酢酸アミド,モノフルオロ酢酸塩類だけである.ホスファミドンとリン化アルミニウム以外は登録が失効している.

b. 慢性毒性（chronic toxicity）

急性毒性が低いため一過的に摂取しても何の損傷も与えないが継続して摂取した場合に発現する潜在的な毒性.通常,ラットやマウス,犬のような若干大きな動物に薬物を餌と混ぜて毎日一生涯にわたり摂取させ,実験動物の外見や臓器表面,血中や内臓になんの異常も認められない薬物の最大量を求める.これを最大無悪影響量（no observed adverse effect level, NOAEL）といい mg/kg/日で示し,ラットやマウスでは一生涯（通常2年),犬より大きな動物では寿命の10分の1程度の期間で試験する.しかし,NOAEL は実験動物に対する評価であり,動物の種差や性差,年齢により薬物代謝酵素や作用点の構造機能に差異があることを考慮すると,この数値をそのまま人間に外挿してヒトに対する評価基準とすることは合理的ではない.そこで NOAEL を一般には100で除した薬物量をヒトの1日摂取許容量（acceptable daily intake, ADI) とし,ヒトが一生涯摂取し続けても現在の毒性学的知見から判断してなんの障害も現れない薬物の1

日当りの最大量（mg/kg/日）とする．日本人の場合は，平均体重が50 kgであるから1日に許容できる薬物量はADIの50倍である．NOAELを除する数字を安全係数という．安全性評価の結果に疑義が残ると，NOAELをさらに大きな安全係数で除してさらに安全性を担保できるADIを設定し，実務的には3年後の登録見直しまでに毒性結果を再検討するのが通例である．

c. 特殊毒性とその評価への考え方
1) 発癌性（carcinogenicity）

発癌試験は長期間を要するか，要しても認められないことが多い．これは薬量が少ないと薬物による発癌の症状が出にくく，また薬量が多いと実験動物に急性毒性が発現し，時には早期に死ぬからである．そのため薬物の最高試験濃度は急性毒性が大きく発現せず，なんらかの癌の症状が認められるレベルに設定し，可能な限り実験動物を一生涯に渡り薬物に暴露させる必要がある．試験は対照区と比較して，発癌の発生時期や頻度，種類に差が認められるか，また癌が濃度依存的に発現しているか等に着目して行い評価する．

2) 次世代に及ぼす影響

PCBやダイオキシン，BHCのような難分解性の農薬は食物連鎖を通じて畜水産物に生物濃縮され，最終的にはこれを食する人間の体内に蓄積される．このため胎盤や母乳を通して栄養を摂取する胎児や乳児については，食品に残留する薬物を口から摂取する可能性がある成人と同レベルで毒性評価をすることは合理的ではない．

ⅰ) 繁殖性 実験動物を雄雌同匹ずついくつかの試験区に分け，濃度の異なる薬物を含む餌を与えて飼育，成熟後にこれら雄と雌を交配させてF1をもうけ，F1が成熟後にこれら雄と雌をまた交配させてF2をもうける．授乳期には子は親から母乳を受けるが，これ以外の全試験期間中は親，F1，F2ともに継続してこれら薬剤を含む餌を摂取させる．この間の交尾率，妊娠率，出産率，離乳時の生存率を指標に繁殖性を評価する．

ⅱ) 催奇形性（teratogenicity） 胎児の器官形成の時期に妊娠雌に薬物を経口や経胎盤投与により与え，自然分娩の前日に帝王切開して取り出した胎児の外見，内臓，骨格などの異常を指標に評価する．

3) 刺激性と皮膚感作性

眼や皮膚に対する刺激性はウサギにより，皮膚に対する感作性（局所アレルギー）はモルモットにより試験して評価する．

4) 遅発性神経毒性（delayed neurotoxicity）

有機リン殺虫剤EPNやトリオルトクレジルホスフェート（TOCP）のようなある種の有機リン化合物により，ヒトやニワトリ，子牛，猫，子羊，ウサギなどに，その脚や

後肢に脚弱, 肢弱や弛緩のような麻痺を発症させ, 知覚, 運動障害までを引き起こす神経毒性. 中毒の発現には例えば2週間といった時間がかかる点でAChE阻害による神経毒性とは大きく異なり, 回復は早いものから完全な回復が認められないものまである. 詳細な作用機構は解明されていない. AChE阻害活性のある有機リン化合物には必ずこの毒性を疑い試験することが望ましい.

5) 変異原性

発癌性は, ヒトにおける疫学調査と実験動物に薬物を長期間投与する発癌性試験により評価するが, いずれも長い時間と多額の経費がかかりすべての化合物にこれらを実施することは難しい. 変異原性試験は3種（遺伝子突然変異, 染色体異常, DNA障害性に関するもの）に大別できるが, いずれも適切な経費で短時間に遺伝的障害性を評価できるスクリーニング法として有効である. この試験が陰性であれば発癌プロモータである可能性は残るが発癌物質である可能性は極めて低く, 陽性であればさらに高位の試験をするか, その物質の使用を禁止することで評価できる.

2.2 農薬の野生生物や環境への影響

a. 魚 毒 性

田畑やゴルフ場等の非農耕地に施用された農薬は灌漑水や大量の降雨により池や湖, 河川を経て海に運ばれる可能性がある. このため使用農薬の選定に当っては, その農薬の魚毒性は水棲生物をはじめ野生生物や生態系の保全を図る上で重要な指標になる. 魚毒性はコイとミジンコ（甲殻類の代表）を試験生物として, その50％が耐えうる薬剤濃度（median tolerance limit, TLm）で表わし, 毒性の強さをコイの場合は48時間後, ミジンコの場合は3時間後の試験結果をもってA, B, B–s, C及び指定農薬の5ランクに区分し, 農薬の使用注意と施用制限を与えている. 哺乳動物と水棲生物間のみならず魚類と甲殻類間などでも毒性発現が異なることがある. なお, 最近はTLmの代わりにLC_{50}が多く用いられる.

A類：TLmがコイで10 ppm以上, ミジンコで0.5 ppm以上のもの. 通常通り使用しても毒性上問題はない.

B類：コイで10 ppm＞TLm＞0.5 ppmのもの, またはTLmがコイでは10 ppm以上であるがミジンコで0.5 ppm以下のもの. 通常通り使用しても毒性上問題は少ないが, 一時に広範囲に使用する場合は十分施用に注意を要する.

B–s類：B類のうち, 水田や空中散布に供する比較的毒性が強い農薬や, 低濃度でも魚類に背曲がりや平衡異常などを招く農薬で, 使用上特に注意を要する.

C類：コイでTLmが0.5 ppm以下のもの. 薬物が河川等に飛散, 流入しないように特に注意する.

指定農薬：水質汚濁性農薬で使用禁止地帯では使用できない. テロドリン, エンドリ

ン，ベンゾエピン（エンドスルファン），ロテノン，シマジン，PCPがこれに当たる．

b. 農薬の環境内動態

農作物に散布された農薬のうち，大気中に放出され土壌表面や水中に落下した農薬は，病害虫雑草防除に有効に使われた農薬とともに環境下で残留せず速やかに分解することが必要である．このため大気，土壌，水中での農薬の半減期と光分解，土壌での吸着と移行分布，土壌微生物を中心とする代謝分解，灌漑水や地下水中での移動等の環境内動態を明らかにし，目的にあった農薬の選定とその開発を行わなければならない．もちろん，農薬のヒトへの毒性評価でも，薬物の生体内での半減期，移行と分布，代謝分解，作用点への親和性などの試験と，これを通じて毒性代謝物の検討が重要である．

c. 農薬の水域生態系への影響評価

新しい環境基本計画では，われわれはすべての人工化学物質の生態系への影響を適切に評価，管理しなければならないと謳っている．これにのっとり平成10年2月，環境省水環境部に農薬生態影響評価検討会が設置され，農薬の生態影響評価の在り方が検討された結果，農薬取締法の「水産動植物に対する毒性に係わる登録保留基準」の見直しが第二次中間報告としてまとめられた（平成14年5月）．現行の農薬登録では，水産動植物に対する毒性はコイのみを対象に試験し，その致死レベル以下に散布農薬の濃度が達する日数も勘案して評価されて来た．先般の中間報告では，水域生態系の生産者としての藻類（緑藻），一次消費者としての甲殻類（オオミジンコ），二次消費者としての魚類（メダカまたはコイ）の3つの生物種を試験生物に用い，急性影響濃度（AEC）を求め，その中で最も小さい値をその農薬の登録保留基準値案とする．一方，環境中予測濃度（PEC，その評価は段階的に順次詳細に行う）を求め，PEC＞AECならば農薬の登録を保留しAECを登録保留基準とするというものである．この評価基準によると，現行の水田用殺虫剤等はその多くが使用できなくなる可能性がある．農薬の生態影響を他の人工化学物質と同列一様にリスク評価しようとする本中間報告は，今日の環境問題が「受ける利益と負うリスク」の均衡の上でしか解決できないところまで来ているという現実を直視していない感がある．

2.3 農薬による二次毒性と安全性確保

a. 残留毒性（residual toxicity）

農薬施用により微量の農薬が農林産物に残留し，環境下にある極微量の難分解性の農薬やPCB，ダイオキシンなどの工業化学物質が食物連鎖を通じて生物濃縮され畜水産物に蓄積されてくる．われわれはこれら種々の人工化学物質を毎日の食事を通して二次的に継続して体内に摂取して慢性毒性を発現する可能性をもつ．この慢性毒性を残留毒

性という．農薬に起因する急性毒性や慢性毒性は農薬製造や農業に直接従事する人達に直接発現する毒性で，残留毒性は前述のように間接的にわれわれすべての人間に幅広く発現する可能性をもつ毒性である．

1) 農産物中の残留農薬の規制

わが国では残留農薬の毒性を回避するため，国内で使用する農薬の販売と使用の面からは農薬取締法により，国内産ならびに輸入農産物の流通の面からは食品衛生法により，問題となる農薬とその残留量を規制している．

i) 農薬取締法による農薬登録　わが国で農薬を販売するためには，製造業者または輸入業者は農薬の販売および使用の規制などを取り決めた農薬取締法に基づき農林水産省にその農薬登録を申請し登録を取得しなければならない．農林水産省は申請農薬の薬効，薬害，毒性，および残留性に関する試験成績と農薬の見本を受け承認の妥当性を種々検討する．これにかかわり環境省は食料や飼料に残留する農薬のヒトや動物に対する影響や土壌や水等の環境への影響を審査し，農薬登録保留基準を設定すると共に，ヒトに関する安全性評価は NOAEL や ADI を含めて厚生労働省に委任する．登録の有効期間は3年である．先般のダイホルタンやクリプトランなどの無登録農薬が国内の広域で使用された事件は，中国産冷凍加工ホウレンソウに基準値を超える有機リン殺虫剤クロルピリホスが残留していた問題と相まって，消費者に「安全性」から「安心感」を求める気運を彷彿させた．しかし同法には無登録農薬を使用した時の罰則規定がないため，農林水産省は昨年秋以来この点を検討し，無登録農薬を使用した農業従事者への罰則規定を盛り込んだ法改正を行った（平成15年3月10日施行）．この結果，個人や団体がこれまで合成農薬に代わり使用してきた個別の病害虫雑草防除資材を従来どおり使えるように「特定農薬」の項が創設された．指定の候補として約740項目が挙げられ，重曹や食酢，害虫に寄生するハチやダニなど約120項目が指定され，アイガモやアヒル，コイなどは「農薬ではない」ことから指定からはずされ，また牛乳，米ぬか，木酢液など約600項目は「効果や安全性がはっきりするまで」ということで指定が保留された．

ii) 農薬登録保留基準　農薬取締法に基づいて農薬を登録する際に，環境省が設定する農産物の食品群ごとの農薬の残留基準．適用農産物ごとに農薬を「適正使用基準」に従い施用する実態調査により農産物ごとの残留濃度を求め，食物係数 (food factor) を勘案して，われわれが1日に摂取するであろうその農薬の総薬量を算出して ADI×50（日本人の体重50 kg）と比較する．すなわち，この算定1日摂取量が ADI より小さければ，この農薬を申請通り登録農産物へ適用してもヒトに毒性上なんら問題がないと評価，できるだけ高めの残留濃度を登録のための残留基準とする．これが ADI より大きければ，申請農産物を減らして算定1日摂取量が ADI より小さくなるよう調整する．食物係数とは，農産物を米，麦・雑穀，いも類，豆類，果実，野菜，茶，ホップなどの食品群に分け，食料需給表や国民栄養調査などの資料をもとに求めた日本人が食する各食

品群の1日の全食事量中に占める平均的な割合をいう．残留農薬がこれら食品群ごとの基準値を超えて検出されても農薬取締法が国内流通を規制するものではないから罰則の対象にはならないが，仮に残留農薬が一過的に基準値を超えたり適用作物以外の農産物に検出されても，上述の通り基準値自体は毒性を直接評価するADIではなく，またADIが一生涯摂取し続けても毒性上問題がない1日当たりの摂取許容量であるからただちに安全性が脅かされることはない．

iii) 食品衛生法と残留農薬基準

厚生労働省は食品衛生法に基づき，農産物中の残留農薬を食品成分の一種と見なし，公衆衛生の保護の観点からその農薬の残留基準を食品の成分規格として設定している．農産物の内部または表面に残存が許容される農薬の最大濃度を最大残留基準値（maximun residue level, MRL）としppmで示す．食品中の残留農薬を適切に規制し食品の安全性を確保するためのもので，農薬がこれを超えて残留する農産物は食品衛生法第7条により国内への流通及び輸入が禁止される．一方MRLの設定がない農薬を含有する農産物は，ヒトの健康に大きな危惧が認められなければ同法第4条によって流通が許容される．農薬の種類や対象農産物が多いため，広く使われている農薬や，高頻度に検出される農薬，また新規登録の農薬の基準値から優先して決められるが，その整備は今なお十分とはいえない．先般の中国産冷凍加工ホウレンソウの農薬残留問題を契機に，違反の相次ぐ特定食品は輸入を包括的に禁止できるように同法が改正された（平成14年9月7日施行）．また残留基準値を早急に広く整備し，将来は基準値のない農薬は「残留禁止」にし残留する食品は流通を認めない方針で法改正が検討されている．厚生労働省は食品衛生法第7条2に基づき，農薬のMRLを設定するため，その農薬の種々の毒性，薬物動態，一般薬理の各試験および動植物代謝ならびに残留の各データを，国内登録の農薬の場合は農林水産省から，外国で登録されている農薬については製造業者から入手し，食品衛生調査会に諮問する．各農薬の農産物ごとのMRLは，CODEX基準（後述）や農薬登録保留基準があるものはこれを採用し，基準がないものは入手可能なデータから算出される．当該農薬の算定1日摂取量，すなわち理論的最大摂取量（theoretical maximum daily intake, TMDI）はその農薬を施用する各農産物のMRLとその食品摂取量の積の総和で求められる．日本人の場合，これがADI×50を超えないならばこれらMRLを残留農薬基準とし，超えるようであれば最大値ではなく平均値を採用，いわゆるEDI評価（後述）をして新たに基準値を設定する．1956年に農薬の残留基準が初めてリンゴに対してヒ素，鉛，銅，DDTにつき決められたが，食品衛生法による現在のMRLが設定されたのは1968年で，きゅうり，トマト，ぶどう，リンゴに対してBHC, DDT, 鉛，パラチオン，ヒ素が設定され，1978年までに26農薬が決められた．その後1991年までは設定作業が行われなかったが，1992年から毎年数種の農薬に対して農産物ごとにMRLが設定され，2002年3月現在で217農薬，約130農産物について基準が設定されている．農薬を「安全使用基準」や「適正

使用基準」に従って使うことは，農薬の有効な面をうまく引き出し不都合な面を極力押さえ込むための方策といえる．

iv） コーデックス（CODEX）基準との整合性　しかし，各国の農薬の残留規制が個々に異なるため国家間の貿易に支障が生じる．世界貿易機関（WTO）協定の一つである衛生及び植物検疫協定（sanitary and phytosanitary, SPS）では，各国が自国の農薬残留基準を国際基準の CODEX 基準と整合性をもって設定するように要求している．わが国の MRL は重大な問題がない限り，前述の農薬登録保留基準とともに，この協定に基づき CODEX の基準値を受け入れ設定されている．

2） 毒性評価に対する新しい試み

i） 日本型摂取量評価（EDI）　TMDI による試算は農薬残留を過大に見積もるため，現在は WHO 指針（1997年）を参考に残留実態調査における平均残留量で算定した日本型摂取量評価（EDI）を併用している．また，成人，幼小児，妊婦，高齢者の暴露評価が実施され，水，空気を介した農薬の摂取も考慮して，いずれも ADI の 80％未満となるよう残留基準が設定される．さらに，将来は可食部における残留割合，調理加工による残留量の減少などに着目して摂取量を算定，精密化が図られる可能性がある．

ii） 化学物質の摂取量調査　農薬を栽培中に使用した場合とポストハーベスト農薬として用いた場合とでは，農産物に残留する薬物量は変わり，一般的には後者の方が多くなる．このような事例にあっては，食品を実際に口にする時の残留量を評価すべきである．調査方法には total diet study（TDS）あるいは market basket survey，陰膳法，個別食品調査法がある．厚生労働省は 1991 年から食事由来の農薬の摂取量を実態調査する際に，TDS により通常の調理法（洗浄，除皮，細切，煮沸，揚げる，蒸すなど）を取り入れ残留量の算定を行っている．過去の調査結果では，算定1日摂取量は ADI のわずか数％できわめて小さく，現状では食事由来の摂取量は健康上問題がないことを示唆している．

b． 内分泌攪乱化学物質としての疑い

1） ホルモンと内分泌攪乱化学物質

　生物は内分泌器官でつくられるホルモンの働きにより，細胞の分化と増殖，性の分化と行動といった個体の発生を調節し，生体の恒常性を図って生命を維持している．このためホルモンは適切な時期に適切な量だけ生合成され，血液あるいは体液を介して目的の器官へ運ばれ，その細胞の核内にある DNA に働いて遺伝情報を開示，mRNA にコピーして蛋白質である生体物質を合成しその機能を発現させる．しかしながら，ホルモンは単独では核内に入ることができず，必ず自身であることを証明してくれる固有の受容体と鍵穴に入る鍵のごとく結合して受容体の誘導で初めて核内に導入される．DDT や PCB，ダイオキシンは微量であってもその構造や性質によく似たなにがしかのホル

モンの受容体に血中を介して運ばれると，理屈の上ではその受容体はこれら人工化学物質をホルモンと誤認して核内に導入，本来プログラムされた時期でもないのにそれがかかわる器官を形成し機能を発現，あるいは器官の形成を阻害して機能を停止させるといった攪乱を招く．このように内分泌攪乱化学物質いわゆる環境ホルモンは数多いホルモンの受容体のどれに結合して作用を発現するのか見当がつかず，これまでの化学物質の毒性への危惧を上回る危険意識をわれわれに与えた．

2) 環境ホルモンか否かの評価

1950年から60年代にかけアメリカでは，多くの妊娠初期の女性に合成エストロゲンのジエチルスチルベストロール（DES）が流産防止のために投与され，これら母親から生れた成人に達した子供の中に，女子では膣腺癌が，男子では生殖器の異常が多く見つかった．DES に環境ホルモン様作用が認められたのである．現在，$in\ vivo$, $in\ vitro$ 試験で共にホルモン様作用があると認められた人工化学物質は DES だけである（ノニルフェノールにもその可能性が高くなった）が，このほかいくつかの人工化学物質に $in\ vitro$ 試験だけではあるが DES の千倍から一万倍濃い濃度でホルモン様作用を示すものが発見されている．これを環境ホルモンであるといえるか否かは今のところ議論が分かれるところである．核内レセプターの作用機構が新たな転写共役因子により詳細に解明されつつある中でこの問題の解決が進展するかもしれない．農薬をはじめとする人工化学物質の生態影響評価とともに，容易に拭えない環境ホルモン問題は今後の真摯な研究姿勢と努力にまたれる．

3. 殺菌剤

　殺菌剤（fungicide）という言葉は広義で用いられる場合と狭義で用いられる場合がある．広義の殺菌剤は，農薬のうち，植物病害の予防や防除を目的として使用される剤を意味し，狭義の殺菌剤はそのうち殺菌性が機作である剤を意味する．本章では広義で「殺菌剤」を用いている．現在，わが国においては，130 成分余りの殺菌剤が使用されている．過去に使用された殺菌剤を含め，主要な殺菌剤の一般名，主な商品名，構造式（微生物殺菌剤の場合は学名），主な適用病害，その他の情報については，本文中の表をご参照いただきたい．また，最近，農林水産省と日本植物防疫協会が農薬登録情報に関するデータベースを構築，ホームページ上で公開している（2003 年 8 月現在，http://www.maff.go.jp/nouyaku/）．

3.1　植物の病害と病原

a.　植物病害による被害の重要性

　植物は非生物的（abiotic）あるいは生物的（biotic）な要因によってその正常な生育を乱される．生物の正常な生育を乱す生物的要因としては，微生物類，昆虫類，小動物類，鳥類などをあげることができるが，これらのうち微生物が主因である生育不良を病気（plant disease），その主因を病原（plant pathogen），植物の病気や病原に関する学問分野を植物病理学（plant pathology）と呼ぶ．植物病理学について詳しくは，Agrios, 1997；久能ら，1998；Lucas, 1998；日本植物病理学会，1995；佐藤ら，2001；都丸ら，1992 などを参考にしていただきたい．

　農耕技術の進展は，食糧の安定供給を可能にした一方で，極端に多様性の低い耕地生態系の維持・管理を人間に義務づけることとなった．その結果，自然生態系では生物の多様性維持などの機能を果たしている植物の病気が，人間にとって不利益な「病害」として表面化することとなった．その著しい例が 1845～46 年にかけてアイルランドなどヨーロッパ各地で発生した疫病菌（*Phytophthora infestans*）による「ジャガイモ飢饉（Irish potato famine）」である．この飢饉はアイルランドの当時の人口約 800 万人のうち 100 万人の餓死，イギリス本土やアメリカへの 170 万人の移民という歴史的な事態を生み出した．その後，植物病害の排除に向けて，農薬，耐病性品種，耕種的防除，生物防除など，さまざまな近代的農業技術が開発・導入されているが，いまだに薬剤抵抗性の菌株や新レースを次々と送り出してくる病原との戦いは続いている．現にわが国で

も，1993 年夏期の低温に伴って *Magnaporthe grisea* によるイネいもち病が大発生して米不足になり，「平成の米騒動」と呼ばれる事態に陥ったのは記憶に新しいところである．

b. 植物の病気は植物と病原の相互作用により起こる

植物に病気を起こす病原としては，菌類 (fungus)，細菌 (bacterium)，ウイルス (virus)，線虫 (nematode)，原生動物 (protozoon) などが知られており，中でも最も普遍的な病原が菌類である．そのため植物病害防除用薬剤全般を殺菌剤と呼ぶことにもそれほど違和感はない．

植物の病気は植物－病原間の認識，攻撃，防御などの相互作用により成立する．植物は，外来生物に対して，静的抵抗性 (static resistance) と呼ばれる先天的にもっている障壁と，動的抵抗性 (induced resistance) と呼ばれる異物を認識して発動する障壁，の2種類の抵抗性を備えている．静的抵抗性としては，ワックス層，クチクラ層，珪質，リグニン化・コルク化組織のような物理的障壁，および，カテコール，サポニン，チオエーテル類などの抗菌性物質や細胞壁成分分解酵素阻害作用をもつタンニンなどの化学的障壁をもつ．動的抵抗性としては，侵入した病原菌糸の先端を取り巻くパピラ (papilla)，細胞壁のリグニン化，過敏感反応 (hyper sensitive reaction, HR) と呼ばれる病原を認識した細胞の急激な形態的・生理的変化，イポメアマロン (ipomeamarone) やピサチン (pisatin) などのファイトアレキシン (phytoalexin) 生産や抵抗性誘導 (induced resistance) などを挙げることができ，これらに関連する遺伝子の発現は，病原菌のもつ非病原性遺伝子 (avirulence gene) 産物などによって誘導されると考えられている．一方，病原側は，植物の静的抵抗性を打ち破るためのベーシックな病原力 (virulence factor)，すなわち，付着器形成などの物理的侵入力，クチナーゼ (cutinase)，ペクチナーゼ (pectinase) などによる化学的侵入力，抗菌性物質の無毒化などの能力に加えて，植物の動的抵抗性の発現を調節する能力，あるいは発現された動的抵抗性に打ち勝つ能力をもつことにより，総合的に植物に侵入することが可能となる．植物に侵入した後には，毒素，酵素，植物ホルモン様物質，ポリサッカライドなどを産生して病徴の発現に至らしめる．

なお，植物－病原の相互関係の詳細については，成書（西村・大内，1990；他）を参照されたい．

c. 病原の感染機構

病原は，土壌，罹病植物残渣，種子，温室フレームなどの農業資材，周年栽培されている植物の病原にあっては異個体，宿主交代 (alternation of host) を行う病原や宿主範囲の広い病原では異種植物などに生息しており，これが感染源となって，菌糸伸長，

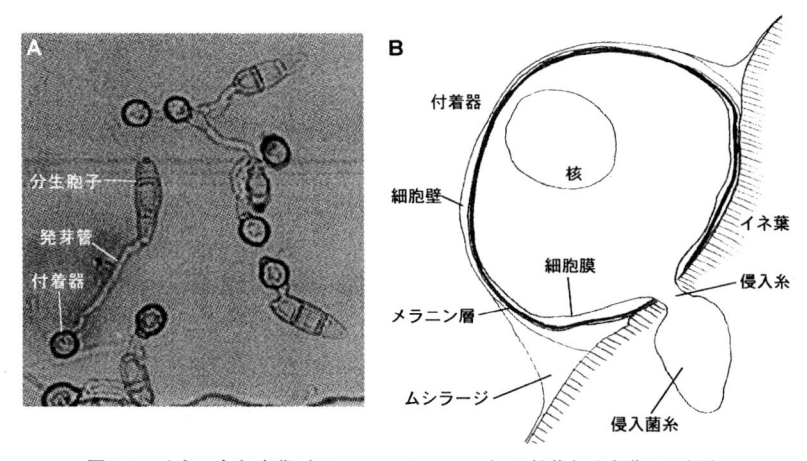

図3.1 イネいもち病菌（*Magnaporthe grisea*）の付着とイネ葉への侵入
A：*M. grisea* P2株分生子を人工基質（ポリカーボネート板）上に置いて，12時間後に形成された付着器（写真は金森正樹氏のご好意による）．B：付着器の縦断面とイネ葉への侵入の模式図（古賀博則氏の写真を元に作製）（有江，2002より転載）．

胞子の飛散，水滴や土壌粒子に伴う飛散，媒介者（vector），などの手段により植物体上に伝搬（transmission）される．植物体と接した病原は，①気孔（stomata）や水孔（water pore）などの自然開口部から，②植物体に生じた傷から，③植物体表面に孔をあけて，④媒介者の注入により，侵入（invasion）を果たす．自ら能動的に侵入することができない病原である細菌およびウイルスは，それぞれ，①および②，②および④によって侵入する．一方，菌類は，主に①〜③により侵入する．菌類に特徴的な③について，イネいもち病菌（*M. grisea*）を例にとって以下に説明する．*M. grisea* 分生子（conidium）は，宿主植物であるイネの葉上に飛来・付着すると，短時間のうちに発芽管（germ tube）を伸ばし，硬度や疎水性などの葉面性状を認識して発芽管の先端に単細胞からなる付着器（appresorium；直径7〜10 μm）を形成する．付着器細胞壁の内側に菌類メラニン（fungal melanin）が蓄積してメラニン層を形成することで物理的強度を保ち，細胞質中のグリセロール濃度を高め（計算上3.2 M以上になる），その結果生じる8.0 Mpa（約80気圧）にも達する膨圧（turgor pressure）を利用して葉表皮を物理的に貫通して感染糸を挿入し，感染を成立させる（Howard *et al.,* 1991）（図3.1）．このように，*M. grisea* において付着器はイネへの感染に必須の器官であり，メラニンは侵入のための膨圧を発生させるために必要な二次代謝産物である．この他，灰色かび病菌 *Botrytis cinerea* などは，植物のクチクラ層や細胞壁を分解する酵素であるクチナーゼ（cutinase），セルラーゼ（cellulase），ペクチナーゼ（pectinase）などによって化学的に植物に貫入することが明らかにされている．

3.2 殺菌剤の開発と施用法

a. 殺菌剤の開発の歴史

殺菌剤として最も古くから使われていたものは，硫黄であり，紀元前から病害を防ぐのに使用されていたようである．19世紀に入って，硫黄と石灰の混合物にうどんこ病発病抑制効果が見出され，その後，多硫化石灰（石灰硫黄合剤）として利用されるようになり（1851年，Grison）現在に至っている．一方，18世紀後半から19世紀にかけて硫酸銅の殺菌作用が報告されていたが，ボルドー大学（フランス）のMillardetは，硫酸銅に石灰を加えることにより薬害を低減できることを見出し，この混合物（ボルドー液，Boldeaux mixture）が *Plasmopara viticola* によるブドウべと病に対する卓効を紹介し（1882年），以来世界的に使用されている．わが国においても，19世紀の終わりにボルドー液が，20世紀初頭から多硫化石灰が使用されるようになった（第1章1.3節参照）．

20世紀前半までは，ほとんどすべての殺菌剤が無機系の剤であったが，1930年頃から合成農薬に関する研究が行われるようになり，殺菌剤としてはジチオカーバメート系，有機水銀系薬剤，クロルピクリンなどが初期の合成農薬として開発された．わが国においても，1930年代には塩化メトキシエチル水銀などの有機水銀系薬剤やクロルピクリンが，戦後の1950年代にはイネいもち病用有機水銀剤，ジチオカーバメート系，有機ヒ素系薬剤が登場し，今日ではさらに選択性，低毒性を高めた多数の合成殺菌剤が上市されるようになっている．

1960年代にはブラストサイジンSやカスガマイシンなどの農業用抗生物質が生物源殺菌剤として使用されるようになった．その後も，複数の農業用抗生物質が開発，使用されている．一般的に生物源化合物は安全性が高いと考えられがちであるがこれには科学的な根拠はない．

一方，農薬の環境に及ぼす悪影響に対する懸念が提起され，1960年代には有機水銀系殺菌剤から，より低毒性の殺菌剤への移行が進められ，さらに1980年代頃から合成農薬全般に対する懸念を一般消費者がもつようになったのをきっかけに合成農薬に頼らない栽培を行う動きが見られるようになり，合成殺菌剤を補完する生物農薬に関する研究が盛んになった．1996年に，Colbornらによって"Our Stolen Future"が出版され，合成農薬自体の，あるいは夾雑物として含まれる物質のいわゆる内分泌撹乱作用などが懸念されるようになると，この動きはさらに加速し，わが国でも21世紀に入って，生物農薬の登録件数が急速に増加する傾向にある．

b. 殺菌剤の対象病原

これまでに開発されている殺菌剤のほとんどは菌類に属する病原をターゲットとして

いる．細菌病に効果を示す殺菌剤（殺細菌剤 antibacterial agent）も少数あるが，ウイルス病を対象にしたものは皆無といっても差し支えはない．なお，多くのウイルス，ウイロイド，ファイトプラズマは昆虫により媒介されるので，これらの病原の制御は害虫の防除に準じた媒介者の防除により行われることが多いが，殺虫剤が殺虫活性を示す以前に保毒昆虫が吸汁してしまった場合など，伝搬を十分に妨げることができない場合も多い．

c. 殺菌剤の施用法
1） 茎葉処理
殺菌剤の最も一般的な処理方法である．主に水和剤，乳剤，フロアブル剤（第9章9.1節参照）などを水で希釈し，植物の茎葉に噴霧散布処理する．散布には手動のスプレーや，スプリンクラー，スピードスプレーヤーなどを目的や規模に応じて使用する．病原が主に飛散で伝搬して，葉，茎，花，果実で発生する病害の防除に多用される．

2） 水面処理
わが国の最重要作物であるイネの栽培は，多くの場合水田において行われる．水田は湛水状態を保つことから，*Rhizoctonia solani* AG-1群菌によるイネ紋枯病のように独特の感染様式をもつ病気（佐藤，2001）が発生するが，この湛水を利用して薬剤を処理することも可能である．水田に張った水に，粒剤，サーフ剤，ジャンボ剤などを投入することで，希釈，拡散して行きわたることを期待する方法である．

3） 土壌処理
ⅰ） 土壌くん蒸　　蒸気圧の高いくん蒸剤を土壌中に注入し，これが気化，拡散して病原を殺すことを期待する方法である．主に *Fusarium oxysporum* などの土壌病原菌（soilborne pathogen）や病原媒介菌，線虫を対象に，クロルピクリン，メチルブロマイド（臭化メチル）の他，ジクロロプロパン，ジクロロプロペンなどが使用されるが，これらの薬剤は選択性が低く殺生物活性が高いため，作付け前に処理をすませ，一般にガス抜きを行ってから植物を定植する必要がある．効果を向上するため，処理直後に土壌表面をポリエチレンフィルムなどで被覆することも多い．土壌のくん蒸は，土壌中の生物を非選択的に殺してしまうことから，豊富な微生物相の働きで本来備わっている土壌の緩衝能を失わせてしまい，場合によっては土壌病害（soilborne disease）が処理前よりも激しく発生してしまう場合があること，施用する者自身にとっても危険性があることなどが欠点である．また，メチルブロマイドは，Scientific Assessment of Ozone Depletion（1998）により，オゾン層破壊係数 ODP=0.4で，地球オゾン層破壊物質クラスⅠと認定されたため，モントリオール議定書（1997年）に基づく規制がかけられ，先進国では原則として2005年に全廃されることとなっている．

ⅱ） 土壌混和　　殺菌剤原体を粘土（クレー，clay），滑石（タルク，talc）などと

混合して増容した粉剤（φ45μmのふるいを通るもの）を土壌に施用し，均一に混ぜる方法である．圃場全体にロータリーなどで混和する全面処理と，植え穴，株元，畝間などにスポット処理する場合がある．*Plasmodiophora brassicae* によるアブラナ科野菜根こぶ病に卓効を示すキントゼン粉剤（a.i. 20%）をキャベツなどの圃場で 20～50 kg/10 a 全面処理していたのが代表的な例である．

　iii）　土壌灌注　　水和剤や乳剤を希釈して，土壌灌注機を用いて土壌に注入，あるいは，土壌に流し込んで吸収させる方法である．キャプタン，ヒドロキシイソキサゾール，ベノミルなどを，土壌病害である苗立枯病，フザリウム病などを対象に処理する．しかしながら，薬剤が土壌に吸着されてしまったり，土壌微生物により代謝，分解されることが多いことから，土壌灌注の効果はさほど高くない場合が多く，土壌表層に病原が存在している場合に限り効果が見られる．

　4）　種子処理

　チラム，チオファネートメチル，ベノミルなどの殺菌剤を種子，球根，種いもなどに処理し，これら種苗に潜む病原を殺す方法である．過去には塩化メトキシエチル水銀やフェニル酢酸水銀が使用されていた歴史もある．種子を薬液に浸漬する方法，粉剤や水和剤を粉衣する方法，くん蒸する方法に加え，最近ではコート種子の具材に混入する方法などで処理される．

　5）　育苗箱処理

　イネを箱育苗し，田植機で本田に定植するようになったことはわが国の農業史上重大な進歩であった．育苗時に殺菌剤を処理してから本田に定植し，本田での病害が抑制できれば省力にもつながり，とても効率的である．育苗箱処理に適した殺菌剤は，浸透移行性で長期間効果が持続する薬剤や植物の病害抵抗性を誘導する薬剤であり，前者ではカルプロパミド，後者では，プロベナゾールを挙げることができる．

　また，微生物殺菌剤としては，シュードモナス・フルオレセンスやトリコデルマ・アトロビリデのようにセル苗土壌に処理することで根部などへの定着を図るものもある．

d. 殺菌剤の移行性

　薬剤が植物体全体に行きわたって全身で効果を示す場合，浸透移行性が高い（systemic fungicide）という．塩基性硫酸銅カルシウム，キントゼン，ベノミル，バリダマイシンAなどが浸透移行性の高い薬剤である．浸透移行性の高い殺菌剤は土壌灌注，水面処理や育苗箱処理を行うことが可能な場合が多く，現に，ベノミルの灌注によりウリ科植物のうどんこ病を，イプロベンホスなどの水面処理によりイネいもち病を防除することが可能である．

　近年開発されたイネいもち病用殺菌剤カルプロパミドは，浸透移行性をうまく利用することで効果を発揮している．すなわち，育苗箱でイネに施用した場合，カルプロパミ

ドは水溶解度が低いのですぐに全量がイネ植物体に移行することなく根圏に保持され，そのまま本田に持ち込まれる．根圏のカルプロパミドは穏やかにイネに吸収され，上部に移行し，葉鞘基部の導管などに微細結晶で保持され，新葉にも分配されるため，長期にわたり効果を示すといわれている（倉橋ら，1999）．

e. 予防（保護）剤と治療剤

植物の細胞は細胞壁に包まれている．そのため，いったん病気により破壊された組織は病気の進展を抑えることができた場合でも癒傷組織を形成し，動物のように元と同じきれいな状態に戻ることはない．そこで，農業生産場面では植物が病気にかからないようにあらかじめ殺菌剤を施用しておくことが一般的である．このような使用法をするものを予防剤と呼ぶ．多くの殺菌剤は予防剤として使用されるが，特に浸透移行性が高い薬剤やプラントアクチベーターで予防剤としての効果が高い．土壌くん蒸剤は予防剤としてしか使用できないし，土壌混和剤も処理方法の特性上予防的に使用される．また，種子処理も予防的効果を期待している．一方，病害の発生を見てから使用する薬剤を治療剤と呼ぶ．治療剤は，罹病組織を元の状態に戻すのではなく，病気の進展を停める機能をもつ．治療剤は，茎葉散布により罹病部の病原に直接作用して病原を殺すことにより効果を示す場合が多い．

3.3 殺菌剤の化学性に基づく分類

本項では，殺菌剤をその化学性に基づいてグループ分けし，それぞれのグループに関係する殺菌剤について簡単に紹介する．化学性によるグループ分けは，分子のどの構造に注目するか，物質そのものか活性本体のどちらの構造に基づいて分類するかなど，その基準により異なってくる．なお，Compendium of Pesticide Common Names（http://www.hclrss.demon.co.uk/）や国立環境研究所化学物質データベース（http://w-chemdb.nies.go.jp/）などで殺菌剤のグループ分けに関する情報を得ることができる．

a. 有機塩素系（organochlorine）（表 3.1）

有機塩素系薬剤としては，ペンタクロロフェノール（PCP）のような芳香族フェノール，キントゼン（ペンタクロロニトロベンゼン，PCNB），クロロタロニル（TPN），クロロネブ，ダイクロラン（CNA），ペンタクロロベンジルアルコール（PCBA）などの芳香族塩素化合物やクロルピクリン，ジクロロプロパン，ジクロロプロペン，フサライドをまとめることができる．呼吸系を阻害する剤が多い．PCBAは，水銀剤代替イネいもち病用殺菌剤として1966年に上市されたが，これを施用した稲わらを堆肥化してウリ類に使用した際に薬害を生じることが明らかになり（生体内代謝物が植物ホルモン様活性をもっている）使用中止となった．PCPはかつては殺菌剤として使用されて

3. 殺菌剤

表3.1 有機塩素系殺菌剤

一般名・国際的名称[*1] ［代表的殺菌剤名］	構 造 式	主な適用病害[*2]	備 考[*3]
キントゼン（ペンタクロロニトロベンゼン） quintozene pentachloronitrobenzene (PCNB) ［コブトール］		アブラナ科野菜根こぶ病	2000年失効，ダイオキシン類の混入が報告され，2002年より出荷停止
クロルピクリン chloropicrin ［クロールピクリン，ドロクロール］		フザリウム病等，線虫病にも効果あり	土壌くん蒸剤
クロロタロニル chlorothalonil (TPN) ［ダコニール］		べと病，疫病，炭そ病，うどんこ病，イネ苗立枯病	
クロロネブ chloroneb ［ターサン］		芝類春はげ症，雪腐病	
ジクロロプロパン（プロピレンジクロライド） dichloropropane (propylene dichloride) ［D-D］		土壌病害，線虫病	土壌くん蒸剤，ジクロロプロペンとの混合物で使用
ジクロロプロペン（ジクロロプロピレン） dichloropropene (dichloropropylene) ［D-D］		土壌病害，線虫病	土壌くん蒸剤，ジクロロプロパンとの混合物で使用
ダイクロラン dicloran (CNA, DCNA) ［レジサン］		菌核病	1994年失効
フサライド fthalide (phthalide) ［ラブサイド］		イネいもち病	
ペンタクロロフェノール pentachlorophenol (PCP) ［クロン］		ナシ黒星病，赤星病，黒斑病，モモ縮葉病	主に除草剤として使用，代謝物ペンタクロロアニソールに内分泌錯乱作用が指摘されている．1989年失効
ペンタクロロベンジルアルコール pentachlorobenzyl alcohol (PCBA) ［ブラスチン］		イネいもち病	1972年失効

[*1] 一般名を50音順で並べた．本文中の化合物名はこの一般名に準じている．
[*2] 多種類の類似病害に効果を示す場合は病名のみを示した．最新の情報は，農薬検査所ホームページ http://www.acis.go.jp/toroku/torokukin.html を参照されたい．
[*3] 登録年度等は原則として1997年以降のものを示した．

いたがその後は除草剤として使用され，現在はほとんど使用されていない．また，PCPの菌類による代謝物，ペンタクロロアニソール（pentachloroanisole）には高い内分泌攪乱作用が報告されている．一方，PCNB は，アブラナ科野菜根こぶ病に特効を示す土壌殺菌剤として土壌に混和施用されたが，施用量が多く，物理化学的安定性が高く，揮発性もあることから，土壌への残留と大気や水系への逸脱が懸念され，代替薬の登場もあって 1999 年以降登録更新が行われなかった．また，PCNB にダイオキシン類が混入していることが確認されたため，2002 年には回収措置をとることが決定された．

b. 有機リン系（organophosphorus）（表 3.2）

有機リン系の化合物はもともとは殺虫剤として開発，利用されていた．1960 年代に，有機水銀剤代替として S-benzyl O,O-diethyl phosphorothioate（キタジン，EBP）がイネいもち病用殺菌剤として開発されたが，異臭米の原因として疑われたため，エチル基をイソプロピル基に変更したイプロベンホス（キタジン P，IBP）に改良され現在に至っている．その後，エジフェンホス（EDDP），レプトホス（MBCP）などがやはり

表 3.2 有機リン系殺菌剤

一般名・国際的名称 ［代表的殺菌剤名］	構 造 式	主な適用病害	備 考
イプロベンホス iprobenfos（IBP） ［キタジン・P］		イネいもち病，紋枯病	
エジフェンホス edifenphos（EDDP） ［ヒノザン］		イネいもち病	1999 年失効
キタジン EBP S-benzyl-O,O-diethyl phosphorothioate ［キタジン・E］		イネいもち病	1972 年失効
トルクロホスメチル tolclofos-methyl ［リゾレックス，グランサー］		ムギ類雪腐病，ジャガイモ黒あざ病，その他苗立枯病	
ピラゾホス pyrazophos ［アフガン］		クワ・マサキうどんこ病	1999 年失効
ホセチル fosetyl ［アリエッティ］		べと病	アルミニウム塩やエステルで使用される場合が多い．

イネいもち病用に開発された．なお，これらの薬剤は弱いながらも殺虫活性をあわせもっている場合が多い（第4章4.4節参照）．その他，トルクロホスメチル，ピラゾホス，ホセチルも有機リン系殺菌剤である．

c. 硫黄系（sulfer）（表3.3）

1) 無機硫黄系

無機硫黄は最も古く，19世紀から使われていた殺菌剤である．硫黄は水に不溶であるため，水和剤，フロアブル剤，粉剤の形で現在も使用されている．多硫化石灰を主成分とする石灰硫黄合剤はわが国で年間2000t以上が使用される．

2) 有機硫黄系

i) ジチオカーバメート系（dithiocarbamate） 図3.2に示したジチオカルバミン酸塩構造をもつ化合物の総称．エチレンビスジチオカーバメート型（アンバム，ジネブ，プロピネブ，ポリカーバメート，マンゼブ，マンネブ，有機ニッケル）と，ジメチルジチオカーバメート型（ジラム，ファーバム）の剤をまとめてジチオカーバメート系薬剤と呼ぶ．ジチオカーバメート系の薬剤は1934年にTisdal and Williamsによって見出されて以来とても一般的に，広い適用範囲で使用されている．チアジアジン，チラムもこの系に分類される．

ii) ポリハルアルキルチオ系およびチオアロファン酸エステル系 ジチオカーバメート系薬剤の後に開発された薬剤群で，ポリハルアルキルチオ系（2つ以上のハロゲン原子で置換されたアルキルで硫黄原子を含む基本形をもつ）としてはカプタホル（ダイホルタン），キャプタンなどが，チオアロファン酸エステル系としてはチオファネート，チオファネートメチル，キノメチオネートがある．キャプタンは広く使われてきた殺菌剤であるが，近年はカプタホルとともに発ガン性が疑われている．チオファネートメチルはわが国において開発された薬剤で，浸透移行性が高く普遍的に使用されてきている．チオファネートおよびチオファネートメチルは植物組織内においてベンゾイミダゾール骨格をもつ活性本体に変換されて活性を示すため，ベンゾイミダゾール系として取り扱われることも多く，作用機構も共通である．

iii) その他の有機硫黄系 ジチオラン類（硫黄原子を2つ含む五員環をもつ）であるイソプロチオランや，IBP，EDDP（前項目参照）も有機硫黄系殺菌剤とされる場合がある．

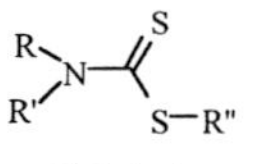

図3.2 ジチオカーバメート系化合物の基本構造
R, R′は水素，アルキル基，アリール基，R″は金属など．

d. カーバメート系（carbamate）（表3.4）

カルバミン酸塩（・エステル），すなわちNH_2COOM（・R）構造をもつ化合物の総称である．カルベンダゾール，ジエトフェンカルブ，チオファネート，チオファネートメ

3.3 殺菌剤の化学性に基づく分類

表 3.3 硫黄系殺菌剤

一般名・国際的名称 [代表的殺菌剤名]	構造式	主な適用病害	備考
無機硫黄系殺菌剤			
硫黄 sulfer [サルトン]	S_x	さび病，うどんこ病	
多硫化石灰 calcium-polysulfide [石灰硫黄合剤]	CaS_x	さび病，うどんこ病，黒星病，カンキツ類かいよう病	ダニ・カイガラムシ等に対する殺虫効果あり
ジチオカーバメート系殺菌剤			
アンバム amobam [ダイセンステンレス]	$\begin{array}{c} S \\ \| \\ CH_2NHCSNH_4 \\ CH_2NHCSNH_4 \\ \| \\ S \end{array}$	さび病，うどんこ病	
ジネブ zineb [ダイセン]	$\begin{array}{c} S \\ \| \\ CH_2NHCS \\ \quad\quad\quad\quad Zn \\ CH_2NHCS \\ \| \\ S \end{array}$	炭そ病，さび病，疫病	
ジラム ziram [ジンクメート]	$\left[\begin{array}{c} S \\ \| \\ (CH_3)_2NCS \end{array} \right]_2 Zn$	果樹類黒星病，黒斑病等	
チアジアジン(ミルネブ) thiadiazin (milneb) [サニパー]	(構造式)	果樹類黒星病，さび病	
チラム（チウラム） thiram(thiuram, TMTD) [チラム，アンレス，キヒゲン]	(構造式)	イネごま葉枯病，黒星病，種子消毒	1975 年失効
ファーバム ferbam [ノックメート]	$\left[\begin{array}{c} S \\ \| \\ (CH_3)_2NCS \end{array} \right]_3 Fe$	ナシ黒星病，赤星病，モモ炭そ病等	1978 年失効
プロピネブ propineb [アントラコール]	$\left[\begin{array}{c} S \\ \| \\ CH_2NHCS \\ \quad\quad\quad\quad Zn- \\ CH_3CHNHCS \\ \| \\ S \end{array} \right]_n$	炭そ病	
ポリカーバメート polycarbamate [ビスダイセン]	$\begin{array}{c} S \quad\quad S \\ \| \quad\quad \| \\ CH_2NHCSZnSCN(CH_3)_2 \\ CH_2NHCSZnSCN(CH_3)_2 \\ \| \quad\quad \| \\ S \quad\quad S \end{array}$	べと病，疫病，果樹類黒星病，灰星病等	

3. 殺菌剤

名称	構造	適用	備考
マンゼブ mancozeb (manzeb) [ジマンダイセン]	(構造式)	果樹黒点病, ジャガイモ疫病等	亜鉛とマンネブの錯化合物
マンネブ maneb [マンネブダイセン]	(構造式)	果樹黒点病, ジャガイモ疫病等	
有機ニッケル (ジメタルジチオカルバミン酸ニッケル) nickel [サンケル]	(構造式)	イネ白葉枯病	2002年失効
ポリハルアルキルチオ系殺菌剤			
カプタホル (ダイホルタン) captafol [ダイホルタン]	(構造式)	リンゴ黒星病, 赤星病, べと病	1989年失効
キャプタン captan [オーソサイド]	(構造式)	イネ苗立枯病, 炭そ病, べと病, 黒星病	
チオアルファン酸エステル系殺菌剤			
チオファネート thiophanate [トップジン]	(構造式)	うどんこ病, 灰色かび病, 炭そ病	1987年失効
チオファネートメチル thiophanate-methyl [トップジンM]	(構造式)	うどんこ病, 灰色かび病, 炭そ病, イネ馬鹿苗病, 種子消毒	
キノメチオネート chinomethionat (quinomethionate) [モレスタン]	(構造式)	うどんこ病	ハダニにも効果あり
その他の有機硫黄系殺菌剤			
イソプロチオラン isoprothiolane (IPT) [フジワン]	(構造式)	イネいもち病, ごま葉枯病, 果樹類白紋羽病等, 殺虫活性もあり	

本表の他, キタジン (EBP), イプロベンホス (IBP), エジフェンホス (EDDP) は表3.2参照.

3.3 殺菌剤の化学性に基づく分類

表 3.4 カーバメート系殺菌剤

一般名・国際的名称 ［代表的殺菌剤名］	構　造　式	主な適用病害	備　考
カルベンダゾール（カルベンダジム） carbendazim（MBC） ［サンメート］		菌核病	1999年失効
ジエトフェンカルブ diethofencarb ［パウミル］		灰色かび病	
プロパモカルブ propamocarb ［プレビクール-N］		タバコ苗病・花卉類疫病等	塩酸塩で使用される
ベノミル benomyl ［ベンレート］		イネ苗立枯病，ムギ類雪腐病，その他フザリウム病，灰色かび病等，種子消毒用	
メタスルホカルブ methasulfocarb ［カヤベスト］		イネ苗立枯，馬鹿苗病，土壌殺菌剤	

本表の他，チオファネート，チオファネートメチルは表3.3参照．

表 3.5 有機水銀系殺菌剤

一般名・国際的名称 ［代表的殺菌剤名］	構　造　式	主な適用病害	備　考
塩化メトキシエチル水銀 methoxyethylmercury chloride （MEMC, MMC） ［ウスプルン］		サトウキビ節苗，ジャガイモ・ショウガ塊茎消毒等	1974年失効
酢酸フェニル水銀 phenylmercury acetate （PMA, PMAC） ［セレサン，リオゲン，ルベロン］		イネいもち病	1970年失効

チル，プロパモカルブ，ベノミル，メタスルホカルブを挙げることができる．

e. 有機水銀系（**organomercury**）（表 3.5）

1930年代より，塩化メトキシエチル水銀（MEMC），酢酸フェニル水銀（PMA）などが上市されていたが，1970年代からは使用されていない．PMAは，イネいもち病を対象病害として1950年代に多量に使用された．いもち病に対して非常に高い防除効果

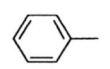

図3.3 フェニル基

を示し，耐性菌の出現もほとんど見られない剤であったが，水俣病などの発生に伴い，水銀の環境中への施用が問題視され，1968年に使用が禁止された．PMAでは，施用後の薬剤の動態がかなり詳しく解析されている．散布されたPMAはイネ葉面より吸収され，タンパク質に結合して残留する．その後徐々にフェニル基（図3.3）が脱離して無機水銀に変化すると考えられている．この水銀は玄米から経口で人体に入る可能性が高いこと，また植物残渣が土壌中で微生物の機能により代謝・分解される際に，水銀がメチル化される可能性が高いことが示されている．

f. 有機スズ系（organotin）（表3.6）

炭素とスズの直接結合を有する化合物で，R_mSnX_{4-n}（R＝アルキル，アリール；X＝ハロゲン，OR，OH，OCOR）などの形をとる．一般に毒性が高く，トリブチルスズ類（TBT）は漁網や船底の処理に使用され，水質汚染物質として問題視されている．農業用殺菌剤としては，水酸化トリフェニルスズ（TPTH）などが使用された．

表3.6 有機スズ系殺菌剤

一般名・国際的名称 [代表的殺菌剤名]	構造式	主な適用病害	備考
水酸化トリフェニルスズ fentin hydroxide (TPTH) [テンハイド]		ビート褐斑病，ジャガイモ疫病，マメ類炭そ病，褐斑病	除草活性あり．1990年失効

g. 銅系（copper）（表3.7）

1）無機銅系

銅イオンのもつ殺菌性は古くから認識されており種子消毒などに使用されていた．ただし，植物に対する薬害も示すため，殺菌剤として使用されるようになったのは硫酸銅と石灰の混合物である塩基性硫酸銅カルシウム（ボルドー液）の開発以降である．この他に，ボルドー液に含まれる塩基性硫酸銅や塩基性塩化銅，水酸化第二銅，硫酸銅（五水，無水）などが無機銅剤である．予防剤として使用される．

2）有機銅系

オキシンキノリン銅，テレフタル酸銅，ノニルフェノールスルホン酸銅など．予防剤として使用される．

h. 有機ヒ素系（organoarsenic）（表3.8）

1957年にイネ紋枯病用薬剤として開発されたジメチルジチオカルバミン酸メチルヒ素（ウルバジット）が最初のヒ素系殺菌剤である．その後，やはり紋枯病用に，メタンアルソン酸カルシウム（MAC，CMA），メタンアルソン酸鉄（MAF），メタンアルソ

3.3 殺菌剤の化学性に基づく分類

表 3.7　銅系殺菌剤

一般名・国際的名称 ［代表的殺菌剤名］	構　造　式	主な適用病害	備　考
無機銅系殺菌剤			
塩基性塩化銅 copper oxychloride ［クプラビット］	$CuCl_2 \cdot 3\,Cu(OH)_2$	べと病, 疫病	
塩基性硫酸銅カルシウム copper calcium hydroxide sulfate ［ボルドー液の主成分］	$CuSO_4 \cdot xCu(OH)_2 \cdot yCa(OH)_2 \cdot 3\,H_2O$	べと病, 疫病, 炭そ病, イネ稲こうじ病	
水酸化第二銅 copper hydroxide ［コサイド］	$Cu(OH)_2$	べと病, 疫病	
硫酸銅 copper hydroxide ［硫酸銅］	$CuSO_4 \cdot 5\,H_2O$	べと病, 苗立枯病, キャベツ黒斑病等	
硫酸銅・無水 copper sulfate ［ハイボルドウ］	$CuSO_4$	べと病, 苗立枯病, キャベツ黒斑病等	
有機銅系殺菌剤			
オキシキノリン銅（8-ヒドロキシキノリン銅） oxine-copper (oxine-Cu, copper 8-quinolinolate) ［キノンドー］	（構造式）	野菜類黒腐病, 軟腐病, 炭そ病, べと病	
テレフタル酸銅 copper-terephthalate ［ボルコン］	$Cu\,[-OOC-C_6H_4-COO-]\cdot 3H_2O$	カンキツ類そうか病, 黒点病, その他疫病, 炭そ病	1996年失効
ノニルフェノールスルホン酸銅 copper-nonylphenolsulfonate ［ヨネポン］	（構造式）	べと病, うどんこ病	

ン酸鉄アンモニウム（MAFA）などが開発されたが，現在わが国では使用されていない．

i. 無機系（inorganic）（表 3.9）

酢酸，次亜塩素酸カルシウム（細菌用），次亜塩素酸ナトリウム（細菌用），炭酸水素カリウム，炭酸水素ナトリウム，硫酸亜鉛，および，無機銅系，無機硫黄系として別途記載の殺菌剤を含む．

j. 脂肪族（aliphatic），アルキル系（alkyl）（表 3.10）

芳香族化合物以外の化合物で，多くは鎖式構造のみからなる有機化合物を脂肪族化合

3. 殺菌剤

表 3.8 有機ヒ素系殺菌剤

一般名・国際的名称 ［代表的殺菌剤名］	構造式	主な適用病害	備考
ジメチルジチオカルバミン酸メチルヒ素（ウルバジッド） methylarsenic dimethyldithio carbamate（urbazid） ［モンゼット］	$CH_3As\left[\begin{array}{c}S\\\|\\SCN(CH_3)_2\end{array}\right]_2$	イネいもち病，紋枯病，ブドウ晩腐病，褐斑病，スイカつる割病等	1978年失効
メタンアルソン酸カルシウム calcium methanearsonate（MAC, CMA） ［モンメツ，モンサ］	$\left[H_3C-\underset{\underset{O-}{\|}}{\overset{\overset{O}{\|}}{As}}\cdot O-\right]_2 Ca$	イネ紋枯病，ブドウ晩腐病，褐斑病，スイカつる割病等	1977年失効
メタンアルソン酸鉄 Ferric methanearsonate（MAF） ［ネオアソジン，モンキル］	$\left[H_3C-\underset{\underset{O-}{\|}}{\overset{\overset{O}{\|}}{As}}\cdot O-\right]_3 Fe_2$	イネ紋枯病，ブドウ晩腐病，褐斑病，スイカつる割病等	1997年失効
メタンアルソン酸鉄アンモニウム Ferric methanearsonate ammonium（MAFA） ［ネオアソジン，モンネット］	$\left[H_3C-\underset{\underset{O-}{\|}}{\overset{\overset{O}{\|}}{As}}\cdot O-\right]_3 Fe_2 \cdot nNH_4$	イネ紋枯病，ブドウ晩腐病，褐斑病，スイカつる割病等	1998年失効

表 3.9 無機系殺菌剤

一般名・国際的名称 ［代表的殺菌剤名］	構造式	主な適用病害	備考
酢酸 acetic acid ［モミエース］	$CH_3-\underset{OH}{\overset{\overset{O}{\|}}{C}}$	イネもみ枯細菌病，馬鹿苗病等	1999年失効
次亜塩素酸カルシウム（サラシ粉） calcium-hypochlorite ［キャッチャー］	$Ca(OCl)_2 \cdot 3H_2O$	イネもみ枯細菌，ユウガオつる割病，その他苗立枯病	1998年失効
次亜塩素酸ナトリウム sodium hypochlorite ［サニーエクリン］	$NaOCl$	かんきつ類かいよう病	2002年失効
炭酸水素カリウム potassium hydrogen carbonate ［カリグリーン］	$O=\underset{OH}{\overset{OK}{C}}$	うどんこ病	
炭酸水素ナトリウム sodium bicarbonate ［ノスラン］	$O=\underset{OH}{\overset{ONa}{C}}$	うどんこ病	
硫酸亜鉛 zinc sulfate ［硫酸亜鉛］	$ZnSO_4 \cdot 7H_2O$	モモせん孔細菌病	

本表の他，無機銅系（表 3.7），無機硫黄系（表 3.3）参照．

3.3 殺菌剤の化学性に基づく分類

表 3.10 脂肪族殺菌剤

一般名・国際的名称 ［代表的殺菌剤名］	構 造 式	主な適用病害	備 考
イミノクタジンアルベシル酸塩 iminoctadine–albesilate ［ベクルート］	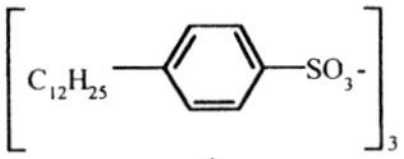 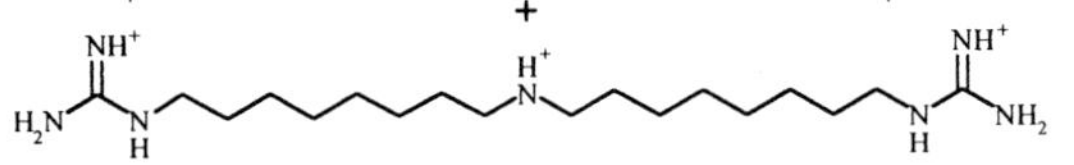 $[C_{12}H_{25}\text{–}C_6H_4\text{–}SO_3^-]_3$ + $H_2N\text{–}C(NH_2^+)\text{–}NH\text{–}(CH_2)_8\text{–}NH_2^+\text{–}(CH_2)_8\text{–}NH\text{–}C(NH_2^+)\text{–}NH_2$	黒星病, うどんこ病, 灰色かび病等	
イミノクタジン酢酸塩 iminoctadine–triacetate ［ベフラン］	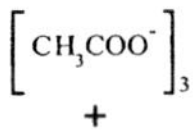 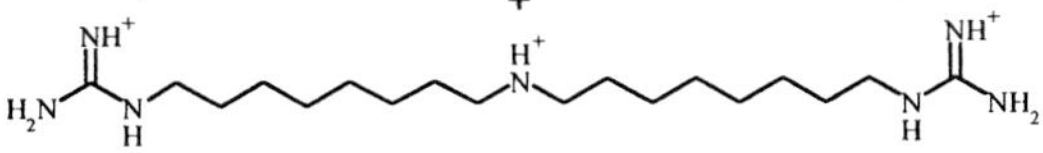 $[CH_3COO^-]_3$ + $H_2N\text{–}C(NH_2^+)\text{–}NH\text{–}(CH_2)_8\text{–}NH_2^+\text{–}(CH_2)_8\text{–}NH\text{–}C(NH_2^+)\text{–}NH_2$	ムギ類黒穂病, 雪腐病	
シモキサニル cymoxanil ［ブリザード］	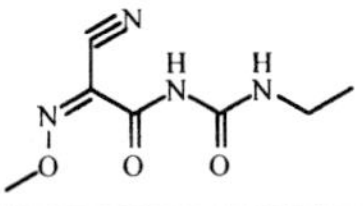 (シアノ-メトキシイミノ-アセチル-エチル尿素構造)	べと病	1996 年登録
メチルブロマイド methyl bromide (bromomethane) ［サンヒューム］	CH_3Br	土壌病害	オゾン層破壊物質, 2005 年生産中止

本表の他, クロルピクリン, ジクロロプロパン, ジクロロプロペンは表 3.1 参照.

物と呼ぶ. また, C_nH_{2n+1}– の鎖式構造のみからなるものをアルキル系とする場合もある.

窒素原子が特徴的な, イミノクタジンアシベシル酸塩, イミノクタジン酢酸塩, シモキサニルを脂肪族窒素系 (aliphatic nitrogen), ハロゲン原子をもつことが特徴であるクロルピクリン, ジクロロプロパン, ジクロロプロペン (ジクロロプロパンとジクロロプロペンの混合物を D–D と呼ぶ) およびメチルブロマイドを脂肪族ハロゲン系 (aliphatic halide) と呼ぶ. 脂肪族ハロゲン系薬剤は一般的に蒸気圧が高く, 比重が空気より大きいので, 土壌に注入されると気化して土壌構造内部まで拡散する. このため土壌くん蒸に使用されるが, 非選択的に土壌中の生物を殺すことが特徴である. 分子内のハロゲン原子が求核置換反応を受けやすく, SH 阻害活性 (次節 a 項) により殺菌性を示す.

k. アニリド系 (anilide) (表 3.11)

アニリンのアミノ基の水素がアシル基に置換した化合物の総称. 図 3.4 に示した一般構造をもつ. オキサジキシル, オキシカルボキシン, チフルザミド (DCPA), テクロフタラム, フェンヘキサミド, フルスルファミド, フルトラニル, ペンシクロン, メプロニル, メタラキシルなどを含む.

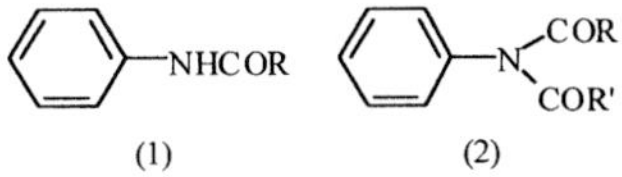

C₆H₅–NHCOR (1)   C₆H₅–N(COR)(COR') (2)

図 3.4 アニリド系化合物の基本構造

3. 殺菌剤

表 3.11 アニリド系殺菌剤

一般名・国際的名称 ［代表的殺菌剤名］	構造式	主な適用病害	備考
オキサジキシル oxadixyl ［サンドファン］		べと病，疫病	
オキシカルボキシン oxycarboxin（DCMOD） ［プラントバックス］		さび病	2003年失効
チフルザミド thifluzamide（DCPA） ［アグリード］		イネ紋枯病	1979年登録
テクロフタラム tecloftalam ［シラハゲン］		イネ白葉枯病	
フェンヘキサミド fenhexiamide ［パスワード］		灰色かび病，核果類灰星病	1999年登録
フルスルファミド flusulfamide ［ネビジン］		アブラナ科野菜根こぶ病	
フルトラニル flutolanil ［モンカット］		イネ紋枯病，ムギ類さび病	
ペンシクロン pencycron ［モンセレン］		イネ紋枯病，ジャガイモ黒あざ病	
メタラキシル metalaxyl ［リドミル］		イネ萎縮病，べと病，疫病	(−)-isomerのメタラキシルとの混合物
メプロニル mepronil ［バシタック］		イネ紋枯病，ムギ類さび病	

このうち,オキシカルボキシンはオキサチン系,フルトラニル,メプロニル,ペンシクロンなどはベンズアニリド系,フェンヘキサミドはヒドロキシアニリド系と,さらに細グループ化されることもある.

l. アリール系(aryl, Ar),フェニル系(phenyl, Ph)(表3.12)

芳香族炭化水素環から水素原子が1つ離脱して生じたアリール基をもつ分子.このうち,ベンゼンから水素1原子が脱離したフェニル基($-C_6H_5$,図3.3)をもつものをフェニル系と呼ぶ.広く,芳香族(aromatic)としてまとめられる場合もある.また,アニリド系(本節k項)およびキノン系(本節p項)は別項とした.

カルプロパミド,PCNB,クレソキシムメチル,TPN,クロロネブ,ジノカップ(DPC),CNA,テレフタル酸銅,トリフロキシストロビン,ビナパクリル,PCP,PCBA,メトミノストロビンがフェニル系化合物であり,カルプロパミド以外の多くが呼吸系阻害活性をもつ.

表3.12 アリール系殺菌剤

一般名・国際的名称 [代表的殺菌剤名]	構　造　式	主な適用病害	備　考
カルプロパミド carpropamid [ウイン]		イネいもち病	1997年登録
ジノカップ dinocap (DPC) [カラセン]		うどんこ病	ハダニにも殺虫活性あり
ビナパクリル binapacryl [アクリシッド]			殺ダニ活性あり, 1990年失効

本表の他,キントゼン(PCNB),クロロタロニル(TPN),クロロネブ,ダイクロラン(CNA),ペンタクロロフェノール(PCP),ペンタクロロベンジルアルコール(PCBA)は表3.1,テレフタル酸銅は表3.7,クレソキシムメチル,トリフロキシストロビン,メトミノストロビンは表3.14参照.

m. ヘテロ環系(heterocycle)(表3.13)

炭素分子以外のヘテロ原子(N, O, P, Sなど)を1つ以上含む環を,ヘテロ環あるいは複素環と呼ぶ.

ヘテロ環を含む分子をとりまとめた.

1) アゾール系(azole)

ヘテロ原子を2つ以上含み,かつそのうち最低1つがNである五員環芳香族化合物

3. 殺菌剤

表3.13 ヘテロ環系殺菌剤

一般名・国際的名称 ［代表的殺菌剤名］	構 造 式	主な適用病害	備 考
イミダゾール系殺菌剤			
イプロジオン iprodione ［ロブラール］		菌核病，灰色かび病	
オキスポコナゾールフマル酸塩 oxpoconazole fumarate ［オーシャイン］		果樹類赤星，灰色かび病，灰星病	2000年登録
シアゾファミド cyazofamid ［ランマン］		疫病，べと病	2001年登録
チアベンダゾール thiabendazole（TBZ） ［ビオカード］		かんきつ貯蔵病，さび病，黒星病	
トリフルミゾール triflumizole ［トリフミン］		イネいもち病，ムギ類うどんこ病，赤かび病，その他うどんこ病，さび病	
プロクロラズ prochloraz ［スポルタック］		イネいもち病，馬鹿苗病，ごま葉枯病	
ペフラゾエート pefurazoate ［ヘルシード］		イネ馬鹿苗病，いもち病，ごま葉枯病	

3.3 殺菌剤の化学性に基づく分類

トリアゾール系殺菌剤

イプコナゾール ipconazole [テクリード]		イネいもち病, 馬鹿苗病	
イミベンコナゾール imibenconazole [マネージ]		黒星病, 赤星病, うどんこ病	
ジフェノコナゾール difenoconazole [スコア]		リンゴ・ナシ黒星病, うどんこ病	
シプロコナゾール cyproconazole [アルト]		ムギ類・イチゴうどんこ病, テンサイ褐斑病	
シメコナゾール simeconazole [パッチコロン]		シバ草葉腐病 (ラージパッチ)	2001年登録
テトラコナゾール tetraconazole [ホクガード, サルバトーレ]		テンサイ褐斑病, リンゴ赤星病, 黒星病, うどんこ病等	1998年登録
テブコナゾール tebuconazole [シルバキュア]		コムギ赤かび病, うどんこ病, 赤さび病	
トリアジメホン triadimefon [バイレトン]		さび病, うどんこ病, 黒星病, 炭そ病	
ビテルタノール bitertanol [バイコラール]		うどんこ病, 黒星病	

3. 殺菌剤

名称	構造	適用	備考
フェンブコナゾール fenbuconazole [インダー]		リンゴ等黒星病, 赤星病, 灰星病, うどんこ病, チャ炭そ病, もち病等	1985年失効
プロピコナゾール propiconazole [チルト]		ムギ類さび病, うどんこ病	日本未登録
ヘキサコナゾール hexaconazole [ヘキサコナゾール]		リンゴ等赤星病, 黒星病, うどんこ病, モモ灰星病等	
ミクロブタニル myclobutanil [ラリー]		うどんこ病, さび病	
メトコナゾール metoconazole [CARAMBA]		ムギ類さび病, 赤かび病等	日本未登録

オキサゾール系殺菌剤

名称	構造	適用	備考
ヒドロキシイソキサゾール (ヒメキサゾール) hydroxyisoxazol (hymexazol) [タチガレン]		土壌病害, 苗立枯病, イネ馬鹿苗病, その他うどんこ病	
ビンクロゾリン vinclozolin [ロニラン, ロダリン]		菌核病, うどんこ病, 黒斑病	1998年失効

チアゾール系殺菌剤

名称	構造	適用	備考
エクロメゾール (エトリジアゾール) echlomezole (eytidiazole) [パンソイル]		疫病, 根腐れ病	

3.3 殺菌剤の化学性に基づく分類

ピリミジン系殺菌剤

ジフルメトリム diflumetorim ［ピリカット］		キク白さび病，バラうどんこ病等	1997年登録
シプロジニル cyprodinil ［ユニックス］		リンゴ黒星病，斑点落葉病，うどんこ病，コムギうどんこ病，眼紋病	1998年登録
ジメチリモール dimethirimol ［ミルカーブ］		うどんこ病	2002年失効
トリアリモール triarimol ［エランコサイド］		リンゴ黒星病，うどんこ病	日本登録
ピリメタニル pyrimethamil ［スカーラ］		ブドウ等灰色かび病，リンゴ黒星病等	1999年登録
フェリムゾン ferimzone ［タケヒット］		イネいもち病，ツツジ等白紋羽病	
メパニピリム mepanipyrim ［フルピカ］		灰色かび病，うどんこ病	

ピロール系殺菌剤

フェンピクロニル fenpiclonil ［Beret］		種子消毒	日本未登録
フルジオキソニル fludioxonil ［セイビアー］		灰色かび病	

3. 殺菌剤

モルフォリン系殺菌剤

名称	構造	適用	備考
ジメトモルフ dimethomorph ［フェスティバル］		べと病	
トリデモルフ tridemorph ［Calixin(e)］		うどんこ病	日本未登録
フェンプロピモルフ fenpropimorph ［Corbel］		うどんこ病	日本未登録

キノキサリン系殺菌剤

名称	構造	適用	備考
硫酸オキシキノリン（オキシン硫酸塩） oxine sulfate ［ユーゴーザイA, バルコート］		細菌病	1979 失効, 現在は接木促進剤として使用
オキソリニック酸 oxolinic acid ［スターナ］		イネもみ枯細菌病	

その他のヘテロ環系殺菌剤

名称	構造	適用	備考
ジチアノン dithianon ［デラン］		果樹類黒星病, かいよう病, チャ炭そ病, イネ白葉枯病	
フルオルイミド fluoroimide (fluoromide) ［スパットサイド］		かんきつ類, リンゴ等黒点病, すす斑病	
プロシミドン procymidone ［スミレックス］		菌核病, 灰色かび病等	

本表の他, カプタホル, キャプタン, キノメチオネートは表3.3, カルベンダゾール, ベノミルは表3.4, オキシキノリン銅は表3.7, オキサジキシル, チフルザミド, フルスルファミドは表3.11, アゾキシストロビンは表3.14, フェナリモルは表3.16 を参照.

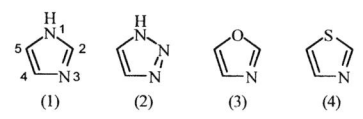

図3.5 アゾール環
(1)イミダゾール環, (2)トリアゾール環(1,2,3-体), (3)オキサゾール環, (4)チアゾール環

をアゾール類と呼ぶ（図3.5）. イミダゾール系，トリアゾール系殺菌剤は，エルゴステロール合成阻害を機作とするうどんこ病用殺菌剤がほとんどであるため，エルゴステロール合成阻害剤（EBI剤）としてピリミジン系，ピリジン系，ピペラジン系などとともに総括される場合も多い（次節a項2参照）.

i) イミダゾール系（imidazole） イミダゾール環（図3.5(1)）をもつ化合物. イプロジオン，オキスポコナゾールフマル酸塩，カルベンダゾール，シアゾファミド，チアベンダゾール，トリフルミゾール，プロクロラズ，ベノミル，ペフラゾエート.

ii) トリアゾール系（triazole） トリアゾール環（図3.5(2)）をもつ化合物. イプコナゾール，イミベンコナゾール，ジフェノコナゾール，シプロコナゾール，シメコナゾール，テトラコナゾール，テブコナゾール，トリアジメホン，ビテルタノール，フェンブコナゾール，プロピコナゾール，ヘキサコナゾール，ミクロブタニルなどを含む.

iii) オキサゾール（oxazole） アゾール類のうち，オキサゾール環（図3.5(3)）をもつものをまとめた. オキサジキシル，DCPA，フルスルファミド，ヒドロキシルイソキサゾール，ビンクロゾリンを挙げることができる.

iv) チアゾール系（thiazole） アゾール類のうち，チアゾール環（図3.5(4)）を持つ化合物. エクロメゾールはチアゾール環にさらに1つのNをもつチアジアゾール環をもつ.

2) ピリミジン系（pyrimidine）

ピリミジン環（図3.6）をもつ物質の総称. アゾキシストロビン，ジフルメトリム，シプロジニル，ジメチリモール，トリアリモル，ピリメタニル，フェナリモル，フェリムゾン，メパニピリムなど. フェナリモルは1990年代以降に開発・上市された. 灰色かび病用のメパニピリム，灰色かび病，リンゴ黒星病，うどんこ病用のピリメタニル，うどんこ病，黒星病用のシプロジニル，イネいもち病用のフェリムゾンはアニリノピリミジン骨格をもつ. エルゴステロール生合成阻害を機作とするものが多い.

図3.6 ピリミジン環

3) ピロール系（pyrrole）

*Pseudomonas*属細菌などの生産物で水虫薬の主成分としても利用されている天然抗糸状菌物質ピロールニトリン（pyrrolnitrin, 図3.7）をリード化合物として1990年代より開発，上市されたピロール環（図3.7）をもつ物質群. 灰色かび病用のフルジオキソニルおよびフェンピクロニルを代表的な化合物として挙げることができる. このグループの薬剤は，現象として菌類の呼吸阻害を示すが，第一義的には生体膜に作用しているようである.

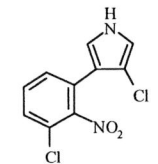

pyrrolnitrin
3-(2-nitro-3-chlorophenyl)-4-chloropyrrole

図3.8 モルフォリン環

ピロール環

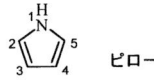

図3.7 ピロールニトリンとピロール環

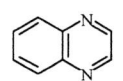

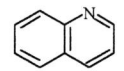

(1) キノキサリン系化合物の基本構造　(2) キノリン系化合物の基本構造

図3.9 キノキサリン系およびキノリン系化合物の基本構造

4) モルフォリン系（morpholine）

モルフォリン環（図3.8）をもつ物質群．ジメトモルフ，トリデモルフ，フェンプロピモルフなどがあり，エルゴステロール生合成阻害を主な作用機構とする．

5) キノキサリン系（quinoxaline）とキノリン系（quinoline）

図3.9(1)に示す基本構造をもつキノキサリン系にはキノメチオネート，硫酸オキシキノリン，図3.9(2)に示す基本構造をもつキノリン系化合物にはオキシキノリン銅，オキソリニック酸がある．

6) その他のヘテロ環系

カプタホル，キャプタン，ジチアノン，フルオルイミド，プロシミドンなどをあげることができる．

n. ストロビルリン系（strobin）（表3.14）

Strobilurus tenacellus や *Oudemansiella mucida* などの担子菌（きのこ類）が産生するβ-メトキシアクリル酸エステル（methoxyacrylate）系の天然抗糸状菌性物質であるストロビルリン類化合物（図3.10）をリード化合物として，1990年代後半以降に多くが開発された新しいグループの殺菌剤である（Clough, 1998；上杉, 1999）．アゾキシストロビン，クレソキシムメチル，トリフロキシストロビン，メトミノストロビンがこのグループの薬剤である．これらの薬剤は広い抗菌スペクトラムをもち，予防的にも治療的にも効果を示すのでよく使用されている．メトキシアクリレート系と呼ばれる場合や，抗生物質系として扱われる場合もある．

3.3 殺菌剤の化学性に基づく分類

表 3.14 ストロビルリン系殺菌剤

一般名・国際的名称 ［代表的殺菌剤名］	構 造 式	主な適用病害	備 考
アゾキシストロビン azoxystrobin ［アミスター］	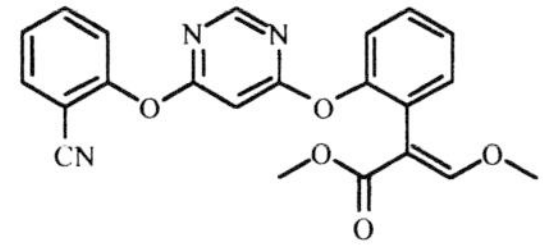	うどんこ病，灰色 かび病	1998年登録
クレソキシムメチル kresoxim-methyl ［ストロビー］	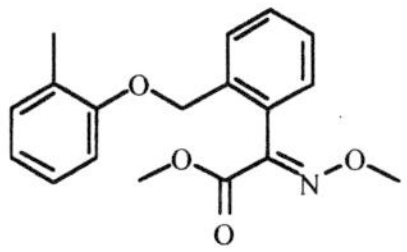	うどんこ病，そう か病，べと病，灰 色かび病，赤かび 病	1997年登録
トリフロキシストロビン trifloxystrobin ［フリント］	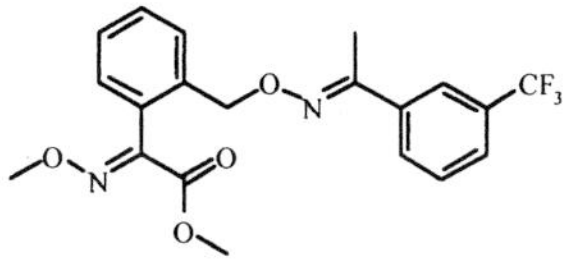	リンゴ斑点落葉 病，キュウリうど んこ病	2001年登録
メトミノストロビン metominostrobin ［オリブライト］	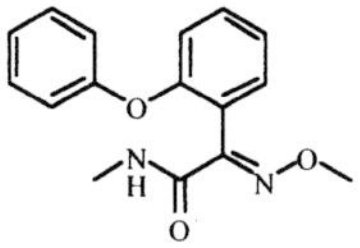	イネいもち病	1998年登録

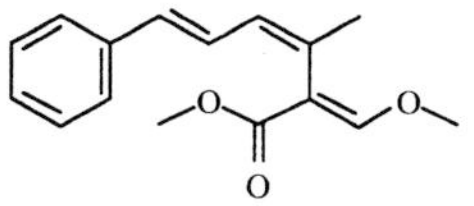

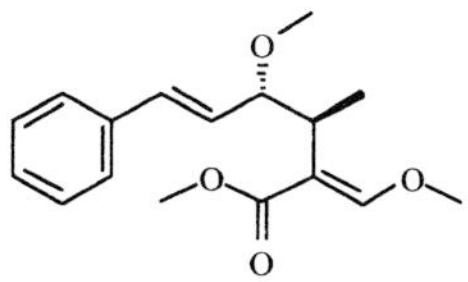

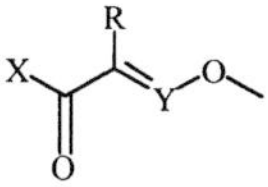

ストロビルリン系化合物の基本骨格

図 3.10 天然ストロビルリン類

o. 生 物 系 （表 3.15）

1） 抗生物質 （antibiotic）

微生物によって生産され，微生物やその他の細胞の生育・機能を阻害する物質が抗生物質である．タンパク質合成阻害を作用機構とするものが多い．

1962年に世界で最初に実用化された農業用抗生物質は，放線菌 *Streptomyces griseochromogenes* が産生するヌクレオシド系化合物ブラストサイジンSで，イネいもち病

表 3.15 生物系殺菌剤

一般名・国際的名称 ［代表的殺菌剤名］	構造式, 学名等	主な適用病害	備考
抗生物質			
オキシテトラサイクリン oxytetracycline ［マイコシールド］		キュウリ・モモ等細菌病	*Streptomyces rimosus* 生産物. 塩酸塩で使用
カスガマイシン kasugamycin ［カスミン］		イネいもち病	*Streptomyces kasugaensis* 生産物
クロラムフェニコール chloramphenicol（chloromycetin） ［シラハゲン C］		イネ白葉枯病	*Streptomyces venzuelae* 生産物. 1975 年失効
シクロヘキシミド cycloheximide ［アクチジオン］		ネギべと病, さび病, カラマツ先枯病	*Streptomyces griseus* 生産物. 1979 年失効
ジヒドロストレプトマイシン dihydrostreptomycin ［アグリマイシン, ストレプトマイシン］		軟腐病, かいよう病	*Streptomyces griseus* 生産物. 硫酸塩で使用. 1981 年失効
ストレプトマイシン streptomycin ［ストレプトマイシン］		軟腐病, かいよう病	*Streptomyces griseus* 等生産物, 塩酸塩で使用する
ノボビオシン novobiocin ［ノボビオシン］		トマトかいよう病	*Streptomyces niveus*, *S. spheroides* 等の生産物. ナトリウム塩として使用. 1989 年失効
バリダマイシン A validamycin A ［バリダシン］		イネ紋枯病, ジャガイモ黒あざ病, キャベツ黒腐病等	*Streptomyces hygroscopicus* var. *limoneus* 生産物

3.3 殺菌剤の化学性に基づく分類

ブラストサイジンS blasticidin-S [ブラエス]	(構造式)	イネいもち病	*Streptomyces griseochromogenes* 生産物
ポリオキシン polyoxin [ポリオキシン]	(構造式)	イネ紋枯病，その他灰色かび病	*Streptomyces cacaoi* var. *asoensis* 生産物．A～Oの15成分がある（図9参照）
ミルディオマイシン mildiomycin [ミラネシン]	(構造式)	バラ・サルスベリうどんこ病	*Streptonerticilum rimofaciens* B-98891生産物

微生物殺菌剤

アグロバクテリウム・ラジオバクター [バクトローズ]	*Agrobacterium radiobacter* strain 84	バラ・キク等根頭がんしゅ病	アグロシン84産生
シュードモナスCAB-02 [モミゲンキ]	*Psedomonas* sp. CAB-02	イネもみ枯細菌病	2001年登録
シュードモナス・フルオレッセンス [セル苗元気]	*Pseudomonas fluorescence* biovar IV FPH-9601	トマト青枯病，根腐萎凋病	2001年登録
タラロマイセス・フラバス Talaromyces flavus [バイオトラスト]	*Talaromyces flavus* BAY Y 94 01 胞子	イチゴ炭そ病，うどんこ病	2001年登録
トリコデルマ・アトロビリデ Trichoderma atroviride [エコホープ]	*Trichoderma atroviride* SKT-1	イネ種子伝染性病害	2002年登録
トリコデルマ生菌（対抗菌剤） Trichoderma [トリコデルマ生菌]	*Trichocderma lignorum*	タバコ腰折病，白絹病等	
バチルス・ズブチリス Bucillus subtilis [ボトキラー]	*Bacillus subtilis*（ソラマメ葉面分離菌）芽胞	トマス・ナス灰色かび病	1998年登録
非病原性エルビニア・カロトボーラ non-pathogenic Erwinia carotovora [バイオキーパー]	*Erwinia carotovora* subsp. *carotovora*	ハクサイ・ダイコン軟腐病	バクテリオシン産生（拮抗），競合

非病原性フザリウム・オキシスポラム non-pathogenic Fusarium［マルカライト］	*Fusarium oxysporum* 101-2	サツマイモつる割病	2002年登録
その他の生物系殺菌剤			
こうじ菌産生物 ［アグリガード］	*Aspergillus oryzae* NF-1244 生産物	ピーマン・トマトモザイク病	1999年失効
シイタケ菌糸体抽出物 shiitake water extract ［レンテミン］	*Lentinus edodes* 菌糸抽出物	トマト・タバコモザイク病	
大豆レシチン soybean lecithin ［レシチノン］		ムギ類赤かび病	無機硫黄と混合で使用

用に使用される．ブラストサイジンSは，有機水銀剤の代替殺菌剤として重要な役割を果たした．1965年に，やはりイネいもち病用に水溶性塩基性化合物カスガマイシンが奈良市の春日大社の土壌から分離された *S. kasugaensis* の生産物として上市された．その後，イネ紋枯病，うどんこ病，*Alternaria alternata* による病害用のヌクレオシド系化合物ポリオキシン類（図3.11），イネ紋枯病用の擬似グリコ糖バリダマイシンA，うどんこ病用のヌクレオシド系化合物ミルディオマイシン，ネギ類のべと病・さび病用のシクロヘキシミドが開発，使用されてきた．一方，細菌病用抗生物質としては，クロ

ポリオキシン	R^1	R^2	R^3	活性
A	CH_2OH	X	OH	
B	CH_2OH	OH	OH	うどんこ病、*Alternaria*病
D	COOH	OH	OH	イネ紋枯病
E	COOH	OH	H	
F	COOH	X	OH	
G	CH_2OH	OH	H	
H	CH_2	X	OH	
J	CH_2	OH	OH	
K	H	X	OH	
L	H	OH	OH	うどんこ病、*Alternaria*病
M	H	OH	H	

図3.11 ポリオキシンの構造

ラムフェニコール,ジヒドロストレプトマイシン,ストレプトマイシン,ノボビオシン,オキシテトラサイクリンをあげることができる.抗生物質は一般に,選択性が高いこと,環境毒性が低いこと,浸透移行性が高いこと,物理化学的に不安定(分解されやすい)であること,残効性が低いこと,治療的に使用する場合が多いことなどの特徴をもつ.農業用抗生物質のほとんどはわが国で見出されたものであり,海外では使用できない場合も多い.

2) 微生物殺菌剤

生きた生物の機能をそのまま利用して病害を防ぐことを生物防除(biological controlまたはbiocontrol)と呼び,そのために利用される生物(主に微生物)を生物防除資材(biocontrol agent),これが農薬登録されると生物農薬と呼ぶ.本項や表では,微生物殺菌剤と表現する.微生物殺菌剤は化学殺菌剤よりも安全であるとの印象があるため,1980年代より,盛んに研究されるようになった.しかしながら,生きた生物を安定に圃場に導入することは時として困難であり,また,その効果の確実性やバイオハザードに対する疑問も残っており,現在は病害の総合防除(integrated disease management)システムを構成する一手段としての利用が期待されている.わが国では2002年4月現在で,7種類の微生物殺菌剤が登録されていたが,その後,非病原性フザリウム菌(サツマイモつる割病用)やトリコデルマ・アトロビリデ(イネの種子伝染性病害用)が登録になり,さらに,*Gliocladium virens*(土壌病害用),*Trichoderma harzianum*(ワタ・芝草土壌病害用),ZY 95 ワクチン(キュウリモザイク病用)などが開発研究中である.

3) その他の生物系

生きた生物体を含んでいない生物由来生産物のうち,抗生物質以外のものをその他の生物系としてまとめることができる.シイタケ菌糸体抽出物および,こうじ菌産生物があり,どちらもウイルス病に対する効果が認められている.ムギ類赤かび用のダイズレシチンも生物系として分類できる.

p. そ の 他(表3.16)

これまでに挙げたものと異なる化学性に基づく分属,および,これまでに挙げたグループに分属できないものについて紹介する.

1) アクリル酸系(acrylate)

不飽和カルボン酸エステルであり,$CH_3=CHCO_2R$ の構造を分子内にもつ物質群.クレソキシムメチル,DCPA,メトミノストロビンなどをまとめることができる.

2) キノン系(quinone)

古くから抗菌性があることが知られ利用されてきたキノン(図3.12)に関連する物質群.アリール系(本節1項)にまとめられる

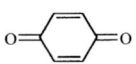

図3.12 キノン

表 3.16 その他の殺菌剤

一般名・国際的名称 [代表的殺菌剤名]	構造式	主な適用病害	備考
キノン系殺菌剤			
クロラニル chloranil [スパーゴン]		種子・球根消毒， トマト苗床消毒	殺藻活性あり
ジクロン dichlone [ファイゴン]		リンゴ灰星病，ア マ立枯病	チウラムとの混合 で使用．1977年失 効
酸アミド系殺菌剤			
トリクラミド trichlamide [ハタクリン]		アブラナ科野菜根 こぶ病	1993年失効
フェノキサニル fenoxanil [アチーブ]		イネいもち病	2000年登録
糖系殺菌剤			
アルギン酸 alginic acid (sodium alginate) [モザノン]		タバコモザイク病 (タバコモザイク ウイルス)	ナトリウム塩で使 用．1999年失効
その他の殺菌剤			
アシベンゾラル S メチル (ベンゾチアジアゾール) acibensolar-S-methyl (CASM), benzothiadi-azole (BTH) [アリババ，バイオン]		イネいもち病	1999年登録．プラ ントアクチベー ター．メトキシア クリレート系とさ れる場合がある
ジクロシメット diclocymet [デラウス]		イネいもち病	2000年登録
ジクロフルアニド dichlofluanid [ユーパレン]		灰色かび病，べと 病，疫病，炭そ病	フェニルサルファ ミド系，スルフェ ン系とされる場合 がある

3.3 殺菌剤の化学性に基づく分類

名称	構造	適用病害	備考
ジクロメジン diclomezine [モンガード]		イネ紋枯病	ピリダジン系とされる場合がある
ダゾメット dazomet [バスアミド]		野菜類苗立枯病,紋羽病等	チアジアジン系とされる場合がある
ドデシルベンゼンスルホン酸ビスエチレンジアミン銅錯塩 (DBEDC) [サンヨール]		うどんこ病,灰色かび病	スルホン系とされる場合がある
トリアジン(アニラジン) triazine (anilazine) [トリアジン]		炭そ病,べと病,灰色かび病等	ヘテロ環系とされる場合がある
トリシクラゾール tricyclazole [ビーム]		イネいもち病	ヘテロ環系とされる場合がある
トリホリン triforine [サプロール]		うどんこ病,さび病	ピペラジン系とされる場合がある
ピリジニトリル pyridinitril (DDPP) [シルアン]		カンキツ類かいよう病	1978年失効
ピリフェノックス pyrifenox [ポジグロール]		リンゴ等黒星病,赤星病,うどんこ病	1999年失効
ピロキロン pyroquilon [コラトップ]		イネいもち病,もみ枯細菌病	
ファモキサドン famoxadone [ホライズン]		べと病,疫病	2000年登録,シモキサニルとの混合で使用。オキサゾリジン系とする場合がある

名称	構造	適用	備考
フェナジンオキシド phenazine oxide ［フェナジン］		イネ白葉枯病	1991年失効. フェナジン系とする場合がある
フェナミノスルフ fenaminosulf（DAPA） ［デクソン］		土壌病害	1975年失効
フェナリモル fenarimol ［ルビゲン］		うどんこ病	除草活性あり
フラメトピル furametpyr ［リンバー］		イネ紋枯病	
フルアジナム fluazinam ［フロンサイド］		アブラナ科野菜根こぶ病, その他黒星病, 灰色かび病等	ピリジン系とされる場合がある
プロベナゾール probenazole ［オリゼメート］		イネいもち病等	プラントアクチベーター. ベンゾイソチアゾール系とされる場合がある
ベンチアゾール benthiazole（TCMTB） ［カビサイド］		イネごま葉枯病	1992年以降出荷データなし. チアゾール系とされる場合がある
メチルイソチオシアネート methyl isothiocyanate（MITC） ［トラペックサイド］		土壌病害, 線虫病	

場合もある．1937年に種子などの消毒用殺菌剤としてクロラニルが開発され，その後，ジクロン，ジチアノンなどが開発された．わが国では現在，ジチアノンのみが使用されている．

3) 酸アミド系（acid amide）

アンモニアの水素をアシル基（RCO–）で置換した構造をもつ化合物の総称．$RCONH_2$をもつものを第一級アミド，$(RCO)_2NH$のものを第二級アミド（イミド），$(RCO)_3N$のものを第三級アミドと呼ぶ．また，ジカルボキシイミド構造 $R-N(R'CO-)_2$ をもつ化

合物をジカルボキシイミド系 (dicarboxyimide) と呼ぶ．ジカルボキシイミド系化合物としては，灰色かび病や *Sclerotinia sclerotiorum* による菌核病に特効のあるイプロジオンの他，カプタホル，キャプタン，ビンクロゾリン，フルオルイミド，プロシミドンなどをあげることができる．その他，イネ紋枯病用殺菌剤であるフルトラニルやペンシクロン，べと病・疫病用のメタラキシル，メプロニルなどが酸アミド系である．

4) 糖 系 (sugar)

アルギン酸ナトリウムの他，多くの抗生物質，カスガマイシン，ジヒドロストレプトマイシン，ストレプトマイシン，ノボビオシン，バリダマイシンAなどがこのグループに入る．

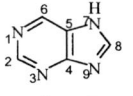

図 3.13 プリン環

5) ヌクレオシド系 (nucleoside)

プリン塩基（図3.13）またはピリミジン塩基（図3.6）と糖がグリコシド結合した構造を持つ化合物の総称である．ブラストサイジンS，ポリオキシンの抗生物質がこのグループに含まれる．

6) ベンゾイミダゾール系 (benzimidazole)

ベンゾイミダゾール骨格（図3.14）をもつか，生体内代謝でベンゾイミダゾール骨

ベノミル　　チオファネートメチル　　チオファネート

カルベンダゾール
methyl benzimidazole carbamate (MBC)

ベンゾイミダゾール環

ethyl benzimidazole carbamate (EBC)

図 3.14 ベンズイミダゾール系殺菌剤の活性本体への変換

格をもつ物質に変換されて機能する（benzimidazole precursor）薬剤である．カルベンダゾール，チアベンダゾール，ベノミルを前者の例として，チオファネートやチオファネートメチルを後者の例としてあげることができる．浸透移行性の高い薬剤が多い．ベノミル，チオファネートメチルは生体内で活性本体であるカルベンダゾール（MBC）に変換される（図3.12）．また，チオファネートは生体内で ethyl benzimidazole carbamate（EBC）に変換されて機能する（図3.12）．ベノミルは *Botrytis cinerea* による灰色かび病などに対して非常に広く使用されてきた．

7）その他

これまでに挙げたグループに分属されなかったものとしては，アシベンゾラルSメチル（ASM，BTH），ジクロシメット，ジクロフルアニド，ジクロメジン，ダゾメット，ドデシルベンゼンスルホン酸ビスエチレンジアミン銅錯塩（DBEDC），トリアジン，トリシクラゾール，トリホリン，ピリジン＝トリル，ピリフェノックス，ピロキロン，フェモキサドン，フェナジンオキシド，フェナミノスルフ，フェナリモル，フェンヘキサミド，フラメトピル，フルアジナム，プロベナゾール，ベンチアゾール（TCMTB），メチルイソチアシアネートである．

3.4 殺菌剤の作用機構

植物病害すなわち病原の制御は，「病原を殺す」ことによって成功すると考えがちである．事実，現在使用されている殺菌剤（広義の「殺菌剤」であることに注意）の多くが殺菌的（-cidal）あるいは静菌的（static）に機能している．しかし，3.1節で述べたように，植物病害は植物—病原の相互作用の成立により起こるわけであるから，その相互作用を断ち切ることができれば，病原を殺さずとも病害の制御が可能である．近年，「殺菌」という言葉のもつ響きに社会が敏感になっていることもあり，殺菌性をもたない薬剤の探索も進められつつある．殺菌性の無い薬剤の主な作用機構は，病原菌の感染・発病に関与する機構を特異的に阻害すること，病原菌に対する抵抗性を植物に賦与することである．

本項においては，これまでに示されているさまざまな作用機構（mode of action；作用点，site of action）を紹介する．殺菌剤が病原に及ぼす影響を現象として捉えることは比較的容易であるが，実際の作用機構を物質レベル，遺伝子レベルで解析することは困難な場合が多い．特に，1つの薬剤が複数の機構で作用している場合や，一次作用の影響で発生する二次的な現象が目立って観察される場合もあるので，注意を要する．したがって，本項では，胞子発芽阻害，菌糸伸長阻害，菌糸先端の膨潤などの現象に基づいて作用機構を分類することは可能な限り控えた．

3.4 殺菌剤の作用機構

a. 病原菌に対して直接の殺菌性や静菌性を示す薬剤

1) 呼吸系阻害

呼吸 (respiration) は，炭水化物などの有機物から生体エネルギーである ATP を合成する細胞質およびミトコンドリア内膜呼吸酵素複合体を場とする一連の反応である．すなわち，解糖系 (EMP 経路，図 3.15 A)・アミノ酸代謝・脂肪酸酸化によって作られたアセチル CoA を水と二酸化炭素に分解される酸化過程 (TCA 回路) で還元型補酵素 NADH および $FADH_2$ が生じる (図 3.15 B)．このうち，NADH の電子は NADH デヒドロゲナーゼを経て，コエンザイム Q (CoQ)，チトクロム (cytochrome，Cyt) b，

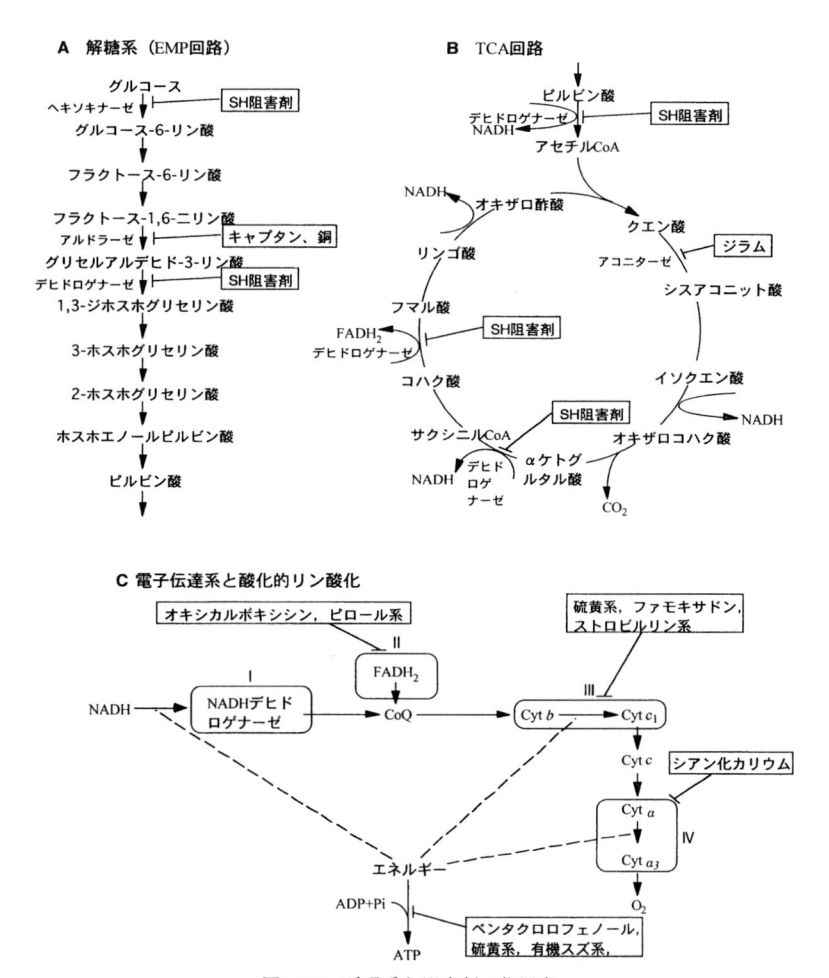

図 3.15 呼吸系と阻害剤の作用点

c_1, c, a, a_3 の順に通過して O_2 に伝達され,一方,$FADH_2$ の電子はフラボプロテインを経由して CoQ に渡され,以降上述と同じ経路で O_2 に伝達される(電子伝達系;図 3.15 C).電子伝達系で生じるエネルギーは,高エネルギーリン酸化合物 ATP に転移されて貯えられる(酸化的リン酸化.図 3.15 C).

呼吸系の阻害は,生体エネルギー生産の停止に直結するので,致死的な影響を受ける.呼吸系は全ての生物がもつエネルギー生産系であるため,菌類や細菌類に特異的な呼吸阻害活性をもつ薬剤の開発は困難であると考えられてきた.しかしながら,近年,ストロビルリン系薬剤のように,殺菌作用は十分に高いにもかかわらず,植物,動物などに対する毒性が低い,すなわち高い選択性をもつ薬剤の開発も進んでいる.

有機塩素系(TPN,PCNB など),有機硫黄系(カプタホル,キャプタン,ジネブ,ジラム,マンゼブなど),脂肪族系(クロロピクリン),有機ヒ素系,キノン系(ジチアノンなど),銅系,有機スズ系化合物は SH 基を活性触媒として分子内にもつ酵素,すなわち,解糖系上のピルビン酸デヒドロゲナーゼ(脱水素酵素)群,TCA 回路上の α-ケトグルタル酸デヒドロゲナーゼ群,コハク酸デヒドロゲナーゼなどを阻害する(図 3.14 A,B)ため,SH 阻害剤(SH-blocking reagent)としてまとめることができる.DCPA もコハク酸デヒドロゲナーゼを阻害するとされている.酵素の阻害機構としては,酸化,置換,不溶化が示唆されている(図 3.16).キャプタンや銅系化合物は解糖系のアルドラーゼ,ジラムは TCA 回路のアコニターゼに対する阻害活性を示す.

電子伝達系の各複合体を阻害する薬剤としては,複合体 II を阻害するオキシカルボキシン,ピロール系化合物(フェンピクロニル,フルジオキソニル),複合体 III を阻害する硫黄,ストロビルリン系薬剤,ファモキサドンがある.農薬ではないが呼吸阻害剤として有名なシアン化カリウムは複合体 IV を阻害する(図 3.15 C).

硫黄や PCP などはミトコンドリアの内膜・外膜のプロトンの濃度差を消滅させることによって酸化的リン酸化の電子伝達系との共役をできなくするもので,いわゆる脱共役剤(uncoupler)である.これらの薬剤は,電子伝達系の阻害活性を持たないため,エネルギーの ATP への転移を伴わない見かけの O_2 呼吸が継続し,最終的にはエネル

酸 化	$2RSH + 電子受容体 \rightarrow RSSR + 2H^+ + 還元型電子受容体$		硫黄系 キノン系 銅系 有機塩素系
置 換	$RSH + R'X$(アルキル化剤)$\rightarrow RSR' + HX$		硫黄系 キノン系
不溶化	$nRSH + M^{n+}$(n価の重金属イオン)$\rightarrow (RS)_nM + nH^+$		硫黄系 銅系 有機水銀系

図 3.16 SH 基阻害剤の酵素不活化機構(山下ら,1979 を参考に作製)

ギーが枯渇して死に至る．TPTH は ATP へのエネルギー転移を阻害する．

土壌病害であるアブラナ科野菜根こぶ病用殺菌剤として近年上市されたフルスルファミドは，現象的には休眠胞子発芽阻害および遊走子の二次感染阻害を観察することができるが，作用点は呼吸系にあると考えられている．

2） 生体成分生合成阻害

生体を作り上げる重要構成成分として，核酸，アミノ酸，タンパク質，脂質，ステロール，および細胞壁成分としての多糖などがあり，これらの生合成が阻害されると，植物病原菌は正常な生命活動を行うことができなくなる．

ⅰ） 核酸生合成阻害　核酸はプリンあるいはピリミジン塩基，糖，リン酸で構成されるヌクレオチドを単位として，各ヌクレオチドがリン酸部のジエステル結合で重合したポリヌクレオチドである．糖がデオキシリボースのもの（DNA）およびリボースのもの（RNA）の2種類がある．DNA は遺伝子の本体として糸状菌などの真核生物の場合は核内に染色体の形で存在し，遺伝情報の保存および次世代への伝達を担う．一方，RNA は，リボソーム RNA（rRNA），メッセンジャー RNA（mRNA），トランスファー RNA（tRNA）のようにサイズや機能が多様であるが，基本的には DNA の遺伝情報をタンパク質へ翻訳し，形質発現する過程にかかわる．

したがって，核酸生合成阻害はタンパク質合成に関する根本的な情報源あるいは過程を遮断することになるため，病原菌の防除に役立つ可能性が示唆されている．しかしながら，農薬として使用されている例は少ない．トマトかいよう病用に使用されていた抗生物質ノボビオシンは細菌（原核生物）の DNA のスーパーコイルを調節するトポイソメラーゼ（ジャイラーゼ）を阻害し，また，*Fusarium* 属菌による土壌病害防除に使用されるヒドロキシイソキサゾールは塩基の取り込みを抑制することで DNA 生合成を阻害すると考えられている．疫病やべと病に卓効を示すメタラキシル，オキサジキシルなどの薬剤は，RNA，特に rRNA の生合成を阻害してリボソームの構成が正常に行われなくなることで活性を示す．また，ジメチリモールなどのピリミジン系化合物はアデノシンデアミナーゼを阻害してヌクレオチドの1つであるイノシンの生合成を抑制する結果，DNA 合成を阻害するといわれている．シモキサニルは核酸生合成阻害とともにアミノ酸，脂質の生合成阻害も示す．ベノミルも DNA 生合成阻害が作用機構であるとされていたこともあったが，その後，チューブリン合成阻害（p.61）により細胞分裂が阻害され，その結果見かけの DNA 生合成阻害が観察されることが明らかになっている．

ⅱ） タンパク質合成阻害　タンパク質はペプチド結合によってアミノ酸が重合した分子で，アミノ酸の組成および配列によって多種多様な構造を取りうる．アミノ酸の組成および配列の情報は染色体上に DNA の塩基配列として保存されており，RNA に転写された後にプロセシング（processing）を受けて mRNA となり，核外に出，リボソームのスモールサブユニットに結合する．一方，アミノ酸は1分子ずつ，それぞれの

アミノ酸に対応したアンチコドンをもつ tRNA と結合し，アミノアシル tRNA として存在する．リボソーム上のアミノ酸部位において，mRNA の 3 塩基からなるコドンに相補的なアンチコドンをもつアミノアシル tRNA が特異的に結合する．このアミノアシル tRNA 上のアミノ酸と，すでに合成されているペプチド鎖の C 末端がペプチド結合して，アミノ酸が 1 つ分伸長したペプチジル tRNA が生成される．ペプチジル tRNA-mRNA 複合体は，リボソームのペプチド部位に転位し，これに伴って mRNA の次のコドンがアミノ酸部位に転位し，新たなアミノアシル tRNA が mRNA に結合する．以上の過程をくり返してペプチド鎖は伸長し，最終的には染色体 DNA のアミノ酸配列情報に従ったタンパク質が合成される．したがって，以上のどの過程が阻害されてもタンパク質合成が阻害され，病原菌の正常な成長を妨げる．

イネいもち病菌などに効果を示すカスガマイシンや，多くの植物病原細菌に効果を示すジヒドロストレプトマイシン，ストレプトマイシン，オキシテトラサイクリンは，コドンの誤認を引き起こすことによって mRNA とアミノアシル tRNA との正常な結合を阻害する．いもち病防除剤であるブラストサイジン S は，ペプチド転位を阻害し，結果的にはペプチド鎖の伸長を阻害する．シクロヘキシミドやクロラムフェニコールも同様の作用点をもつ．この他，ストレプトマイシン，クロラムフェニコールはペプチド鎖伸長終了時の阻害活性を二次作用点としてもっているといわれる．ピリミジン系のシプロジニルやメパニピリムは，メチオニン生合成を特異的に阻害することで結果的にタンパク質の生合成を阻害する．

タンパク質合成の経路は全ての生物においてほぼ共通であるため，この経路の阻害剤は選択性が低いことが推定される．事実，ブラストサイジン S はその例で，動物細胞への影響が報告されている．しかしながら，オキシテトラサイクリン，カスガマイシン，シクロヘキシミド，ストレプトマイシン，ミルディオマイシンは選択性が高く，これは作用点であるリボソームの構造が生物ごとに異なっているためと考えられている．

iii) 脂質生合成阻害　脂質は，水に対する溶解度が低く，有機溶媒に良く溶解し，疎水的な性状をもつリン脂質（ホスホリピド），中性脂質（アシルグリセロール）などの総称で，脂質タンパク質複合体である生体膜の構成や酵素の活性化など，生体にとって重要な役割を担っている．

生体膜の主要な成分（30〜60％）であるホスファチジルコリンはリン脂質の一種であり，メチオニンから生合成される．メチオニンからホスファチジルコリンの生合成には，メチル基の転位（エタノールアミン→コリン）が経路の上流で起こるケネディ経路（Kennedy pathway）と，メチル基の転位（ホスファチジルエタノールアミン→→→ホスファチジルコリン）が経路の最後で起こるグリーンバーグ経路（Greenberg pathway）の 2 つが提唱されている．イネいもち病用薬剤である IBP，EDDP などの有機リン系殺菌剤およびイソプロチオランは，グリーンバーグ経路のメチル基転移（ホスファチジ

ルエタノールアミン→ホスファチジル-N-モノメチルエタノールアミン）を阻害することが明らかにされており，薬剤の構造上Sの位置がその活性に重要であることから，これらの薬剤は有機硫黄系と総括することもできる．

IBPやEDDPに感受性のイネいもち病菌野生株は，薬剤のP-SおよびS-C結合を，薬剤自体により活性化されるCyt P-450により切断する．これに対して，中度耐性を

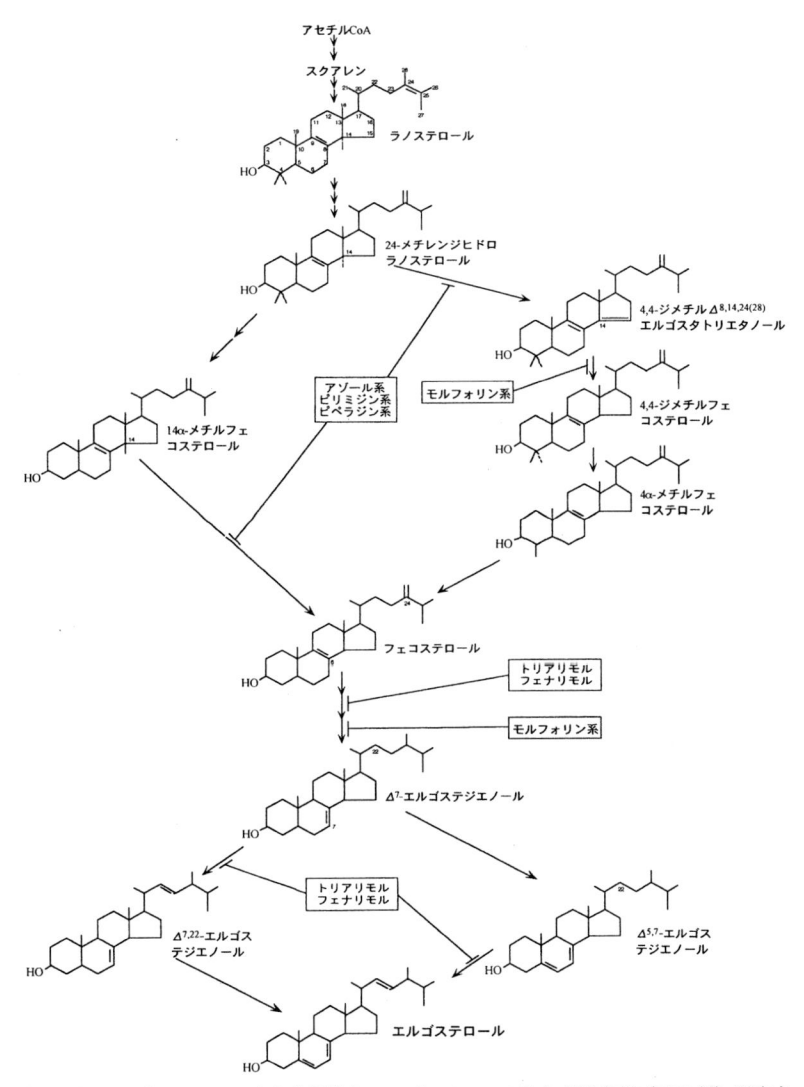

図3.17 エルゴステロール生合成経路とエルゴステロール生合成阻害剤（EBI剤）阻害点

示す変異株はS-C結合は切断するもののP-S結合をほとんど切断しない．したがってこれらの薬剤は，P-S結合が切断されることが不安定な活性本体へ代謝されることとかかわっていると推定されている．

この他にも，脂肪酸合成系のSH酵素を阻害するチウラム，菌体脂質の過酸化を促進し，細胞の膨潤や破裂を引き起こすイプロジオン，ビンクロゾリン，プロシミドンが脂質生合成阻害剤といわれているがその作用機構にはいまだ不明な点が多い．

iv) エルゴステロール生合成阻害　菌類の細胞膜はリン脂質の他にエルゴステロールを含む．エルゴステロールは膜の構造と機能に重要な役割をもつと考えられており，エルゴステロール生合成系（図3.17）の阻害は殺菌剤の作用点の1つとして重要である．エルゴステロール生合成阻害剤（ergosterol biosynthesis inhibitor, EBI）としては，アゾール系，ピリミジン系，トリホリン，モルフォリン系が知られている．モルフォリン系以外の薬剤の作用点は14位の脱メチル化の阻害である．このため，ステロール脱メチル化阻害剤（demethylation inhibitor, DMI）とまとめられる場合がある．また，フェナリモルとトリアモルは22(23)位の二重結合の導入と24(25)位の二重結合の還元をも阻害する．一方，モルフォリン系は二重結合の8(9)位から7(8)位への転移や14(15)位二重結合の還元を阻害することが報告されている（図3.17）．

v) 多糖生合成阻害

細胞壁は菌類，細菌，植物において，細胞や組織の物理的な形状や堅さの維持に重要な役割を果たしている．細胞壁の構成成分は生物種によって異なり，キチンは菌類（卵菌類を除く）細胞壁の主要構成成分多糖であり，ペプチドグリカンは細菌類の，セルロースは植物の細胞壁を構成する．キチンは植物細胞壁に含まれないため，キチン生合成をターゲットとする阻害剤は選択性の高い菌類用殺菌剤となることが期待される．

キチンはN-アセチルグルコサミン（GlcNAc）がβ-1,4結合したホモ多糖（ポリN-アセチルグルコサミン）であり（図3.18），細胞質中での，N-アセチルグルコサミン+UDP（ウリジン三リン酸）→UDP-N-アセチルグルコサミン+Piと，細胞膜中でのUDP-N-アセチルグルコサミン+リン脂質→UDP-N-アセチルグルコサミン・リン脂質中間体形成，さらにキチン合成酵素の触媒によって進められる，中間体+ポリN-アセチルグルコサミン→キチン+UDP+リン脂質の経路（図3.18）により，すでに存在するキチン鎖に付加され，細胞外に分泌されて壁を構成する．

イネ紋枯病や*Alternaria mali*によるリンゴ斑点落葉病に卓効を示すポリオキシンD・B・L（図3.11）はキチン生合成阻害剤として知られている．ポリオキシンは，構造がUDP-N-アセチルグルコサミンに類似するため，キチン合成酵素（キチンシンターゼ，chitin syntase）の活性部位に親和性が高く，キチン生合成を拮抗的に阻害することが示されている．このため，菌体にはUDP-N-アセチルグルコサミンが蓄積する．また，ポリオキシンで処理した糸状菌では発芽管や菌糸が膨潤する現象が認められる．細

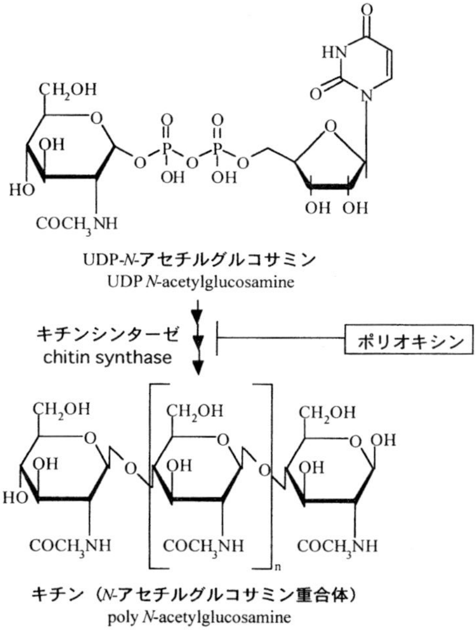

図 3.18 キチン生合成系（略図）とポリオキシンの阻害点

菌類の細胞壁であるペプチドグリカンの特異的生合成阻害剤としては，医薬として使用されているペニシリンやセファロスポリン C などの β-ラクタム系抗生物質があるが，農業用殺菌剤としては使用されていない．

3) 細胞分裂阻害

細胞分裂は生物の成長や世代の交代に係わるあらゆる場面で必須の生命現象である．植物病原菌においても，植物葉面や根圏での胞子発芽・菌糸伸長，寄主植物への侵入に必要な付着器の分化，侵入後の組織内での吸器の形成，増殖，新たな感染源（分生子など）の形成，有性生殖（交配，mating）のために，細胞分裂を行って新たな細胞をつくることが必要となる．菌類などの真核生物では，細胞分裂は，染色体のほぐれ，DNAの複製に引き続き，核膜の喪失，染色体の有糸分裂（mitosis），核膜の再構成，細胞隔壁の形成などの一連の過程が進行することによって完成する．この細胞の分裂過程を阻害する薬剤は多く知られている．

ベンズイミダゾール系化合物（ベノミル，チアベンダゾール，チオファネート，チオファネートメチルなど）はその活性化体であるカルベンダゾール（MBC；図 3.14）などが β-チューブリン（tubulin）に結合して微小管（microtubule）の形成を妨げることで，紡錘糸（spindle fiber）の形成を抑制し，有糸分裂を阻害する．ベノミルの多用にともない，耐性菌の出現が灰色かび病菌や *Alternaria* 属菌などで問題となってきた

が，これらの耐性菌では主としてβ-チューブリンの198番目のアミノ酸に変異が起き（グルタミン酸からグリシン，アラニン，またはリジンへ），MBCが結合できなくなっているため，阻害効果が失われたものである（藤村, 1994）．これに対し，ジエトフェンカルブは，この変異の起きたβ-チューブリンとのみ結合するため，細胞分裂を耐性菌特異的に阻害する（藤村, 1994）．耐性菌と感受性菌の比較により，薬剤の作用点と耐性菌の出現メカニズムとが分子レベルで解析された興味深い例である（3.5節参照）．

また，*Rhizoctonia solani* などの土壌病原菌や黒穂病菌（*Ustilago maydis*）に効果を示す有機リン系のトルクロホスメチルは，これら担子菌の細胞分裂を阻害することで，菌体の構造や形態に異常を引き起こす．これらの薬剤は卵菌類（Oomycota）の遊走子のべん毛の運動を阻害する作用ももつことから，この作用点も微小管にあることが推定されている．PCNB，ジカルボキシイミド系，ピロール系薬剤にも同様な活性を示すものがある．この他，核酸生合成阻害活性をもつ物質は，結果的に細胞分裂の阻害現象を引き起こす．

4） 膜機能の撹乱

細胞膜および細胞小器官を取り囲む膜の主成分はリン脂質と膜タンパク質である．膜は，細胞と外界の隔離，物質散逸の防止，物質の選択的透過や能動輸送，情報受容など，細胞活動全般を支配している．したがって，膜機能の撹乱は，生物の恒常性を乱す．ピリミジン系，ピロール系，酸アミド系薬剤に膜機能の撹乱を引き起こすものが知られている．たとえば，イネいもち病用殺菌剤であるフェリムゾンはいもち病菌の呼吸および細胞壁成分生合成阻害活性は示さず，溶菌活性およびロイシンや酢酸塩の細胞内への移動阻害活性を示すことから，膜機能の撹乱がその作用機作であると考えられている．イネ紋枯病に対して高い効果を示すペンシクロンは，作用特異性が高いことが特徴で，同一菌糸融合群の中でも菌株によってその感受性が大きく異なる．この感受性の差は，菌体の膜の脂質組成に依存していることが示唆されており，感受性株の細胞膜に結合したペンシクロンは膜の流動性を低下させる（Kim, 1996）．ミトコンドリアの膜は，電子伝達系および酸化的リン酸化の「場」である．したがって，ピロール系化合物のように，膜を作用点とする薬剤が現象的には呼吸阻害活性をも示すことが多い．

b. 病原菌の感染・発病に関与する機構を特異的に阻害する薬剤

1） 病原菌の特殊な侵入器官の形成の阻害

イネいもち病の病原菌において付着器が葉への感染に必須の器官であり，メラニンは侵入のための膨圧を発生させるために必要な二次代謝物であることはすでに述べた（3.1節c項）．メラニン生合成阻害物質（melanin biosynthesis inhibitor, MBI）は，感染に必要な十分な物理的強度をもつ付着器の形成を妨げるため，いもち病制御剤として利用できる．トリシクラゾール，ピロキロン，フサライドなどはメラニン合成系の2個所

3.4 殺菌剤の作用機構

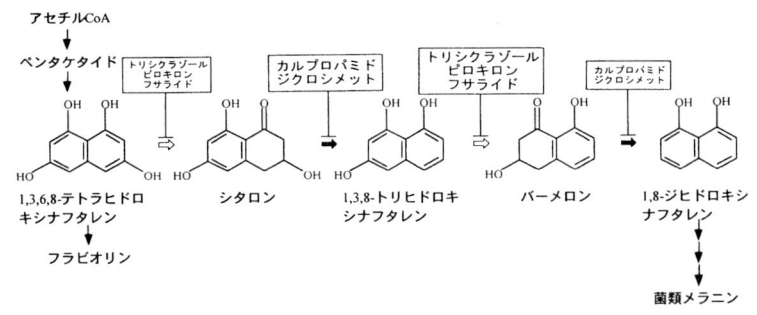

図 3.19 菌類メラニン生合成経路とメラニン生合成阻害剤（MBI 剤）の阻害点
⇨還元反応，➡脱水反応．主な阻害点を大きな文字，副作用点を小さな文字で表した．

の還元反応を阻害し，カルプロパミドおよびジクロシメット，フェノキサニルは，シタロンデヒドラターゼ（脱水酵素）および副作用点としてバーメロンデヒドラターゼに作用することでメラニンの生合成反応を阻害する（Nakasako, 1998）（図 3.19）．

2) 病原の伝搬過程の阻害

植物病原の多くは，伝搬体としての分生子，子嚢胞子（ascospore），細菌細胞を雨滴，風，土壌粒子などとともに飛散させて植物体上に付着，あるいは根圏土壌中に厚膜胞子（chlamydospore）や休眠胞子（resting spore）の形で生存し，これらの胞子が発芽して菌糸を伸長することによって根への侵入を開始する．胞子発芽が阻害されると病原菌は植物へ侵入することができないばかりでなく，多くは時間の経過とともにそのまま死滅に至る．胞子の発芽阻害は，物質レベルで解析すると，一次的には呼吸系の阻害の結果である場合が多い．たとえば，疫病，べと病などに効果を示す TPN は，遊走子のう（sporangium）の発芽阻害を起こすが，詳細を解析すると，電子伝達系における SH 酵素を阻害することが示されている．他にカプタホル，塩基性硫酸銅，石灰硫黄合剤も同様な機構で胞子に作用すると考えられている．カスガマイシンやブラストサイジン S などのタンパク質合成阻害剤は菌糸成長過程のみならず，分生子発芽に必要な初期のタンパク質合成も顕著に阻害する．また，アブラナ科野菜根こぶ病に効果のあるフルスルファミドは休眠胞子の遊走子発芽を阻害する．

トリシクラゾールはイネいもち病菌の伝染源である分生子形成の阻害などにより二次感染阻害活性を示すとされている．一方，カルプロパミドはイネいもち病菌の分生子形成量は減少させないが，分生子の離脱を阻害する（メカニズムは未詳）ことにより分生子の飛散量を減少させ，二次伝染を抑制することが最近報告されている．

3) 病原菌の栄養的枯渇

イネ紋枯病菌は菌糸先端部における菌糸伸長に必要なエネルギー源を基部の菌糸から菌糸先端部に送り込むことによって確保するが，このための転流糖としてトレハロース

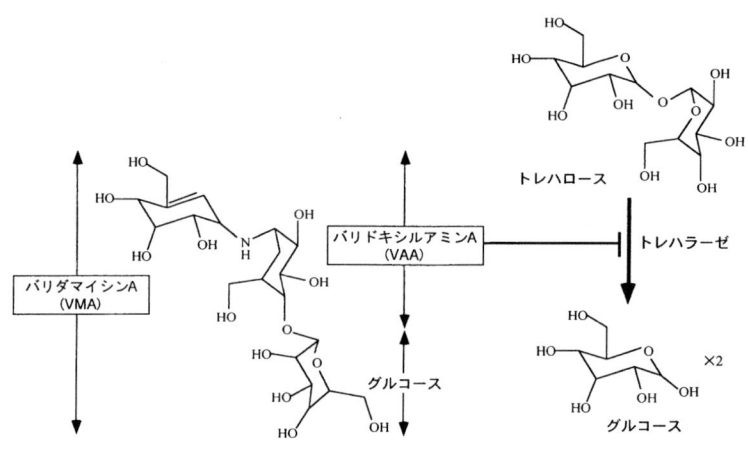

図 3.20　バリダマイシン A とその作用メカニズム

(D-グルコースが 1,1 結合した二糖, 図 3.20) だけを利用できる (石川, 2002). 菌糸先端部に送り込まれたトレハロースは, トレハラーゼによりグルコシド結合が加水分解され, 2 分子のグルコースとなり, 栄養源 (呼吸基質) として利用される.

バリダマイシン A (VMA) は菌類に対する直接的な抗菌性は示さないにもかかわらずイネ紋枯病に対して卓効を示し, その活性本体は VMA の生体内代謝物のバリドキシルアミン A (VAA) であることが知られている (Kameda, 1986 ; Shigemoto, 1989 ; Shigemoto, 1992) (図 3.20). VAA はトレハロースと類似した立体構造をとり, トレハラーゼを拮抗阻害する. したがって, イネ葉上で VMA を散布されると, 紋枯病菌は転流糖であるトレハロースを呼吸基質のグルコースに変換できなくなり, 栄養が枯渇して生育できず, イネへの侵入もできなくなる.

4) 病原性関連酵素・毒素の生合成・分泌阻害

メパニピリムは, イチゴ, キュウリなどの灰色かび病や *Sphaerotheca* spp. によるうどんこ病などに顕著な効果を示す. メパニピリムは直接的抗菌性をほとんど示さず, また, 病原性関連因子(植物細胞壁成分分解酵素:クチナーゼ, ペクチナーゼ, セルラーゼなど) の生産にも影響を与えないが, これらの酵素の細胞外への分泌を抑制する. したがって, メパニピリムは, 細胞膜に作用して病原性関連酵素の分泌を阻害することにより病原菌の植物への侵入を阻止していると考えられている (Miura, 1994).

オキシキノリンは, Cu^{2+} を含む酵素に働いて, 重要土壌病原である *Fusarium oxysporum* による病徴発現などに重要な役割をもつ萎凋毒素フザリン酸(fusaric acid, 図 3.21)の生合成を阻害し, 萎凋症状(wilt)を低減すると考えられている.

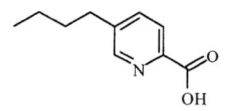

fusaric acid

図 3.21　フザリン酸
Fusarium oxysporum 等が産生する萎凋毒素

5) 感染の遅延

フェリムゾンはイネいもち病菌の感染を遅延させることが知られている．感染が遅延している間に，イネ組織中では抗菌性のファイトアレキシン様物質が新規に合成されるようになって，いもち病菌の侵入に対抗する準備が整うことが効果の要因であると推定されている．べと病，疫病に有効なホセチルも同様な働きをもつと考えられる．

c. 病原菌に対する抵抗性を植物に賦与する薬剤

病害に対する抵抗性を植物に誘導することで発病抑制効果を示す新たなジャンルの薬剤，プラントアクチベーター（plant activator）が近年注目されている．プラントアクチベーターは，①in vitro で病原菌に対する直接的抗菌性を示さないにもかかわらず発病抑制効果を示す，②薬剤を処理してから植物が病害に対して抵抗性を獲得するまでにタイムラグが存在する，③効果が長期間維持される，④広範囲の病害に対して効果を示す，といった特徴をもつ（Kessmann, 1994；Lawton, 2001）．これまでに植物病害防除用に実用化されているプラントアクチベーターは，プロベナゾール（PBZ，活性本体はサッカリン，1,2-benzisothiazole-3($2H$)-one-1,1-dioxide：BIT）（図 3.22）（Yoshioka, 2001）および ASM（Gerlach, 1996；Lawton, 1996）である．PBZ はイネいもち病防除剤として開発されたが，現在までに，*Xanthomonas oryzae* によるイネ白葉枯病，*Pseudomnas glumae* によるイネもみ枯細菌病，*P. syringae* によるキュウリ斑点細菌病，*Erwinia carotovora* によるハクサイ軟腐病などにも適用が拡大されている．また，ASM は *Blumeria graminis* によるコムギうどんこ病防除剤として開発され，他の糸状菌病，細菌病，ウイルス病に対する防除効果も示すことが報告されている．

植物が外来の異物を認識して抵抗性反応を起こすことで自らを守るシステムを獲得抵抗性（acquired resistance，3.1 節 b の動的抵抗性と同義）と呼ぶ．このシステムの過程には複数のシグナル伝達系が関与していることが示唆されているが，その１つが，HR を引き起こす病原菌を接種すると接種部位ばかりでなく，植物の全身がさまざまな病原菌に対して抵抗性となる全身獲得抵抗性（systemic acquired resistance：SAR）と呼ばれる現象（Chester, 1933；Sticher, 1997；Maleck, 1998）におけるシグナル伝達経路である．植物が HR を引き起こす病原（正確には病原のもつキトサンオリゴマー，

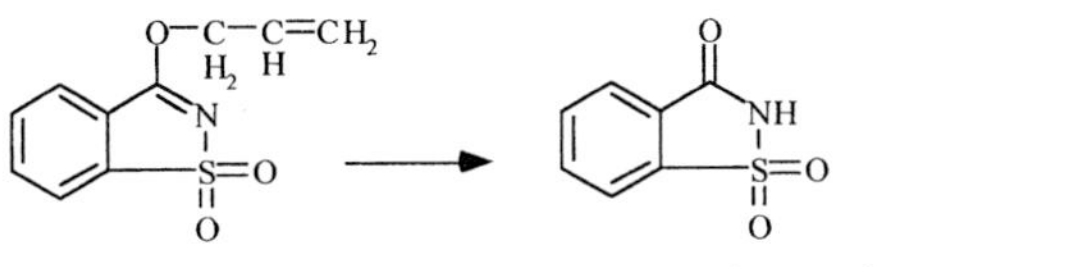

プロベナゾール
(PBZ)

サッカリン (saccharin)
1,2-benzisothiazole-3($2H$)-one-1,1-dioxide (BIT)

図 3.22 プロベナゾールの活性本体への変換

harpin などの物質）を認識すると，認識部位で局部的にオキシダティブバースト現象が引き起こされ（道家，2001；Dong，1999），サリチル酸（salicylic acid, SA）が蓄積するとともに全身に移行する（異論もある）．SA は SAR 制御因子である *NPR 1* 遺伝子の転写を誘導し，その結果複数の PR タンパク質（pathogenesis related protein）の発現が誘導される（van Loon，1998）（図 3.23）．

　BIT および ASM は HR を引き起こす病原菌の代わりに SAR シグナル伝達系を活性化することで SAR を誘導すると考えられる．サリチル酸分解酵素（salicylate hydroxylase）の導入により SA 蓄積をできなくした形質転換植物 *NahG* において BIT は発病抑制効果も PR タンパク質の発現誘導能も示さないことから SA の上流で SAR シグナル伝達系を活性化すると考えられる（Yoshioka，2001）（図 3.23）．一方，ASM は形質転換植物 *NahG* では発病抑制効果，PR タンパク質発現誘導能ともに示すが *NPR1* 遺伝子破壊形質転換植物 *npr1* では発病抑制効果も PR タンパク質発現誘導能も示さないことから SA の下流かつ *NPR1* の上流でこのシグナル伝達系を活性化すると考えられている（図 3.23）．これまでに報告されているプラントアクチベーターはすべて SAR シグナル伝達経路を介して機能するといわれている．

　細菌，べと病や疫病用の薬剤として用いられているメタラキシルやホセチルで処理し

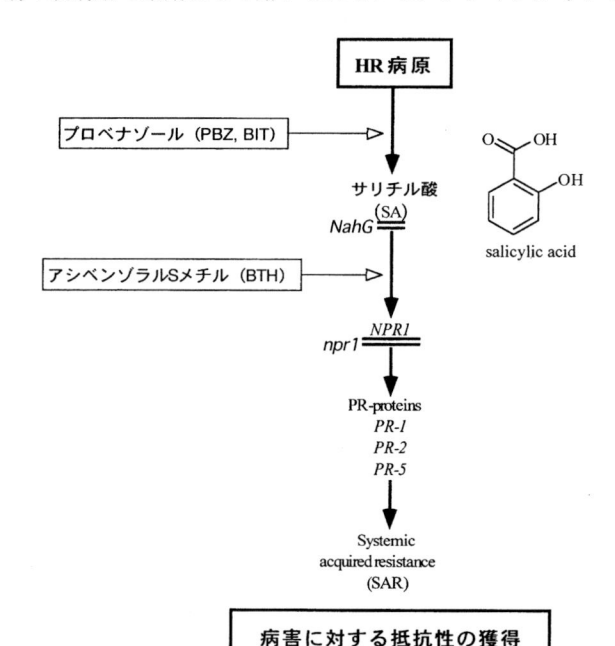

図 3.23 SAR シグナル伝達系とプラントアクチベーターの作用点
二重線はその部位でシグナル伝達が停止する変異植物（斜体）を示す．

た植物組織中でも SA の蓄積や SAR 関連遺伝子の発現誘導が見られていること，MBI剤であるカルプロパミドもイネにいもち病に対する抵抗性を誘導するとの報告があること，トレハラーゼ阻害を作用機作とするイネ紋枯病用殺菌剤 VMA が茎葉散布によって土壌伝染性フザリウム病（病原の *F. usarium oxysporum* はトレハロース以外の糖を転流糖として利用できるため VMA によって抗菌されない）に対して発病抑制効果を示し，SAR シグナル伝達系のマーカーと考えられる物質の蓄積や遺伝子の発現誘導が確認されつつあることなどから，プラントアクチベーターとしての潜在的な機能を有する物質は多い可能性がある．

d. 微生物殺菌剤

生物防除への利用が期待される微生物の潜在能力としては，拮抗，溶菌，競合，食菌，抵抗性誘導，ワクチン作用などを挙げることができる．微生物殺菌剤の中に溶菌を機作としているものはない．

1） 拮　抗（antagonism）

これまでに微生物殺菌剤用に研究されてきた資材のうちかなり多くのものが拮抗を機作とするものであった．たとえば，*Pseudomonas* 属菌のように，ピロールニトリン（図3.7）などの抗生物質を生産する資材を圃場に導入し，病原菌を殺菌・静菌することを目指すものである．この方法は，生きた微生物を利用しているものの実際にはその微生物が生産する化学物質が主な活性因子であるので，視点を変えれば「生きた殺菌剤工場を圃場につくる」ことになる．

現在利用されている微生物殺菌剤のうち，アグロバクテリウム・ラジオバクター（非病原性の *Agrobacterium radiobactor* strain 84 をバラやキクに接種し，これが生産するアグロシン 84 で病原菌の *A. tumefaciens* を阻害する，阻害メカニズムは DNA 合成および細胞壁合成阻害といわれている），非病原性エルビニア・カロトボーラ（ペクチン分解酵素非産生，非病原性の *Erwinia carotovora* CGE 234 M 403 株をハクサイなどに前接種し，これが産生するバクテリオシンにより軟腐病菌を抑制する）が拮抗を機作とするものであるといえる．

2） 競　合（competition）

栄養分，生存場所などの取り合いにより，結果的に病原菌の生育を抑制する効果を競合と呼ぶ．バチルス・ズブチリス，非病原性エルビニア・カロトボーラ，シュードモナス（*Pseudomonas* spp. CAB-02），タラロマイセス・フラバスなどが競合を機作とする微生物殺菌剤である．また，非病原性フザリウム菌も根面占拠により病原菌と競合している可能性が示唆されている．

3） 食　菌

食菌は菌寄生（mycoparasitism）とも呼ばれる現象で，*Trichoderma* spp. や *Gliocla-*

dium spp. などの菌類が他種菌類を栄養源として利用し，その結果殺菌性を示す場合をいう．現在利用されているものではトリコデルマ菌（*T. lignosum, T. harzianum*）がある．ただし，その性質上，きのこ栽培などへのバイオハザードに注意を払うに越したことはない．

4） 抵抗性誘導（induced resistance）

化学農薬で防除が非常に困難であった土壌伝染性フザリウム病に対する生物防除法として，非病原性フザリウム菌の前接種によるサツマイモつる割病（*F. oxysporum* f. sp. *batatas*）の発病抑制効果が1984年に報告され（小川，1984），これが土壌病害における生物防除研究を活気づかせることとなった．この発病抑制メカニズムについては，その後さまざまな研究が行われ，現在では，主に，非病原性菌を事前に定着させることによって植物が病原菌に対する抵抗性を獲得しているためと考えられている．このようなメカニズムは，前述（3.4節c）のプラントアクチベーターと類似するが，そのシグナル伝達系としては，SAR系と異なる ISR（induced systemic resistance）系なども想定されている（van Loon, 1998）．非病原性フザリウム菌は発見より20年余りを経てようやく2002年に農薬登録された．

シュードモナス・フルオレッセンスはセル育苗時に植物根圏に定着し，抵抗性誘導により，苗を強くすると考えられている．また，最近注目されている植物組織内内生菌，エンドファイト（endophyte）も寄主植物に病原菌に対する抵抗性を誘導していると考えられている．ハクサイ根部エンドファイト（*Heteroconium chaetospira*）の根こぶ病などに対する効果が見出されており（Narisawa, 1998），現在登録に向けた研究が進められている．

5） ワクチン作用（vaccination）

病原性を弱めたあるいは不活化した病原を事前に接種することで病原による発病を抑制するもので，前項の抵抗性誘導にも類似する．現在，一部家庭菜園向けトマトで，強毒素キュウリモザイクウイルス（cucumber mosaic virus, CMV）の感染を防ぐためにあらかじめ弱毒素CMVを接種した苗が販売されている他，ズッキーニ黄斑モザイクウイルス（zucchini yellow mosaic virus, ZYMV）によるキュウリモザイク病用ワクチンとして，ZY95ワクチンの実用化研究等が行われている．

3.5 殺菌剤耐性

殺菌性をもつ限られた種類の薬剤を長年に亘りあるいはくり返し使用すると，非感受性の病原菌系統が出現して殺菌剤が無効化する場合がみられる．このような性質を薬剤耐性（resistant），そのような性質をもつ菌を薬剤耐性菌と呼ぶ．表3.17にこれまでに発生した代表的な耐性菌の事例を示す．近年においても，ストロビルリン系殺菌剤（アゾキシストロビンおよびクレソキシルメチル）で，発売数年のうちに耐性菌が出現した．

3.5 殺菌剤耐性

表 3.17　殺菌剤に対する耐性菌の主な発生事例

殺菌剤あるいはグループ	耐性菌が出現した主な病原
アゾール系	うどんこ病菌
アニリド系	
オキシカルボキシン	キク白さび病菌
キノリン系	
オキソリニック酸	イネもみ枯細菌病
抗生物質系	
ストレプトマイシン	モモせん孔細菌病菌，キュウリ斑点細菌病菌，イネ，白葉枯病，タバコ野火病
カスガマイシン	イネいもち病菌
ポリオキシン	ナシ黒斑病菌，リンゴ斑点落葉病菌
ジカルボキシイミド系	灰色かび病菌，ナシ黒斑病菌
ストロビルリン系	うどんこ病菌，べと病菌，褐斑病菌
ベンゾイミダゾール系	灰色かび病菌，炭疽病菌，イネ馬鹿苗病菌，果樹類黒星病菌，果樹類灰星病菌
有機リン系	イネいもち病菌
カルプロパミド	イネいもち病菌

　耐性菌の出現は単一薬剤のくり返し利用，すなわち強い選択圧による選抜によって促進されると考えられているが，それにしてもストロビルリン系薬剤耐性菌の出現は速すぎる．この薬剤の作用点が半自律的増殖能をもつ細胞小器官ミトコンドリア（呼吸・電子伝達系）にあることに関係するかどうか，興味がもたれる．

　これまでに知られている薬剤耐性の主なメカニズムを以下に記す．

　① 薬剤の菌体への移行低下：　ナシ黒斑病菌（*Alternaria alternata* Japanese pear pathotype）のポリオキシン B，L に対する耐性菌，イネいもち病菌の有機リン系殺菌剤（IBP など）に対する耐性菌では，細胞膜に変化がおき，薬剤の細胞内への取り込みが低下することにより耐性になっている場合が報告されている．

　② 薬剤のターゲットタンパク質のアミノ酸変異：　ベンゾイミダゾール系殺菌剤の作用機作は，薬剤がβ-チューブリンタンパク質に結合することで微小管の伸長を妨げることである．すでに（3.4節 a.3）触れたが，灰色かび病菌などで，チューブリンをコードする遺伝子の1つの塩基が変異することで，チューブリンタンパク質を構成する1つのアミノ酸が変異し，その結果タンパク質の立体構造が変化して，ベンゾイミダゾール系殺菌剤が結合できなくなることにより耐性になることが知られている（藤村，1994）（図3.24）．一方，ジエトフェンカルブは，変異したチューブリンタンパク質にのみ結合するため，ベンゾイミダゾール系殺菌剤耐性菌に特異的に殺菌性を示し，感受性株には効果を示さない（図3.24）．この様な現象を負の交叉耐性（negative cross resistance）と呼ぶ．これらの剤は混用によって耐性菌出現圃場において優れた効力を発揮できると考えられる．

3. 殺　菌　剤

```
β-チューブリン-Glu¹⁹⁸  ──→  β-チューブリンタンパク質の変異  ←──  β-チューブリン-Gly¹⁹⁸
                           ベンズイミダゾール系薬剤耐性
                          （ジエトフェンカルブ感受性）

    ジエトフェンカルブ処理            ジエトフェンカルブ処理

 ベンズイミダゾール系薬剤処理        ベンズイミダゾール系薬剤処理

        細胞分裂異常                    細胞分裂正常
```

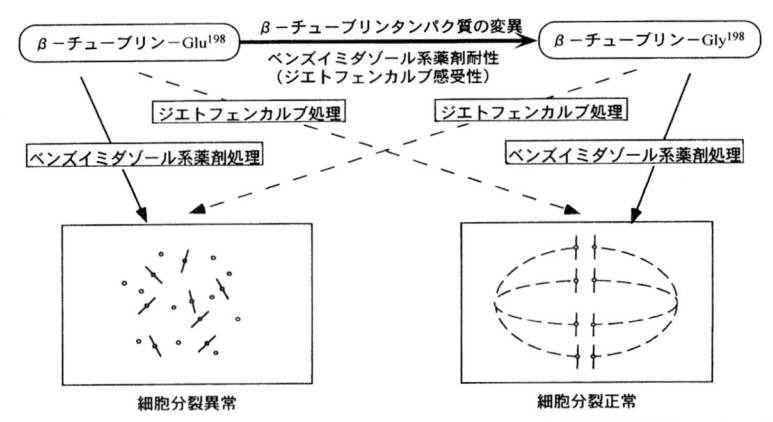

図3.24　ベンズイミダゾール系薬剤およびジエトフェンカルブの作用機構と耐性のメカニズム

イネいもち病用殺菌剤であるカルプロパミドなどに対して2001年頃より報告されている耐性菌では，作用点であるシタロン脱水酵素に1塩基置換に伴うアミノ酸変位が認められ，薬剤との疎水結合能が変化したことが耐性の原因であることが推定されている．ストロビルリン系薬剤に対する耐性菌では，Cyt b 遺伝子に点変異が発生し，その結果タンパク質の一次構造が変化していることが報告されている．

また，最近，浸透圧調節に関与する膜タンパク質（OS-2, OS-5）を欠損したアカパンカビ（*Neurospora crassa*）がピロール系殺菌剤に耐性になることが報告されている（Zhang, 2002）．

③　薬剤のターゲットタンパク質の過剰発現：　カンキツ類緑かび病菌 *Penicillium digitatum* において，エルゴステロール合成阻害を機作とするアゾール系などの薬剤（以下，EBI剤）耐性菌株が，EBI剤の標的酵素である Cyt P-450-14 デメチラーゼを過剰に生産し，薬剤未結合タンパク質分子を細胞内に存在させることで耐性を示していることが明らかにされた．さらに，この酵素をコードする遺伝子のプロモーター領域のエンハンサーのコピー数が感受性株（通常2反復）に比べて多い（5反復）ことが過剰発現の要因であることも証明された（中畝, 1999）．

興味深いことに，このような植物病原菌類の薬剤耐性機構は，細菌で主に報告されている，薬剤の分解や，細胞外への排出（特に多剤耐性，multi-drug resistance）のような耐性機構と異なっている．しかし，菌類においても，イネいもち病菌のIBP耐性菌ではIBPのP-S結合やS-C結合を酸化的に解裂して解毒するとの報告がある他，細胞膜貫通型 ABC（ATP-binding cassette）トランスポーターの存在が確認され，薬剤の細胞外への能動的排出に関与していることが示されている（中畝, 1999）．

さて，殺菌剤のうち，その作用機作が殺菌性以外にある薬剤は，耐性菌出現による無

効化の危険性が少ないことをその長所として期待できる．現に，メラニン合成阻害作用を機作とする薬剤，プロベナゾール，バリダマイシンAは約30年間にわたってイネいもち病，イネ紋枯病などを対象として使用されて来ているが，いまだ耐性菌の出現は報告されていない．

殺菌剤耐性菌の出現を抑制するための対策としては，作用機作の異なる薬剤のローテーション使用，異なる機作の薬剤の混合使用が考えられるが，これらは薬剤耐性の出現を遅延させるに過ぎない．

3.6　有機農業における殺菌剤と特定農薬

2001年より，「農林物資の規格化及び品質表示の適正化に関する法律（通称：JAS法）」の改訂に基づいて「有機農産物」が法的に規格化されることとなった．これに従うと，有機農産物の基準として，化学合成農薬の使用を避けることが必要になる．有機農産物に使用できる殺菌剤は，硫黄，塩基性塩化銅，塩基性硫酸銅，水酸化第二銅，硫酸銅（無水及び五水塩），炭酸水素ナトリウム，こうじ菌産生物，シイタケ菌糸抽出物および生物農薬製剤（微生物殺菌剤）である（「有機農産物の日本農林規格」別表2）．これらの殺菌剤の使用が許容されているのは，天然物をそのまま，粉砕，乾燥，製剤しているという単純な理由による．また，2003年3月の「農薬取締法」改訂に伴い，食酢および重曹が「特定農薬（その原材料に照らし農作物など，人畜及び水産動植物に害を及ぼすおそれがないことが明らかなものとして農林水産大臣及び環境大臣が指定する農薬）」として登録されたため，病害防除を目的に使用される可能性がある．

4. 殺虫剤

　人工化学物質は意図的化学物質と非意図的化学物質に分類される．前者には医薬や農薬のような生物活性物質とPCBやフタル酸エステルのような多くの工業化学物質が含まれ，後者には化学物質の製造過程で生まれる副生成物（不純物）や廃棄物の処理過程で生成する新たな化学物質が含まれる．多くの人達は「毒物」というとまず農薬や食品添加物を連想し，青酸やヒ素，サリン，そしてダイオキシンのような非意図的物質といったある一群の化学物質を指す．「農薬は虫を殺すから人間にも毒物」というわけである．一方医薬については，副作用が社会問題化し自他殺に悪用されても，相変わらずこれは特殊な事例と捉え毒物とは考えない．このように化学物質を「これは毒物，これは毒物ではない」と短絡的に考えては正しい理解が得られない．人工であれ天然であれ化学物質は全て潜在的には何らかの毒性をもち，「毒性を発現して初めて毒物となる」のである．ここに選択毒性なる概念が発生し，「薬」としての化学物質，医薬や農薬が生まれるのである．毒性発現や環境負荷といった農薬によって負うリスクを抑え，農産物の生産性向上や労働力の低減といった農薬から受ける利益を引き出すことが大切である．本章では殺虫剤が備えるべき要件を学び，種々の殺虫剤を例にとり検証する．

4.1　選択毒性とこれを生み出す因子

　ラットとイエバエのような異なる生物種間や同じ生物種ではあるが系統の違う個体間で毒性が異なって発現する時，その殺虫剤は選択毒性があり，一方の生物に対して選択毒性が高く，他方の生物には低いという．殺虫剤は皮膚，口あるいは気門から入り，体内に浸透移行・蓄積し，各種の代謝分解を受けて解毒代謝物として排泄されるか，未変化体あるいは活性代謝物として作用点に結合する．殺虫剤がターゲットの生物とヒトを含む非対象生物の間でこのプロセスのどこかで違った変化を受ければ，その薬物は選択毒性を発現するといえる．これを生み出す因子として，投与法，皮膚の透過性，体内動態，代謝分解，作用点の三次元構造と性質が挙げられる．ここでは前者2つについて述べる．

a. 投与法

　殺虫剤は昆虫との接触の仕方により接触剤，食毒剤，浸透性薬剤，くん蒸剤に分類されるが，これは下記に示すように選択毒性の発現のための1つの因子となる．

1) 接 触 剤

昆虫の手足や体表を通して体内へ浸透し殺虫力を発現する．昆虫の表皮構造の違いが薬剤の浸透性を変化させ殺虫力の発現を変える．浸透移行の違いは昆虫の系の違いにより生まれる抵抗性の原因にもなる．

2) 食 毒 剤

薬剤が付着した農産物の茎葉を昆虫が食害する過程で消化管へ運ばれ殺虫力を発現する．汁液を吸汁する昆虫には殺虫力を発現することは少ない．

3) 浸透性薬剤

散布薬剤が茎葉から植物体へ浸透し篩管内を移行する過程で汁液を吸汁する昆虫に殺虫力を発現する．この場合は吸汁昆虫にのみ殺虫力を選択的に発現する．

4) くん蒸剤

土壌消毒や農産物の貯蔵，輸出入時の防疫に用いられる．ガス状になって気門を介し昆虫体内へ取り込まれ殺虫力を発現する．薬剤が直接作用点に短時間で到達するため即効性はあるが，選択性には欠ける．神経ガス（毒ガス）は化学兵器として開発されるので，既述の性質はともに好都合である．松本サリン事件ではサリンが加熱により速やかに霧状にされ送風，拡散されて，地下鉄サリン事件では溶媒とともに車両の床に大きく広がりその表面から一気に気化して，それぞれきわめて短時間に被害者のコリンエステラーゼを阻害して大きな損傷を与えた．

b. 皮膚の透過性

昆虫の皮膚はセメント層，蝋層などを含むキチンからなる表皮と，真皮，基底膜からできており，哺乳動物のケラチンを含む柔軟な皮膚とはその構造が大きく異なる．このため，皮膚の透過性の違いにより選択毒性が容易に発現する事例が多くあるように思われるが，実際はそれほど知られていない．DDTの皮膚への透過性はラットとワモンゴキブリでは差異が認められないが，有機リン殺虫剤のチオノ体は昆虫の方が，オキソン体は哺乳動物の方がそれぞれ生体内へ浸透しやすい．

4.2 殺虫剤の標的機能とその部位

生物は体を構成する種々の生体物質を造りだし，古い組織を新しい組織へと交換していく機構や，この原動力となる化学エネルギーや活動のための機械的エネルギーを産生し保存する機構，刺激を中枢部に伝えこの応答を末端器官へ送り返す，あるいはこの逆の機構をコンパクトに整然と備え，生命を積極的に維持している．これらのどの機能を化学的あるいは物理的に損傷しても生物は生きていく上でなんらかの不都合を受ける．農薬は対象となる生物に対して薬物による化学的あるいは物理的な影響を与えるものである．以下に殺虫剤の標的機能とその部位を整理し，どんな殺虫剤がそこを攻撃するか

を述べる．

a. 刺激伝達機能

神経のネットワークは細胞体と1本の長い軸索（axon），多数の短い樹状突起（dendrite）からなる神経細胞（neuron）を基本単位に，これらが中枢部（脳や脊髄）と末端の運動器官や感覚器官，内臓などをシナプス（synapse，神経細胞間のわずかな空間）を介して縦横に繋がっている．ネットワークの末端と受容器や作動体との接合部の神経終末は固有の構造をもつ．軸索の多くは薄い膜状細胞の神経鞘（イオンの選択透過性がある）で包まれ神経線維をつくる．哺乳動物の神経は軸索と神経鞘の間に脂質を含む白色の髄鞘をもち，これが0.05〜1.0 mmごとに区切られた（この部分では軸索が露出した）有髄神経線維からなる．昆虫の神経は髄鞘をもたない無髄神経線維からできている．軸索末端（シナプス前膜）はミトコンドリアとともに神経伝達物質を内包するシナプス小胞をもつ（図4.1）．

1) 軸索での刺激伝達

細胞は刺激を受けると静止状態から活動状態に変わる（興奮する）．神経細胞の興奮は膜内外の電気的な変化を捉えてモニターできる．静止状態の軸索では，その細胞膜の

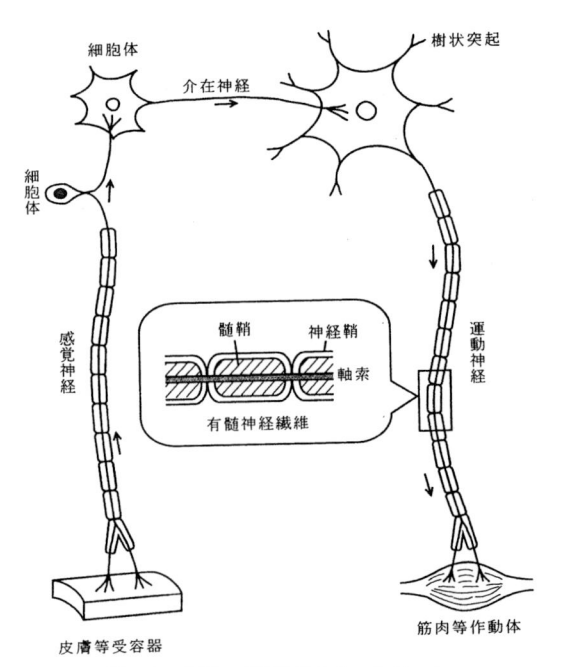

図4.1 中枢・末梢神経のネットワーク

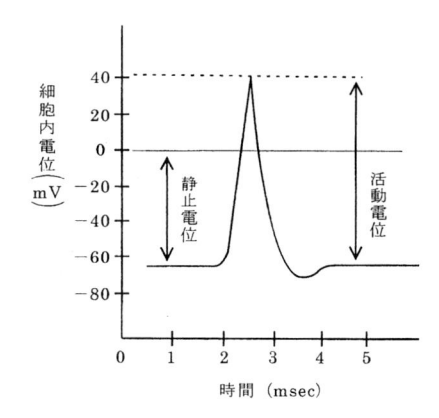

図 4.2 静止電位と活動電位

外側にはナトリウムイオンが，内側にはカリウムイオンが多く，その他のイオンの分布も細胞膜の内外で異なるため，軸索の外側は＋に内側は−に帯電し，通常 60〜70 mV の電位差をもって分極している．この電位差を静止電位という．この能動輸送は ATP のエネルギーを用いて「ナトリウムポンプ」が働きナトリウムイオンを外に出しカリウムイオンを内に取り込んで濃度勾配を保持している．神経細胞や筋繊維に閾値を越える刺激が加わると，細胞膜のナトリウムイオンの膜透過性が高まり，細胞内にナトリウムイオンが流入し膜の内外の電位が逆転（脱分極）し，外側が−に内側が＋（＋30〜40 mV）に帯電する．この電位の変化を活動電位（インパルス）といい，その大きさは刺激の大きさに関係なく一定で約 100 mV，持続時間は 1/1,000 秒程度である．次の瞬間にはナトリウムイオンチャンネルが閉じてナトリウムイオンの流入が停止し，カリウムイオンの流出が起こる（活動電位の下降相が現れる）．そして「ナトリウムポンプ」の働きで短時間の間にもとの静止電位に戻る（図 4.2）．このように軸索のある部分に興奮が起こるとそこに活動電位が発生し，興奮部と静止部との間に微弱な活動電流が流れ，次々と隣接する静止部に活動電位を起こして興奮をシナプス前膜へ伝えていく．有髄神経線

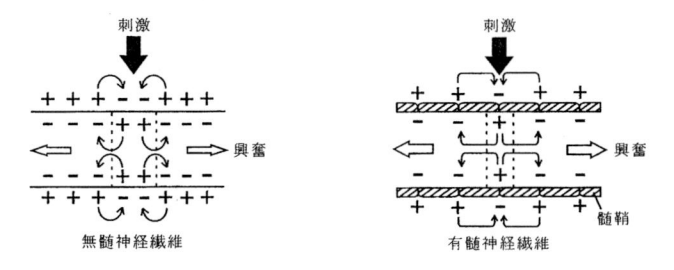

図 4.3 軸索における興奮伝達のしくみ

維では，電流を通しにくい髄鞘があるので，活動電流は髄鞘の切れ目から切れ目へと流れ興奮が跳躍的に伝わる．このため興奮の伝達速度は有髄神経線維の方が無髄神経線維よりも早い（図4.3）．ピレスロイド系殺虫剤や有機塩素系殺虫剤 DDT はこの神経軸索に作用して刺激の伝達をブロックして殺虫活性を発現する．

2) シナプスでの刺激伝達

シナプス前膜に伝えられた閾値を超える刺激はシナプス小胞から神経伝達物質を放出させ，これが隣接する神経細胞の樹状突起や細胞体の細胞膜の受容体（receptor）に結合，シナプス電位（PSP）をつくる．これには，膜電位をインパルスの発生に要する閾値に近づける興奮性シナプス後電位（EPSP）と膜電位をインパルスの発生に要する閾値から遠ざける抑制性シナプス後電位（IPSP）の2つがある．興奮性シナプスでは，アセチルコリンなどの興奮性伝達物質が間隙を拡散しシナプス後膜の受容体の一部に結合すると，ナトリウムイオン，カルシウムイオン，カリウムイオンのような陽イオンを通すチャンネルが開いて陽イオンが流入する（膜電位がカリウムイオンの平衡電位近辺にあるためカリウムイオンの流入はわずかである）．その結果，電流は周囲の膜をよぎって外へと戻り，膜は大幅に脱分極して EPSP が発生する．この脱分極性の PSP が閾値に達するとインパルスの発生を引き起こし，電気的信号を軸索末端へと伝える（図4.4）．一方，抑制性シナプスでは，γ-アミノ酪酸（GABA）やグリシンなどの抑制性伝達物質による受容体への結合は，正常な静止膜電位においては，正電荷を抑制性チャンネルを通して流出させる．また受容体との結合は塩素イオンの流入を引き起こす．その結果，電流は周囲の膜を内向きに流れ込み，膜は一層分極（過分極）して IPSP が発生する．神経細胞の各部位の膜電位はこの興奮性シナプスと抑制性シナプスの統合により決まる．すなわち，両シナプスが隣り合って存在し同時に活性化されると，IPSP は EPSP の振幅を減少させインパルスの発生に要する閾値から PSP を遠ざけるのである．哺乳動物では，中枢神経のシナプス，運動神経の神経筋接合部，交感および副交感神経

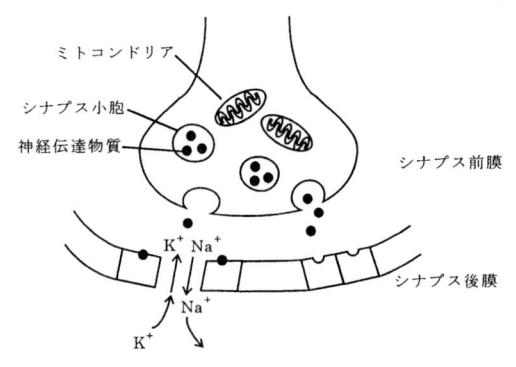

図4.4 シナプスにおける神経伝達物質による興奮の伝達

節のシナプスなどがアセチルコリンを神経伝達物質とするコリン作動性シナプスで，交感神経と内臓や分泌腺といった作動体との接合部はノルアドレナリンを神経伝達物質とするアドレナリン作動性シナプスである．昆虫の中枢神経系のシナプスはコリン作動性であるが，神経筋接合部はコリン作動性ではなくグルタミン酸が興奮性伝達物質として働く．また GABA が抑制性伝達物質として働いていることは既述のとおりである．ネオニコチノイド系殺虫剤はこのアセチルコリン受容体に作用して離れず神経伝達物質アセチルコリンを蓄積させて殺虫活性を発揮する．

3) アセチルコリンエステラーゼの役割

標記酵素（AChE）は，シナプス電位の発生を促すアセチルコリン受容体（AChR）に結合したアセチルコリン（ACh）を酢酸とコリンに加水分解する．刺激伝達が完了するとコリンは再度 ACh としてシナプス小胞に取り込まれる．図 4.5 に AChE の活性中心と加水分解の様式を模式図で示す．活性中心は，エステルの加水分解を触媒するエステル分解部位（esteratic site または catalytic site）と陽電荷をもつ ACh と複合体を形成するアニオン部位（anionic site または binding site）が哺乳動物では $4.3〜4.7Å$，昆虫では $5.0〜5.5Å$ 離れて位置している．エステル分解部位はセリン残基の水酸基，2 つのヒスチジン残基のイミダゾール基，および pKa $9.2〜10.4$ の酸性アミノ酸残基の酸性基（チロシン残基のフェノール性水酸基と考えられているが）からなり，一方アニオン部位は pKa 4.3 のグルタミン酸残基の ω-カルボキシル基とその周辺の疎水性の結合領域とからなる（図 4.5-a）．ACh が AChE と作用すると，その陽電荷の窒素原子はアニオン部位の ω-カルボキシル基に静電力により結合し，そのエステルのアルコール性酸素原子は酸性基と水素結合して，分子が活性中心にスッポリはまり，その結果 ACh のカルボニル炭素がセリン残基の水酸基の作用を受けやすい空間位置を占めて酵素-基質複合体を形成する（図 4.5-b）．B_2 のイミダゾール基により活性化されたセリン水酸基は ACh のカルボニル炭素を求核攻撃してコリンを脱離させながらアセチル化を受け

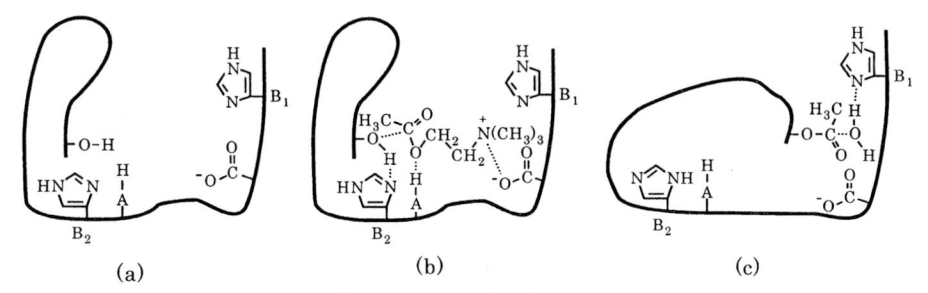

図 4.5 AChE の作用模式図
(a) AChE，(b) 酵素基質複合体とアセチル化，(c) アセチル化酵素とその脱アセチル化
-OH：セリン残基の水酸基，B_1，B_2：ヒスチジン残基のイミダゾール基，-AH：チロシン残基のフェノール性水酸基，-COO$^-$：グルタミン酸残基の ω-カルボキシル基

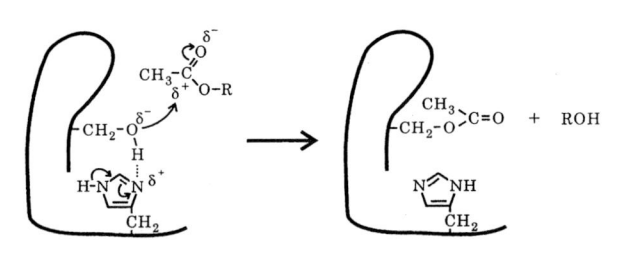

図 4.6 セリン水酸基の活性化とアセチル化

アセチル化酵素を生成する（図 4.6）．最後に B_1 のイミダゾール基により活性化された水がアセチル化酵素を加水分解して AChE を再生する（図 4.5-c）．近年 AChE の活性中心の三次元構造が Sussman らにより X 線構造解析と計算化学からの研究で明らかにされつつある．彼らによると，AChE は楕円形の口をした深くて奥に進むにつれ狭くなる active site gorge または aromatic gorge と呼ぶ空洞をもち，その壁面と底には 14 個の芳香族アミノ酸残基が並び，壁面の上部，真中，底付近に負電荷のカルボキシル基がわずかに配され，そして底近くに活性中心のエステル分解部位とアニオン部位があるという．ACh やその他のリガンドはこの壁面の電荷の違いにガイドされて疎水性の壁面に沿って底まで滑り落ちるのである．これまでの知見と大きく異なるのは，アニオン部位が ω-カルボキシル基ではなく，電荷をもたない疎水性の少なくとも 2 種の芳香族アミノ酸，すなわちトリプトファンとフェニルアラニンあるいはチロシン残基からなり，ACh の陽電荷が ω-カルボキシル基との静電的相互作用ではなく芳香環の π 電子との双極子相互作用で結合するという点である．

このようにアセチル化 AChE は短命であるが，AChE と安定な複合体やアシル化酵素のような修飾酵素を形成する化学物質は AChE の阻害剤になりうる．有機リン殺虫剤やカーバメート系殺虫剤はこの AChE を阻害して ACh を蓄積させて殺虫力を発現する．

b. 物質代謝およびエネルギー代謝機能

生物の体内では，生体を構成する種々の生体物質や分化増殖，恒常性を維持するホルモンなどのシグナル物質，生理機能を正常に展開するためのエネルギーを産生する物質を合成，分解するため多くの化学反応が起っている．この化学反応による物質の変化を物質代謝といい，これに伴うエネルギーの変化をエネルギー代謝という．植物は，光合成において，まず光のエネルギーを ATP に蓄え，これを用いて無機物から有機物を合成する．たとえば二酸化炭素と水から炭水化物を，炭水化物の分解により生じる有機酸とアンモニウムイオンとからアミノ酸，タンパク質を合成する．一方，多くの微生物や動物は，呼吸において，炭水化物などの有機物の分解から得たエネルギーを ATP に蓄

え，これを筋肉の収縮や生体構成物質の生合成などの生命活動に利用する．図4.7に示すように，炭水化物の代謝では，まず炭水化物がグルコースにまで分解され，次にグルコースが解糖系により1分子当り2分子のピルビン酸と2分子のATPを生成，ピルビン酸はアセチルCoAに変換される．アセチルCoAはTCA回路（tricarboxylic acid cycle）に入ってオキザロ酢酸と縮合しクエン酸を生成する．クエン酸はイソクエン酸を経て順次脱炭酸を含む酸化反応を受け最後にオキザロ酢酸を生成して回路をひと回り終える．この回路ではピルビン酸1分子からATPが1分子生成される．これらの酸化反

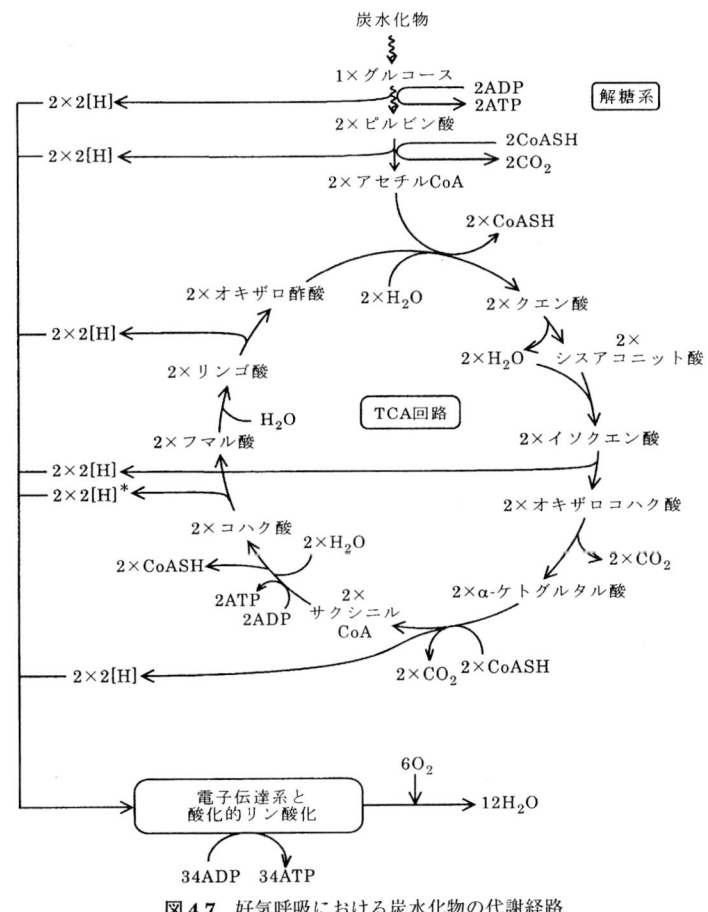

図4.7 好気呼吸における炭水化物の代謝経路
$C_6H_{12}O_6 + 6 H_2O + 6 O_2 \longrightarrow 6 CO_2 + 12 H_2O + 38 ATP$
$NAD^+ \longrightarrow NADH + H^+ \qquad FAD \longrightarrow FADH_2$
＊の［H］のみFADが受け取り還元される．

応は還元型の補酵素 NADH や FADH$_2$ を形成し，その水素原子は電子伝達系に送られ，最終的に酸素まで伝達されて酸素を水に還元する．これら反応に共役して発生するエネルギーは酸化的リン酸化反応により ATP として取り込まれる．グルコース 1 分子につきこの ATP は 34 分子産生する．

このように，好気呼吸ではグルコース 1 分子から合計 38 分子の ATP が産生されて，嫌気呼吸に比べエネルギーの利用効率がきわめて高い．脂質やタンパク質の代謝では，TCA 回路へ入る前までは種々異なる反応をとるが，TCA 回路以降の過程は炭水化物の代謝と共通である．解糖系の反応は細胞質で行われ酸素を必要としないが，TCA 回路と電子伝達系の反応はミトコンドリア内で行われ，前者は酸素がないと進まないが後者は酸素を必要とする．これら物質代謝，エネルギー代謝の機能はすべての生物に不可欠であるだけでなく基本的にも異なるところが少ないため，ここから選択毒性を生むことは難しく，刺激伝達機能とは違いこれまでのところ殺虫剤の標的部位にはほとんどなっていない．

1) TCA 回路

殺ダニ剤，殺鼠剤であるモノフルオロ酢酸アミドはアミダーゼによりモノフルオロ酢酸に加水分解され，フルオロアセチル CoA を経てオキザロ酢酸とフルオロクエン酸を生成，これがアコニターゼを強く阻害してクエン酸を蓄積させ回路の循環を止めてエネルギーの供給を断つ．しかしながら，昆虫やダニと哺乳動物との間，あるいは哺乳動物間でのアミダーゼ活性には大きな差がなく選択毒性に乏しい．

2) 呼吸鎖電子伝達系

TCA 回路中，イソクエン酸，α-ケトグルタル酸，リンゴ酸は補酵素 NAD$^+$ によりオキザロコハク酸，スクシニル-CoA，オキザロ酢酸に酸化され，NAD$^+$ は NADH に還元される．また，コハク酸は補酵素 FAD によりフマル酸に酸化され，FAD は FADH$_2$ に還元される（図 4.7）．そして，これら補酵素に取り込まれた水素原子は呼吸鎖電子伝達系に運ばれ，図 4.8 に示すように酸化還元電位のより高い電子伝達体へと順に移動して酸化還元反応を繰り返し最後に酸素と反応して水を生成する．豆科植物デリスの根に

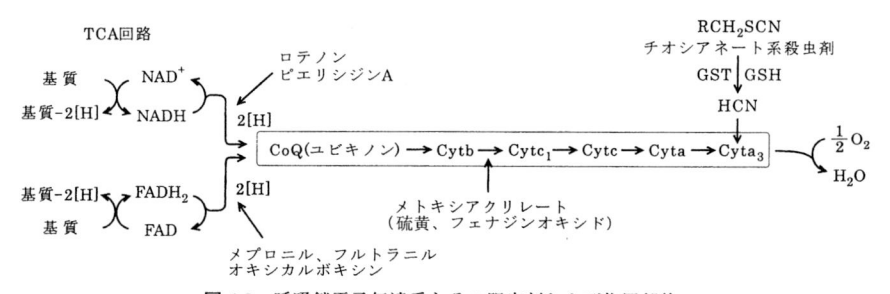

図 4.8 呼吸鎖電子伝達系とその阻害剤および作用部位

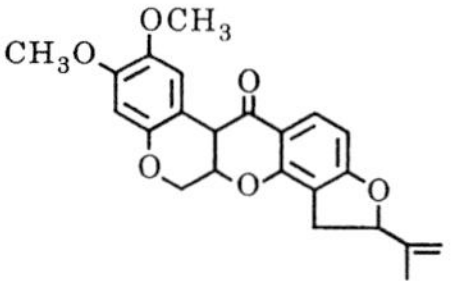

図 4.9　ロテノンの構造

含まれるロテノン（図 4.9）や放線菌が産生するピエリシジン A はこの NADH と CoQ（ユビキノン）間の電子伝達を阻害して殺虫活性を呈する．東南アジアでは古くからロテノンの魚毒性を漁獲に利用してきた．ロテノンは，昆虫には神経筋肉組織の呼吸を麻痺させ遅効性の殺虫力を接触毒あるいは食毒として呈するが，哺乳動物には高い毒性を示さない．その類縁化合物も含めてロテノイドという．また青酸ガスは系の末端のチトクロム a_3 と酸素の間を阻害して生物を死に追いやる．ここを標的とする殺虫剤は他にはほとんど見出されていないが，殺菌剤では，オキシカルボキシンやメプロニル，フルトラニルはコハク酸の酸化を阻害し，硫黄やフェナジンオキシドはチトクロム b 以後を阻害，メトキシアクリレートはチトクロム b とチトクロム c_1 の間を阻害するなど多くの例を見ることができる．

3）酸化的リン酸化と ATP 合成

呼吸鎖電子伝達系の酸化還元反応により遊離するエネルギーを用いて ADP と無機リン酸から ATP を合成する反応．NADH 1 分子から 3 分子の ATP が，$FADH_2$ 1 分子から 2 分子の ATP がつくられるので，この酸化的リン酸化では 1 分子のグルコースから 34 分子の ATP が生成してくることになる．ピルビン酸とコハク酸の生成時に別途得られる 4 分子の ATP を合わせると，グルコース 1 分子当たりの全 ATP 生成量は 38 分子である（現在，NADH，$FADH_2$ 各 1 分子当たりの ATP 生成量は 2.5 分子，1.5 分子と考えられ，グルコース 1 分子当たりから得られる ATP は 30〜32 分子と示唆されている）．殺菌剤，殺ダニ剤である 2,4-ジニトロフェノール誘導体 DN，DNOC，ビナパクリル（図 4.10）はミトコンドリア内膜のプロトン透過性を上げて膜の両側のプロトンの濃度勾配をなくし，呼吸鎖電子伝達系と酸化的リン酸化の共役を不能にする脱共役剤（アンカプラー）として作用，ATP 合成を不能にして菌やダニを死に追いやる．ヒ酸，亜ヒ酸も脱共役剤として働き毒性を発現する．新生児や冬眠する動物は，この呼吸鎖電

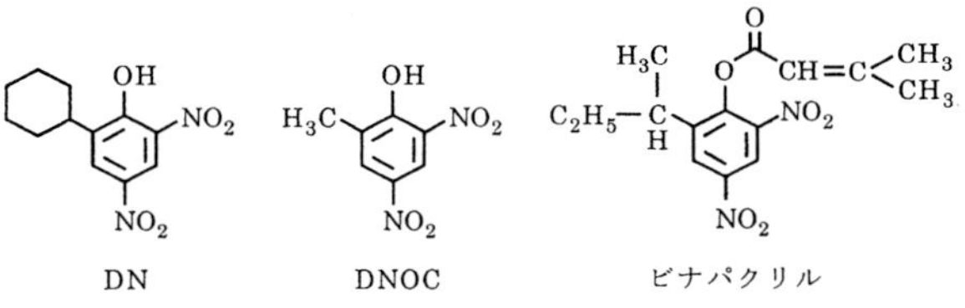

図 4.10　酸化的リン酸化の脱共役剤

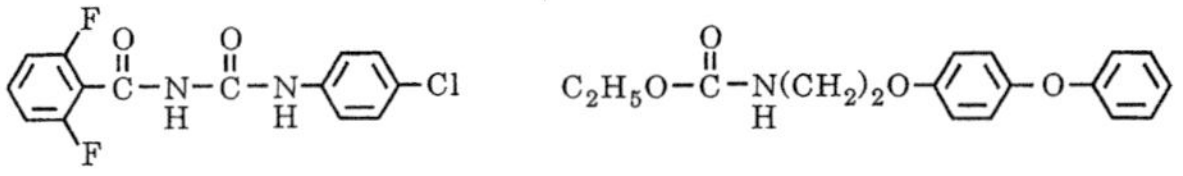

図 4.11 昆虫生育制御剤

子伝達系と酸化的リン酸化を脱共役する特別なタンパク質をもち，電子伝達系の反応は進めるが ATP の合成は行わないことにより，遊離するエネルギーを熱に替え体温の上昇を図っている．

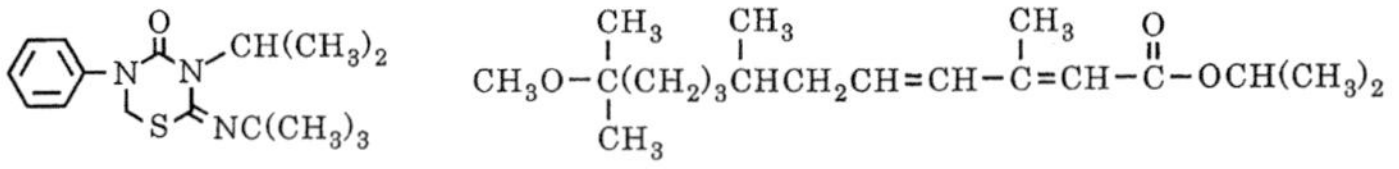

c．生合成機能

昆虫の皮膚成分のキチンや変態を司る幼若ホルモン，脱皮ホルモンはヒトや哺乳動物にはないので，これらの生合成機能は殺虫剤の一つの開発標的である．ジフルベンズロンやブプロフェジン（図 4.11）は鱗翅目や半翅目昆虫の幼虫のチキン合成を阻害して脱皮，変態を撹乱し殺虫作用を示す．ブプロフェジンはまた雌成虫の産卵抑制作用も見出され興味深い．またメトプレンやフェノキシカルブ（図 4.11）は昆虫の孵化，蛹化，羽化期などにホルモン作用を撹乱するだけでなく殺虫力も示す．このように，昆虫の生活環のどこかを特異的に阻害してその生育を生理的に撹乱し，結果的に昆虫を死に追いやる薬剤を昆虫生育制御剤（IGR）という．

4.3　薬物代謝にかかわる主要酵素

化学物質が殺虫剤，すなわち「薬」として機能するためには，対象昆虫に殺虫力を示し人や哺乳動物，その他の生物に毒性を発現しない，いわゆる選択毒性をもつことが必要である．薬物の生物との接触の仕方が毒性発現の有無にかかわることはすでに述べた．また殺虫剤がかかわる受容体の構造や性質が選択毒性を生む要因になることも述べてきた．しかし，選択毒性の発現に最も重要な要因は薬物が生物の種や系の違いにより異なる代謝を受けることであり，これを担うのが薬物代謝酵素である．酵素は本来生体物質を合成しエネルギーを獲得するための生体反応（生合成）を触媒することが主たる役割で，生合成の各ステップにおける酵素の特異性はきわめて高い．一方，外から侵入する異物（化学物質）を酸化，還元，加水分解などにより極性化合物へ代謝し（第Ⅰ相反応），さらに抱合化により抱合体を生成（第Ⅱ相反応）して体外へ排泄する異物（薬物）代謝

では，きわめて低い特異性の中で反応が進められる．以下に薬物代謝にかかわる酵素の種類とその働きおよび局在する細胞画分を反応別に概説する．

a. 酸　　化
1) ミクロソーム酵素系

i) チトクロム P 450（P 450）　　一酸化炭素と結合すると 450 nm に極大吸収波長を示すヘムタンパク質で，動物，植物，微生物に広く存在して脂溶性に富む薬物の酸化，還元に関与する膜酵素である．動物では肝臓に最も多く，腎臓や肺，小腸などにも認められる．肝細胞では滑面小胞体や粗面小胞体に多く（滑面小胞体の方が粗面小胞体に比べ数倍活性は高い），他に核膜やリボソーム，ゴルジ体，ミトコンドリアなどにも存在する．基質特異性が異なる多くの分子種が存在するが，同時に一般の酵素に比べ基

表 4.1 ミクロソーム下における異物酸化

反応	代謝様式
脂肪族酸化	$RCH_2CH_3 \longrightarrow RCH_2CH_2OH, RCH(OH)CH_3$
アルコールの酸化	$CH_3CH_2OH \longrightarrow CH_3CHO \longrightarrow CH_3COOH$ $(CH_3)_2CHOH \longrightarrow (CH_3)_2CO$
O-脱アルキル化	$R-O-CH_3 \longrightarrow R-O-CH_2OH \longrightarrow R-OH$
N-脱アルキル化	$R-N{<}^{CH_3}_{CH_3} \longrightarrow R-N{<}^{CH_2OH}_{CH_3} \longrightarrow R-N{<}^{H}_{CH_3}$
脱アミノ化	$R-CH(NH_2)-CH_3 \longrightarrow R-C(OH)(NH_2)-CH_3 \longrightarrow R-CO-CH_3$
オレフィンのエポキシ化	$\rangle C{=}C\langle \longrightarrow \rangle \overset{O}{\overline{C-C}} \langle$
芳香環の水酸化	$C_6H_5R \longrightarrow \text{(エポキシド)} \longrightarrow R{-}C_6H_4{-}OH$
窒素原子の酸化	$R-N{<}^{H}_{CH_3} \longrightarrow R-N{<}^{OH}_{CH_3}, \quad R-N{<}^{CH_3}_{CH_3} \longrightarrow R-\overset{\overset{O}{\uparrow}}{N}(CH_3)_2$
硫黄原子の酸化	$R-S-R' \longrightarrow R-\overset{\overset{O}{\uparrow}}{S}-R' \longrightarrow R-\overset{\overset{O}{\uparrow}}{\underset{\underset{O}{\downarrow}}{S}}-R'$
酸化的脱硫黄化と加水分解	$\rangle P{\overset{S}{=}}{-}X \longrightarrow \rangle P{\overset{O}{=}}{-}X + \rangle P{\overset{O}{=}}{-}OH + \rangle P{\overset{S}{=}}{-}OH + HX$

質特異性がきわめて低いのも大きな特徴で，結果的には生物が生命を維持する上で構築された合理的なシステムであるともいえる．薬物代謝の研究では，主に小胞体の膜破片からなる肝ミクロソームのP450が重要である．

P450による薬物の酸化機構　P450は，NAD(P)H存在下で分子状の酸素を活性化し，その1原子を薬物に取り込ませて酸化し，もう1原子を水に還元する反応を触媒する．このためP450による酸化を一原子酸素添加反応とかMFO (mixed function oxidase) 反応と呼ぶ．ミクロソーム下における異物酸化を表4.1に示す．

$$S + O_2 + NAD(P)H + H^+ \longrightarrow SO + H_2O + NAD(P)^+ \quad (S：薬物)$$

①ミクロソームにおける電子伝達系：　ミクロソーム（ミクロソーム画分に分画される）には，フラビンタンパク質のNADPH-P450還元酵素，NADPH-チトクロムb_5還元酵素，チトクロムb_5の3つの電子伝達体と末端酵素としてのP450があり，主としてNADPHが電子供与体として細胞質から供給されて2つの電子伝達系が機能して酸化反応を行う（図4.12-a）．1個目の電子はNADPH-P450還元酵素（FAD, FMNを1分子ずつ含みNADPHからの電子をFADからFMNへ流す）を経由してP450に伝達されP450を還元する．2個目の電子はNADPH-P450還元酵素を経由して直接，あるいはNADPH-P450還元酵素，NADPH-チトクロムb_5還元酵素，チトクロムb_5を経由してそれぞれP450に伝達される．P450の分子種によっては2個目の電子はNADHから供給される場合がある．

②ペントースリン酸経路：　ミクロソームの電子伝達系へのNADPHの供給は細胞質（上清画分に分画される）の標記経路により行われる（図4.12-a）．すなわち，グルコース-6-リン酸がグルコース-6-リン酸脱水素酵素により6-ホスホグルコン酸に，また6-ホスホグルコン酸が6-ホスホグルコン酸脱水素酵素によりリブロース-5-リン酸に

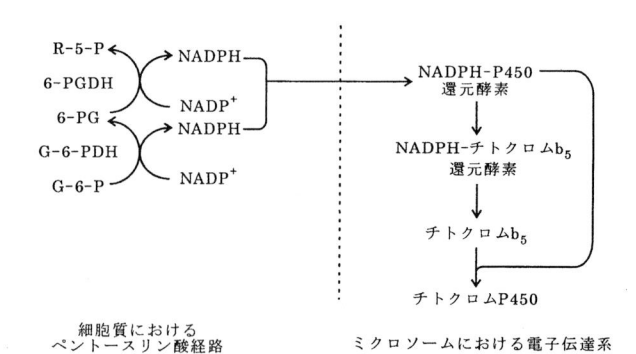

図4.12-a　ミクロソームにおける電子伝達系と電子供与体NADPH
G-6-P：グルコース-6-リン酸，6-PG：6-ホスホグルコン酸，R-5-P：リブロース-5-リン酸，G-6-PDH：グルコース-6-リン酸脱水素酵素，6-PGDH：6-ホスホグルコン酸脱水素酵素

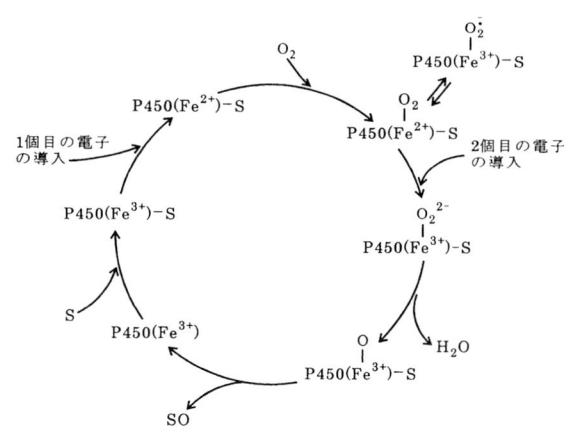

図4.12-b P 450による薬物の酸化機構
S：薬物，SO：酸化生成物，O_2：分子状酸素，$P450(Fe^{3+})$：酸化型チトクロム P 450，$P450(Fe^{2+})$：還元型チトクロム P 450

それぞれ酸化される時に$NADP^+$が還元されてNADPHを生成する．

③P 450による分子状酸素の活性化（図4.12-b）： 薬物Sは酸化型P 450すなわちP 450（Fe^{3+}）に結合してP 450（Fe^{3+}）-Sを形成する．薬物の結合により酸化還元電位が上昇した酸化型P 450には，NADPH-P 450還元酵素から1つめの電子がヘム鉄に効率よく運ばれ，Fe^{3+}がFe^{2+}に還元されてP 450（Fe^{2+}）-Sを生成する．このヘム鉄の第6配位座に分子状酸素が配位子として結合しP 450 $(Fe^{2+})<^S_{O_2}$を生成，これに2つめの電子がNADPHからNADPH-P 450還元酵素を経て直接，あるいはNADPHからチトクロムb_5を経て供給され，分子状の酸素が活性化されたきわめて反応性に富む複合体P 450 $(Fe^{3+})<^S_{O_2^{2-}}$を形成する．最後にこの複合体のO-O結合が開裂し，その1つは水に還元され，もう1つは薬物に取り込まれてSOとしてP 450から脱離し，酸化型P 450（Fe^{3+}）が再生する．

P 450分子種の分類　一般に酵素は基質と触媒する反応の名前を並べて命名する（多くは-aseとなる）．しかしP 450は機能が不明のまま分離，精製してきた経緯があるため，多くの分子種を区別するのにcytochrome P 450をCYPと略し，その後にアミノ酸配列の相同性の違いに基づく分類カテゴリー，すなわちアラビア数字で表示する群（ファミリー）とアルファベットで表示する亜群（サブファミリー）を順に付して系統的に命名した．アミノ酸配列の相同性が40％以上の分子種をまとめて1つの群とし，その中でさらに相同性が55％を越える分子種を亜群として小分類する．1つの群に複数の亜群がある時はアルファベットにより順に分類し，さらに1つの亜群に複数の分子種がある時はその表示の最後にアラビア数字を付して区別する．現在，動物細胞の薬物代謝に係わるP 450は1群から4群までである．たとえば，1群では亜群はAのみで，ヒト，ラット，マウス，ウサギから1A1と1A2の分子種がおのおの見つかっている．こ

れらは3-メチルコラントレンや2,3,7,8-テトラクロロジベンゾジオキシン（2,3,7,8-TCDD）により誘導される．癌原性多環式芳香族炭化水素の水酸化や窒素原子の水酸化を行うなど，癌原物質の代謝活性化に深く係わる．また2群では，亜群はAからGの7つあり，代表的な28種の分子種がなんらかの生物種から報告されている．

P450による *in vitro* 代謝　　ミクロソーム画分にNADP$^+$，グルコース-6-リン酸，グルコース-6-リン酸脱水素酵素を加えて細胞質でつくられるNADPHを供給しながら薬物代謝を行う．これをNADPH再構成系（NADPH-generating system）という．SKF 525-Aやピペロニルブトキシドなどの MFO 阻害剤やメチマゾールなどのFMO（後述）阻害剤を加えて反応すると薬物に対する作用酵素の特定ができる．表4.1に代表的なミクロソーム下における異物酸化の反応をまとめる．

ii）フラビン含有モノオキシゲナーゼ　　1972年にZieglerとMitchellによりブタ肝ミクロソームから初めて単離されたP450とは異なるもう1つの一原子酸素添加反応を触媒する酵素．分子量約470,000, FADを含有するためflavin-containing monooxygenase (FMO) という．分子状酸素を必要とし，電子供与体としてNADPHを特異的にとるが，i) で述べたミクロソームにおける電子伝達系で働くNADPHとは異なる（NADPH-P450還元酵素は関与しない）．マウス，ラット，イヌ，ウサギ，ヒトなど多くの動物から見つかり，肝臓に最も多く分布，次に肺，腎臓，皮膚にも存在し，その活性は小胞体のミクロソームで最も高い．図4.13-aに示すように，ニコチンやジメチルアニリン，クロルプロマジンなどの第三級アミンのN-オキシドへの酸化はこのFMOにより進む．チオール，スルフィド，チオアミドなどの硫黄原子もFMOにより酸化されるが，特に求核性の強い硫黄原子ほど酸化を受けやすい（図4.13-b）．有機リン殺虫剤ホレートのマウス皮膚ミクロソームによるスルホキシドへの酸化はその半分がFMOによるという．また，リン酸アミド型有機リン剤の中にはFMOにより酸化されN-オ

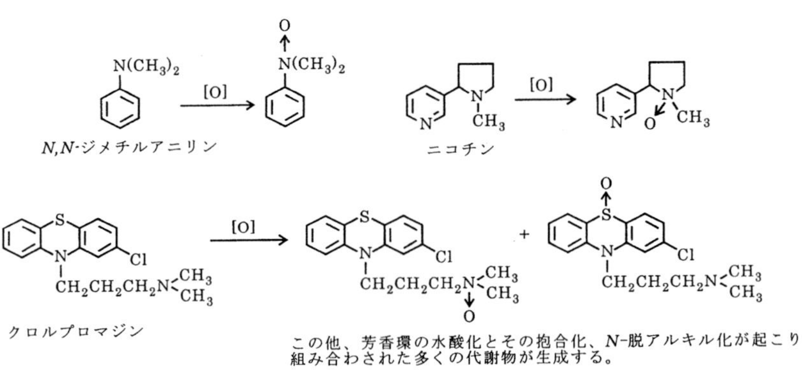

図 4.13-a　FMOによるN-オキシド, S-オキシドへの酸化

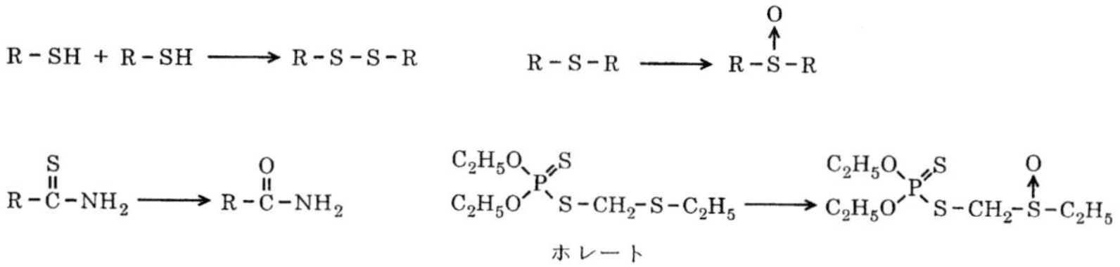

$$R\text{-}SH + R\text{-}SH \longrightarrow R\text{-}S\text{-}S\text{-}R \qquad R\text{-}S\text{-}R \longrightarrow R\overset{O}{\underset{\uparrow}{\text{-}S\text{-}}}R$$

$$R\text{-}\underset{\text{S}}{\overset{\|}{C}}\text{-}NH_2 \longrightarrow R\text{-}\underset{\text{O}}{\overset{\|}{C}}\text{-}NH_2 \qquad (C_2H_5O)_2P(=S)\text{-}S\text{-}CH_2\text{-}S\text{-}C_2H_5 \longrightarrow (C_2H_5O)_2P(=S)\text{-}S\text{-}CH_2\text{-}\underset{\text{O}}{\overset{\|}{S}}\text{-}C_2H_5$$

ホレート

図 4.13-b FMO による硫黄原子の酸化

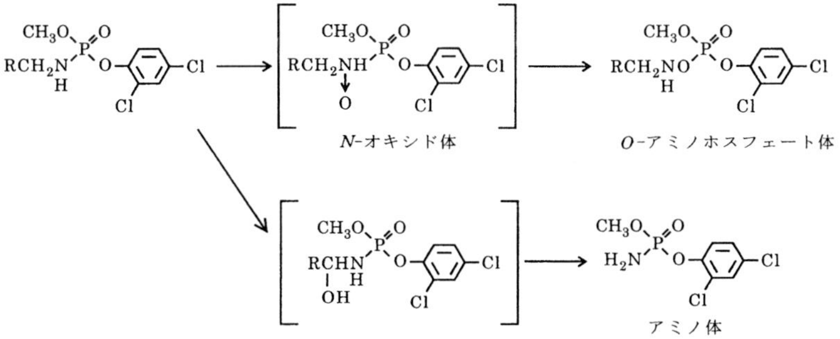

図 4.14 N-アルキルホスホロアミデートのミクロソームによる酸化
R : CH_3, C_2H_5, C_3H_7, iso-C_3H_7, C_4H_9, $tert$-C_4H_9

キシドを経て O-アミノホスフェートに活性化される化合物群がある（図 4.14）．以上のように FMO は窒素や硫黄，そしてリン原子の酸化を触媒するが，これら酸化反応は i) の MFO によっても触媒される．アミンについていえば，塩基性の弱い第一級アミンの多くは MFO により酸化され，塩基性の強い第二，第三級アミンは基本的には FMO により酸化される．このように，FMO はヒドロキシルアミンや N-オキシドのような毒性発現に大きな役割を担う代謝物を生成するため，薬物の解毒のみならず活性化に働くもう1つの酸化酵素として関心がもたれる．MFO の阻害剤である一酸化炭素や SKF 525-A には阻害されず，一方 n-オクチルアミンを反応系に加えると酸化反応が促進されるが，フェノバルビタールや 3-メチルコラントレンによっては誘導されない．

2) 非ミクロソーム酵素系

薬物の大半は脂溶性のため膜酵素であるミクロソーム酵素によって代謝を受けるが，一部の薬物は非ミクロソーム酵素により代謝される．細胞質にあって第一級アルコールを相当するアルデヒドに酸化する NAD^+ を補酵素とするアルコール脱水素酵素や，ミトコンドリア外膜に局在してカテコールアミンなどを酸化的に脱アミノ化する FAD を補酵素とするモノアミンオキシダーゼをはじめ，アルデヒド脱水素酵素，アルデヒド酸化酵素，キサンチン酸化酵素，脂肪酸の β 酸化酵素などがある．

b. 還　元

　ミクロソームに局在するNADPH-P 450還元酵素は単独ではニトロ基やアゾ基を還元する．ニトロ基の還元ではニトロソ体を経てヒドロキシルアミンを生成するが，これら代謝物は反応性に富む毒性学上重要な物質であることが多い．この酵素による還元反応は一電子還元であるため，反応生成物ができる時にスーパーオキシドが生成し生体に損傷を与える．除草剤パラコートが肺毒性を示すのもこのためである（図4.15）．一方，細胞質には，NAD(P)H-キノン還元酵素やアルデヒド還元酵素，ケトン還元酵素がある．前者はベンゾキノン類，ナフトキノン類のキノールへの二電子還元を行う．

c. 加水分解

1) エステラーゼ

　国際酵素分類命名法によると，薬物代謝にかかわるエステラーゼ群には4種あり，この中の1つカルボキシルエステルヒドロラーゼ群（EC 3.1.1）では，カルボキシルエステラーゼ，アリールエステラーゼ，アセチルエステラーゼ，アセチルコリンエステラーゼ，コリンエステラーゼ，ステロールエステラーゼがよく知られている．この中で薬物代謝にかかわっている酵素を以下に示す．なお，アミダーゼは広義のエステラーゼに含まれると考えてよい．

　i) カルボキシルエステラーゼ（EC 3.1.1.1）　　アリエステラーゼともいう．血液や肝臓，腸管壁を中心に多くの臓器に分布し，膜結合性のものと可溶性のものがある．活性中心はセリン残基で，有機リン剤などでリン酸化され活性を失う．基質特異性が低いため，エステル結合，アミド結合を有する種々の薬物の代謝にかかわっている．遅発性神経毒性の作用点であるニューロパシーターゲットエステラーゼ（NTE）もこれと類似した酵素であることが示唆されている．

　ii) アリールエステラーゼ（EC 3.1.1.2）　　有機リン剤で阻害されず，これを加水分解する酵素．

　iii) アセチルコリンエステラーゼ（AChE, EC 3.1.1.7）　　真正コリンエステラーゼともいう．シナプスに局在し，主として神経伝達物質アセチルコリン（ACh）を加

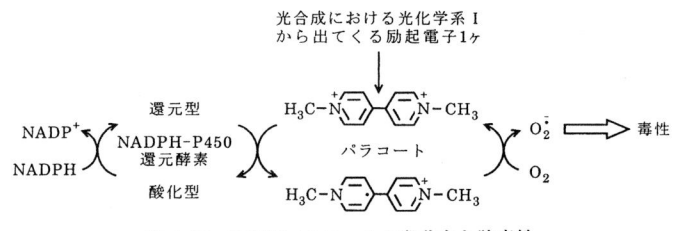

図4.15　除草剤パラコートの殺草力と肺毒性

水分解する基質特異性がきわめて高い酵素．この酵素は赤血球にも存在する．イエバエの脳にある AChE は典型的な AChE ではなく，後述の BuChE の性質も併せもっている．有機リン剤などでリン酸化され活性を失う．フィゾスチグミン（エゼリン）で阻害されることで i) のカルボキシルエステラーゼと区別される．

iv）コリンエステラーゼ（ChE, EC 3.1.1.8） ブチリルコリンエステラーゼ（BuChE），プソイドコリンエステラーゼともいう．血清，血漿，肝臓，膵臓などに分布し，ACh を含む種々のコリンエステルやその他のエステル類も加水分解する基質特異性が低い酵素．有機リン剤などでリン酸化され活性を失う．フィゾスチグミンで阻害されることで i) のカルボキシルエステラーゼと区別される．

2）エポキシドヒドロラーゼ（EC 3.3.2.3）

エポキシドを加水分解して 1,2-グリコールを生成する酵素．肝臓や睾丸，卵巣に分布し，ベンゾ〔a〕ピレンなどの多環式芳香族炭化水素類のアレーンオキシドや塩化ビニル，スチレンなどのオレフィン類のエポキシドを基質とする．多くの毒性物質の解毒にかかわる酵素として重要である．肝ミクロソームの膜結合性画分と可溶性画分の両方に存在し，前者はスチルベンオキシドなどの生体異物の代謝にかかわり，後者はロイコトリエンなどの内因性基質の代謝にかかわっている．

d. 抱　　合

薬物は一般に第Ⅰ相反応により水酸基や，カルボキシル基，アミノ基，チオール基などの官能基をもつ極性代謝物に変化し体外に排泄される．これらは同時に第Ⅱ相反応によりグルタチオンやグルクロン酸などの極性ある生体分子に抱合されいっそう体外へ排泄されやすくなる．抱合体は通例解毒代謝物であるが中には活性代謝物であることもある．

1）グルタチオン S-転移酵素（glutathione S-transferase, GST）

本酵素は電子求引性基（部位）をもつ薬物を補酵素グルタチオン（GSH）と反応させグルタチオン抱合体を形成する．一般に抱合反応は極性基をもつ薬物や酸化や加水分解により生成した極性代謝物が受けるが，GST は脂溶性ニトロ化合物，ハロゲン化アルキルやアリール，α, β-不飽和カルボニル化合物，エポキシドのような非極性化合物をも直接抱合できる（図 4.16）．GST は肝では可溶性タンパク質の約 10% を占める．グルタチオン抱合体は大半が腎臓でグルタミン酸，グリシンの順にはずれてメルカプツール酸に代謝され排泄される．また一部はさらに β-リアーゼにより C-S 結合が開裂され S-メチル化物に変換される（図 4.17）．GST は分子内に GSH を結合する部位をもつホモ，ヘテロ二量体で，一次構造の相同性や基質特異性の違いから alpha, mu, pi, theta，その他の分子種に分類される．ラット肝では 10 種以上の分子種が発見されており，このうち alpha, mu 分子種の含量が高い．癌原物質による誘導下では正常時にはほとんど見られない pi 分子種が増加する．ヒトでは alpha, mu, pi, theta 分子種が肝

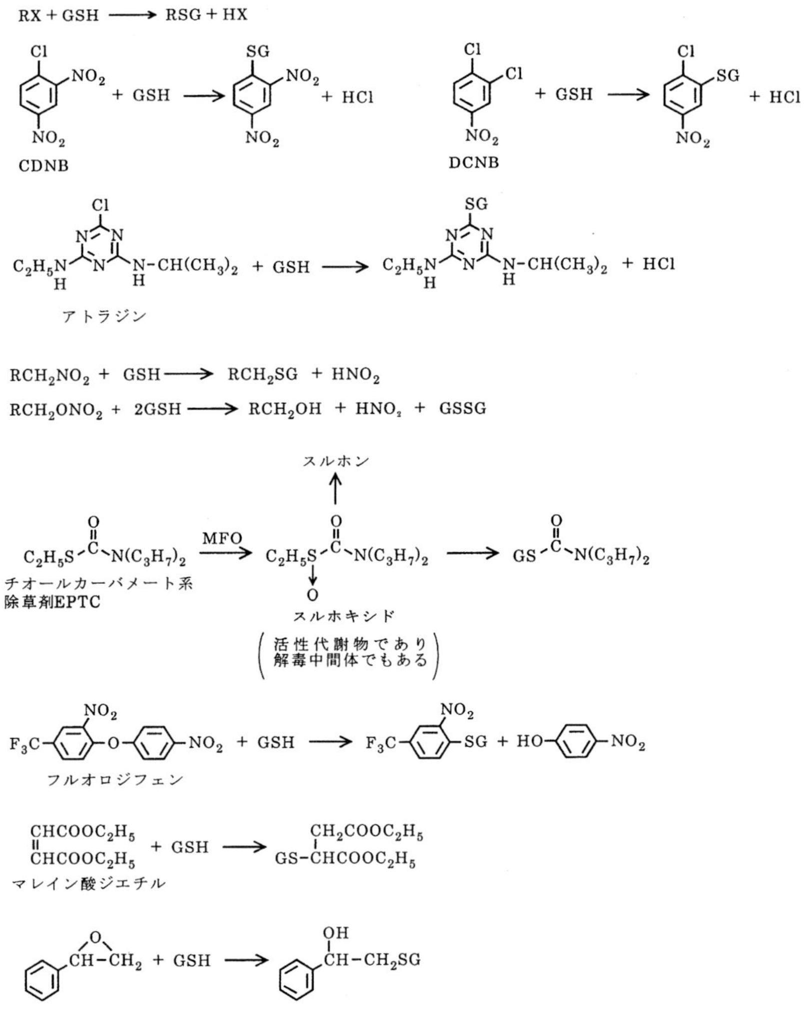

4. 殺虫剤

$RX + GSH \longrightarrow RSG + HX$

[CDNB + GSH → 置換体 + HCl の反応式]

[DCNB + GSH → 置換体 + HCl の反応式]

[アトラジン + GSH → 置換体 + HCl の反応式]

$RCH_2NO_2 + GSH \longrightarrow RCH_2SG + HNO_2$

$RCH_2ONO_2 + 2GSH \longrightarrow RCH_2OH + HNO_2 + GSSG$

[チオールカーバメート系除草剤EPTC の MFO によるスルホキシド・スルホン生成、およびGSHとの反応の図]
（活性代謝物であり解毒中間体でもある）

[フルオロジフェン + GSH → 置換体 + HO-C₆H₄-NO₂]

[マレイン酸ジエチル + GSH → GS付加体]

[スチレンオキシド + GSH → ヒドロキシ-SG付加体]

図 4.16 グルタチオン抱合体

臓をはじめ多くの臓器から見つかっている．GSTは分子種により抱合化のみならず，ペルオキシダーゼやイソメラーゼの性質を示し，また有機アニオンの結合タンパク質としても作用する．GSTによる代謝活性化は，古くはチオシアネート系殺虫剤がGSHと反応し生成する青酸により殺虫力を示す事例のみ知られていた．近年，有機リン殺虫剤プロチオホスやチアジアゾリジン系のプロトックス阻害型除草剤がGSTにより活性化されることが報告された（図4.18）．一方，図4.19に示すように，サリゲニン環状リ

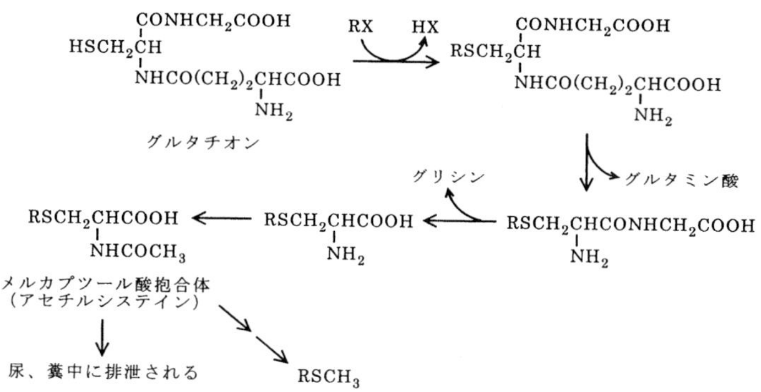

4.3 薬物代謝にかかわる主要酵素

図4.17 グルタチオン抱合とさらなる代謝

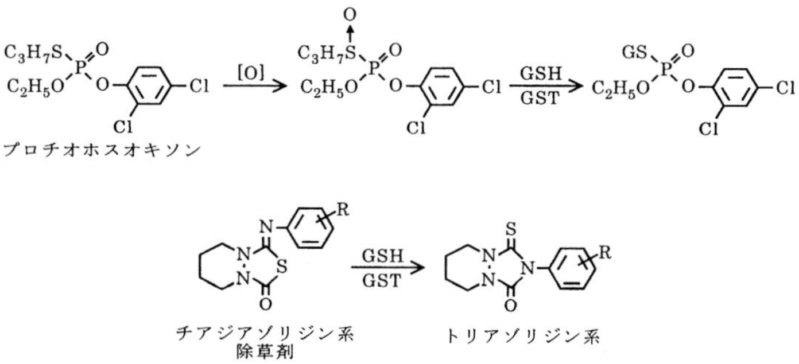

図4.18 GST–GSH による代謝活性化

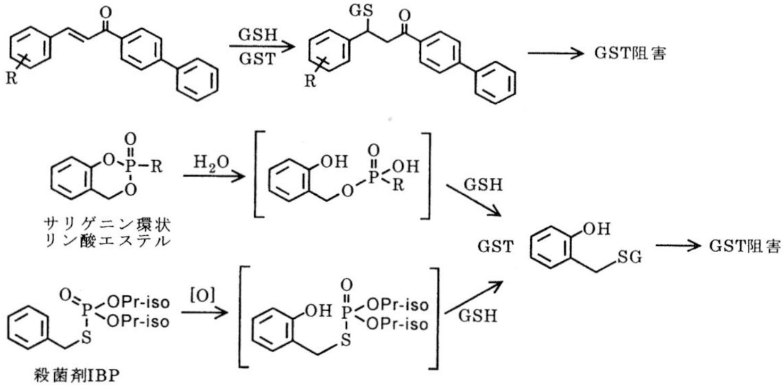

図4.19 GSH 抱合体による GST 阻害

ン酸エステルや殺菌剤 IBP, 種々のカルコンの GSH 抱合体が, 殺虫活性は認められないものの, この反応を進める GST を逆に阻害することが明らかにされている.

2) UDP-グルクロン酸転移酵素（UDP-glucuronosyltransferase, UGT）

小胞体膜に局在する本酵素は, アルコール, フェノール, カルボン酸, アミン, メルカプタンなどを, 図 4.20 に示すように, 補酵素ウリジン二リン酸-α-グルクロニド (UDPGA) と反応させ種々のグルクロン酸抱合体, すなわち O-グルクロニド, N-グルクロニド, S-グルクロニド, C-グルクロニドを生成する. UDPGA はグルコース 1-リン酸とウリジン三リン酸から形成された UDP グルコースが NAD^+ を補酵素とする UDP グルコースデヒドロゲナーゼの作用で生成する. O-グルクロニドにはアルコール

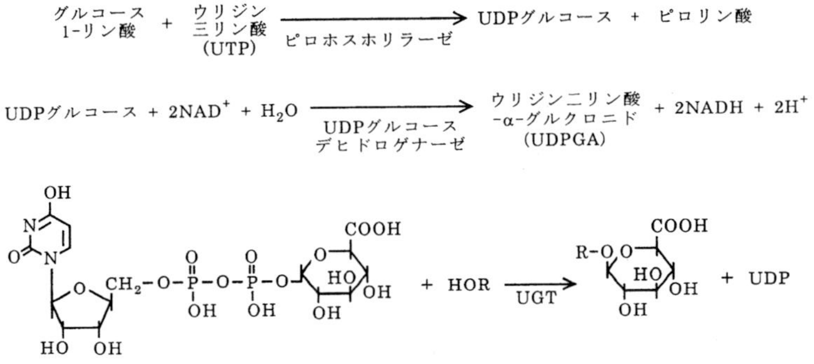

グルコース 1-リン酸 ＋ ウリジン三リン酸 (UTP) $\xrightarrow{\text{ピロホスホリラーゼ}}$ UDPグルコース ＋ ピロリン酸

UDPグルコース ＋ $2NAD^+$ ＋ H_2O $\xrightarrow{\text{UDPグルコースデヒドロゲナーゼ}}$ ウリジン二リン酸-α-グルクロニド (UDPGA) ＋ $2NADH$ ＋ $2H^+$

図 4.20 グルクロン酸抱合体の生成

やフェノールから形成される安定なエーテルグルクロニドとカルボン酸から形成される不安定なアシルグルクロニドがある. アシルグルクロニドは塩基性条件下や時には尿中でも容易にエステル結合が分解される. 薬物が肝臓でこの抱合化を受けるとこれらグルクロニドはきわめて水溶性が高いため一般に胆汁に移行する. UGT 1 と UGT 2 の 2 つのファミリーに大別され, それぞれの分子種は前者では 1 個の遺伝子から, 後者では別個の遺伝子からつくられる.

3) 硫酸転移酵素（sulfotransferase, ST）

細胞質に局在する本酵素は基質を活性硫酸である補酵素 3′-ホスホアデノシン-5′-ホスホ硫酸 (PAPS) と反応させ硫酸抱合体（硫酸エステル）とアデノシン 3′,5′-ビスリン酸 (PAP) を形成する. アリール硫酸転移酵素 (ST 1) とヒドロキシステロイド硫酸転移酵素 (ST 2) に大別され, 前者はフェノール性化合物を中心に N-ヒドロキシルアミン, アミン, ベンジルアルコールも場合によっては抱合する（図 4.21）のに対し, 後者はアルコール性化合物を抱合する. 硫酸抱合はグルクロン酸抱合と競合するが, ラットやマウスでは一般にグルクロン酸抱合が優先され, ヒトでは逆に硫酸抱合が優先され

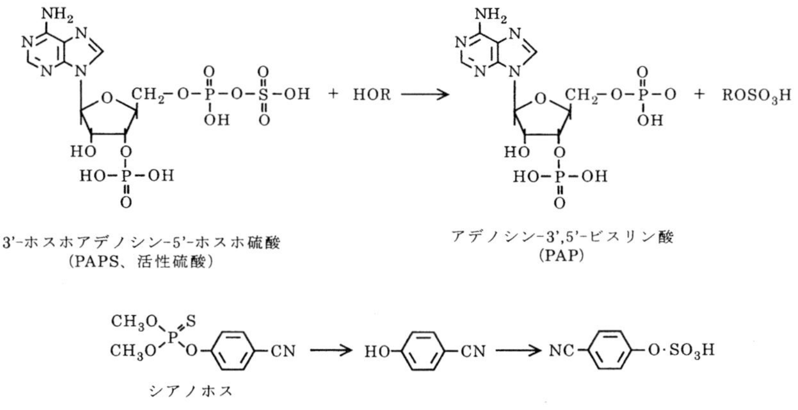

3'-ホスホアデノシン-5'-ホスホ硫酸
(PAPS、活性硫酸)

アデノシン-3',5'-ビスリン酸
(PAP)

シアノホス

図 4.21 硫酸抱合体の生成

ることが多い.

4) アセチル転移酵素 (acetyltransferase)

本酵素は芳香族アミン, ヒドラジン, スルホン酸アミドを補酵素アセチル CoA と反応させ N-アセチル化するが, 芳香族 N-ヒドロキシルアミンに対しては O-アセチル化する. 分子種によっては, 芳香族 N-ヒドロキシアセトアミドからもアセチル基を受け取り, 作用してきた薬物にアセチル基を転移させてアセチル化体を遊離させる. アセチル抱合の概要を図 4.22 に示す.

5) メチル転移酵素 (methyltransferase)

生体内物質のメチル抱合に重要な役割をもつ酵素で, カテコールアミンの O-メチル

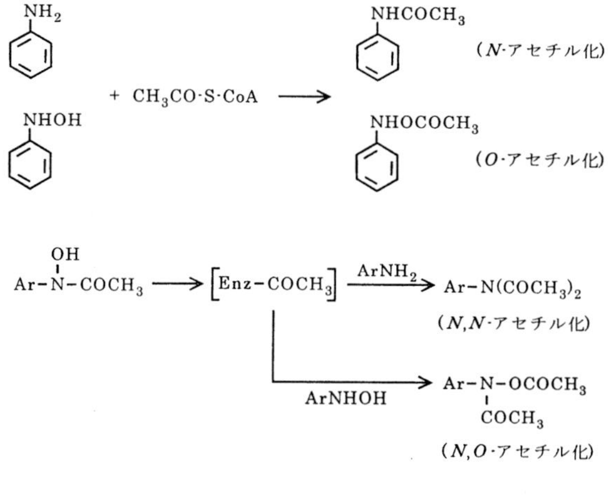

(N-アセチル化)

(O-アセチル化)

(N,N-アセチル化)

(N,O-アセチル化)

図 4.22 アセチル転移酵素の反応
Enz：アセチル転移酵素, Ar：アリール基

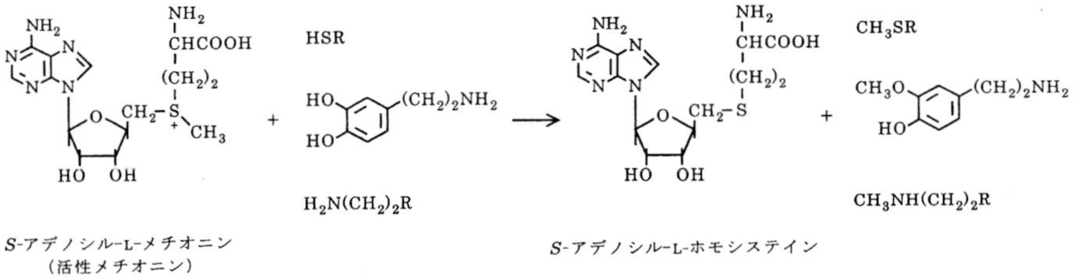

94   4. 殺虫剤

[図: S-アデノシル-L-メチオニン (活性メチオニン) + HSR (HO-C₆H₃-(CH₂)₂NH₂, H₂N(CH₂)₂R) → S-アデノシル-L-ホモシステイン + CH₃SR (CH₃O-C₆H₃-(CH₂)₂NH₂, CH₃NH(CH₂)₂R)]

図 4.23 生体内物質の $S-$, $O-$, $N-$メチル化

化,ヒスタミンの $N-$メチル化,6-メルカプトプリンの $S-$メチル化などを $S-$アデノシル-L-メチオニン(活性メチオニン)を補酵素として触媒する.反応ごとに異なるメチル転移酵素がある.薬物(異物)代謝にも関与することがある(図4.23).

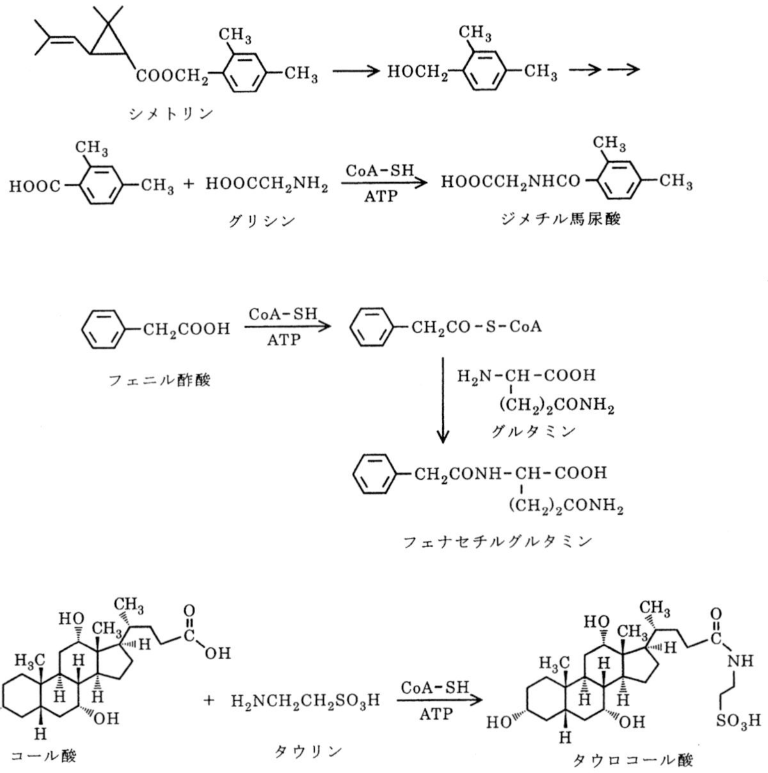

[図: シメトリン → HOCH₂-C₆H₃(CH₃)₂ → →]

[図: HOOC-C₆H₃(CH₃)₂ + HOOCCH₂NH₂ (グリシン) —CoA-SH/ATP→ HOOCCH₂NHCO-C₆H₃(CH₃)₂ (ジメチル馬尿酸)]

[図: フェニル酢酸 C₆H₅-CH₂COOH —CoA-SH/ATP→ C₆H₅-CH₂CO-S-CoA + H₂N-CH(COOH)-(CH₂)₂CONH₂ (グルタミン) → C₆H₅-CH₂CONH-CH(COOH)-(CH₂)₂CONH₂ (フェナセチルグルタミン)]

[図: コール酸 + H₂NCH₂CH₂SO₃H (タウリン) —CoA-SH/ATP→ タウロコール酸]

図 4.24 アミノ酸抱合反応

6) **酸：CoA リガーゼ（acid：CoA ligase）とアシル CoA：アミノ酸 N-アシル転移酵素（acyl-CoA：amino acid N-acyltransferase）**

抱合反応の多くはこれまで述べてきたように活性化された抱合基（補酵素）が薬物と反応するが，アミノ酸抱合は薬物がまず活性化されてアミノ酸と抱合する．安息香酸やフェニル酢酸のような芳香環をもつカルボン酸やコール酸のような胆汁酸は，これらの酵素によりグリシンやグルタミン，タウリンなどのアミノ酸に抱合されやすい．図 4.24 に示すように，まずアシル CoA が合成され，次にアシル転移反応が起こる．ピレスロイド系殺虫剤シメトリンは第一アルコールの菊酸エステルであるため加水分解されてベンジルアルコールを生成，2,4-ジメチル安息香酸にまで酸化される．これはグリシンと抱合してジメチル馬尿酸として体外に排泄されやすい（図 4.24）．

7) **グルコシル転移酵素（glucosyltransferase）**

昆虫や植物は本酵素により UDP グルコース（活性グルコース）からエステルやエーテルグルコシドを形成する．これをグルコシド抱合といい，脊椎動物のグルクロン酸抱合の代わりをするものである．（図 4.20 と図 4.25）．

$$\text{ROH} + \text{UDPグルコース} \xrightarrow{\text{グルコシル転位酵素}} \text{RO-}\beta\text{-グルコシド} + \text{UDP}$$

図 4.25 グルコシド抱合体

4.4 有機リン系殺虫剤

a. 基本構造

有機リン系殺虫剤はその大半が（チオ）リン酸（phosphoric acid），（チオ）ホスホン酸（phosphonic acid），（チオ）ホスフィン酸（phosphinic acid）のエステルやアミドのいずれかの構造をとる．図 4.26 にその基本構造と化学名を示す．

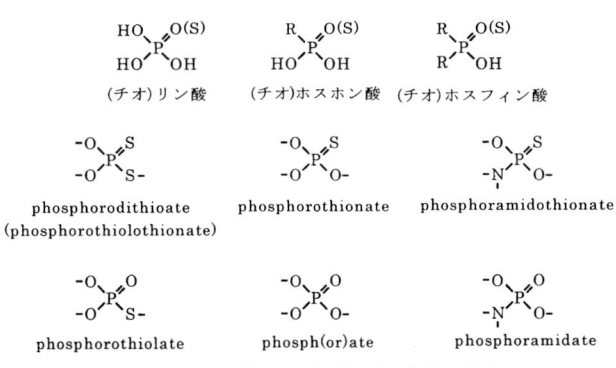

図 4.26 有機リン殺虫剤の基本構造と命名

b. 作用機構
1) 活性化

大半の有機リン殺虫剤はチオノ体（>P(S)-）構造を有し AChE を阻害しない．チトクロム P 450（MFO）によりオキソン体（>P(O)-）に酸化されて初めてアセチルコリンエステラーゼ（AChE）を阻害し殺虫力を呈する．活性化機構の解明は，パラチオンの MFO 酸化で p-ニトロフェノールがパラオキソンとともに検出されることが明らかになったのを契機に進んだ．土壌殺虫剤ホノホスの MFO 酸化は，図 4.27 に示すように，オキソン体と ETP　EOP，チオフェノールを与えた．同反応を ^{18}O で標識した酸素または水の存在下で行い，生成物中への ^{18}O の取り込みをマススペクトルで調べた結果，オキソン体の酸素は空気中の酸素から，ETP の酸素は水からそれぞれ 100% 取り込まれたのに対して，EOP の酸素は空気中の酸素，水から 50% ずつ取り込まれることが分かり，不安定な中間体ホスホラスオキシチオネートの存在が示唆された．また，ジチオ型有機リン化合物 DEPD の過酸酸化において，ホノホスと同様の生成物が認めら

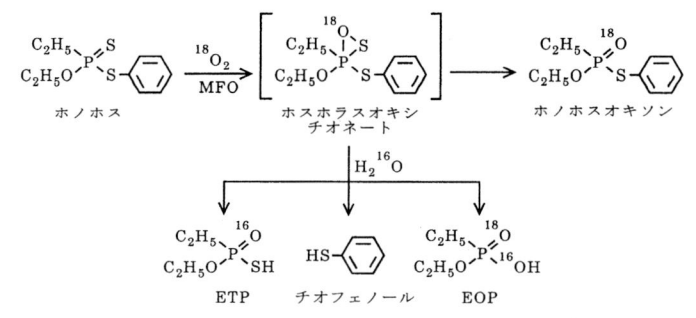

図 4.27　有機リン殺虫剤ホノホスの MFO による活性化機構

図 4.28　ジチオ型有機リン化合物 DEPD の m-クロロ過安息香酸酸化による生成物とその酸化機構

れる中，副生成物ホスフィニルジスルフィドの生成経路が ^{18}O の水存在下で調べられた（図 4.28）．^{18}O がこのジスルフィドの P=O に取り込まれ，その割合は水の量により異なった．すなわち，水が多いと P=O の酸素は 100% 水に由来するが，無水か少量の存在下では水由来ではなかった．このことはホスフィニルジスルフィドの生成には 2 経路あることが示唆され，中間体ホスホラスオキシチオネートの存在がより強く示唆された．しかしながら，オキソン体構造でありながら AChE を阻害せず殺虫力を有する以下のような有機リン殺虫剤がある．

i) S-アルキルホスホロチオレートの活性化 標記有機リン化合物の中には，メタアミドホス，プロフェノホス，ピラクロホス，プロチオホスオキソンのように，それ自身殺虫力はあるが AChE を阻害せず，さらに酸化されて初めて AChE を阻害するものがある．いずれもその S-オキシド構造が活性中間体である．プロフェノホスを過酸酸化すると，図 4.29 に示すように，エタノール存在下ではジエチルフェニルホスフェートが生成するが，エタノールがないとエトキシフェノキシホスフィニルオキシスルホネートが得られた．殺虫力は $(R)p$ の方が $(S)p$ より大きいが，AChE の阻害は逆に $(S)p$ の方が $(R)p$ より大きい（表 4.2）．しかし，MFO 酸化後の阻害活性は $(R)p$ では活性化され，$(S)p$ では不活性化された．このことは，$(R)p$ 体は少なくとも S-オキ

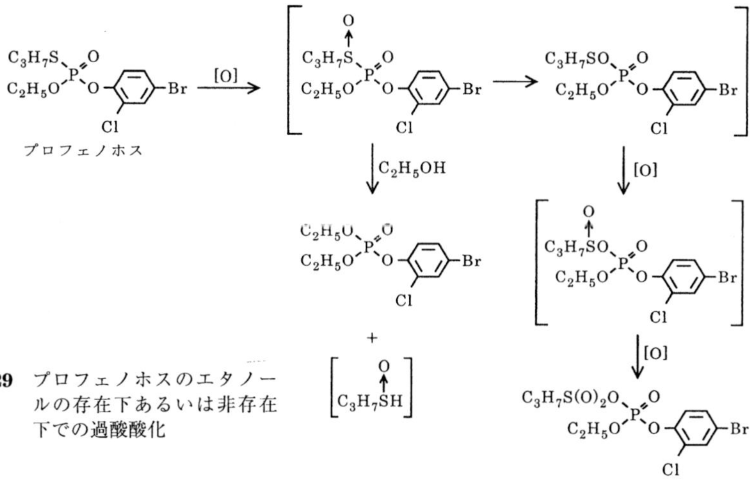

図 4.29 プロフェノホスのエタノールの存在下あるいは非存在下での過酸化

表 4.2 プロフェノホスの光学異性体の殺虫力と AChE 阻害活性

プロフェノホス	LD_{50}		I_{50} (M)	
	マウス (mg/kg)	イエバエ (μg/g)	牛赤血球 AChE	イエバエ脳 AChE
$(S)p-(+)$	~1000	23	6.2×10^{-7}	1.6×10^{-7}
$(R)p-(-)$	44	6	1.4×10^{-5}	3.1×10^{-7}

シドに酸化活性化され，プロピルスルフェン酸を脱離してAChEを強く阻害するが，(S)p体は直接フェノールを脱離してAChEを弱いながら阻害することを示唆した（図4.30）．また，表4.3に示すように，プロチオホスオキソンとそのメチル，エチル，ブチル同族体（S-アルキルオキソン）の過酸酸化では，エチルハイドロジェンフェニルホスフェート（DEHP体）がいずれからもほぼ同量生成したが，ラット肝MFO酸化では，メチル，エチル体がプロピル，ブチル体よりDEHP体を多く生成した．このことは，中間体S-オキシドが存在し，この加水分解によりできるDEHP体の生成が少ない分だけS-オキシドが反応液中のタンパク成分と結合しやすい，すなわちAChEとの結合活性が強いことを示唆し，これが殺虫活性と良好な相関性を示すことが認められた．

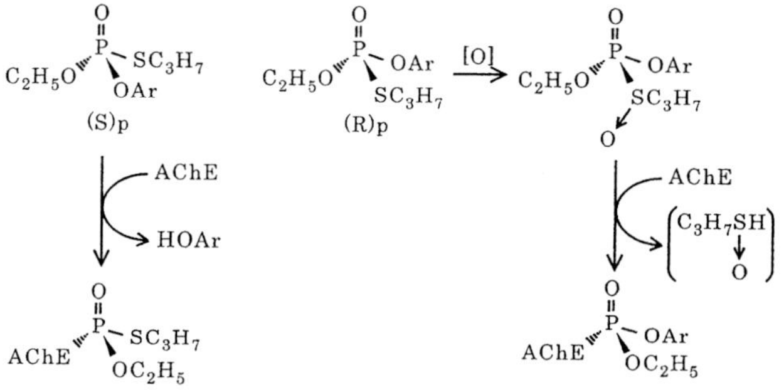

図4.30 プロフェノホスの光学異性体の酸化的活性化

表4.3 S-アルキルオキソンの過酸酸化とラット肝MFO酸化におけるDEHP体の生成量の違い

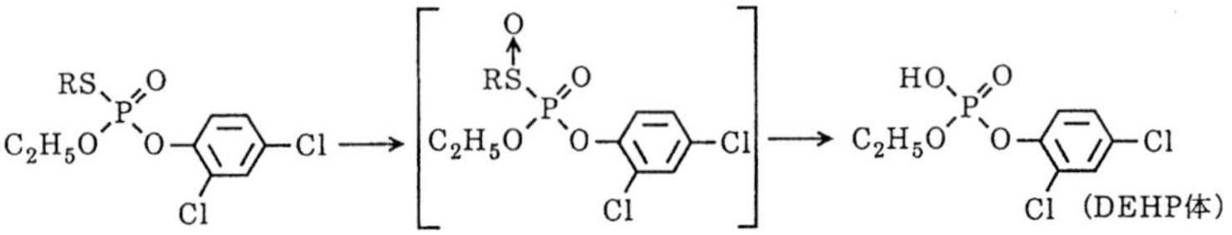

R：CH_3, C_2H_5, C_3H_7（プロチオホスオキソン），C_4H_9

過酸酸化	残量または生成量 (%)			
	メチル体	エチル体	プロピル体	ブチル体
S-アルキルオキソン	13.1	13.5	26.1	22.1
DEHP体	29.0	27.3	25.2	26.7

ラット肝MFO酸化	残量または生成量 (%)							
	メチル体		エチル体		プロピル体		ブチル体	
NADPH	−	+	−	+	−	+	−	+
S-アルキルオキソン	92	6.2	96.1	9.1	95.4	0.7	95.1	14.9
DEHP体	ND	63.7	ND	62.8	ND	25.7	ND	25.7

ii) ***N*-アルキルホスホロアミデートの活性化**　シュラーダンやプロペタンホス，イソフェンホスのオキソンはそれ自身殺虫力をもつにもかかわらず AChE を阻害できず，さらに酸化されて初めて AChE を阻害する．本活性化の機構はモデル化合物として選択された図 4.14 に示す *N*-アルキルホスホロアミデートによる研究から明らかにされた．*N*-アルキル基の α-炭素に水素原子があると，この部位が酸化されて *N*-脱アルキル化しアミノ体 $H_2N\text{-}P(O)<$ を形成して殺虫力を呈する．しかし，*N*-アルキル基の α-炭素に水素原子をもたない *N-tert*-ブチル体も他のモデル化合物と同程度の殺虫力を示したことから，アミノ体とは異なる共通の活性中間体の存在が推測された．種々の証拠から，活性体は *N*-オキシドを経て分子内転位した *O*-アミノホスフェートの可能性が大であることが示唆されている．

2) 活性体による AChE 阻害

活性化された有機リン化合物はまず AChE と酵素阻害剤複合体を形成し，次に脱離基（leaving group）を離して酵素をリン酸化する（図 4.31）．ACh によるアセチル化酵素は速やかに脱アセチル化され酵素の回復が図られるが，脱リン酸化による自然回復はこれと比較するときわめて遅い．代表的なリン酸化酵素の自然回復による半減期を表 4.4 に示す．リン酸基の違いにより加水分解が比較的速く進むものから遅いものまであ

図 4.31　有機リン化合物の AChE 阻害の様式

表 4.4　リン酸化 AChE の自然回復と老化に要する加水分解の半減期

リン酸基または神経ガス	自然回復による半減期	老化による半減期
$(CH_3O)_2P(O)-$	1.3 時間[1]	3.0 時間（10% 回復） 24 時間（100% 回復）
$(C_2H_5O)_2P(O)-$	2.4 日[2]	40 時間
$(ClCH_2CH_2O)_2P(O)-$	23 分[3]	
$(iso\text{-}C_3H_7O)_2P(O)-$	∞[4]	2.5 時間
$\begin{matrix}iso\text{-}C_3H_7O\\CH_3\end{matrix}>P(O)-$		5.0 時間
サリン		
ソマン		2〜6 分

1) ウサギ赤血球　2) ヒト赤血球　3) ヒツジ赤血球
4) モルモット赤血球

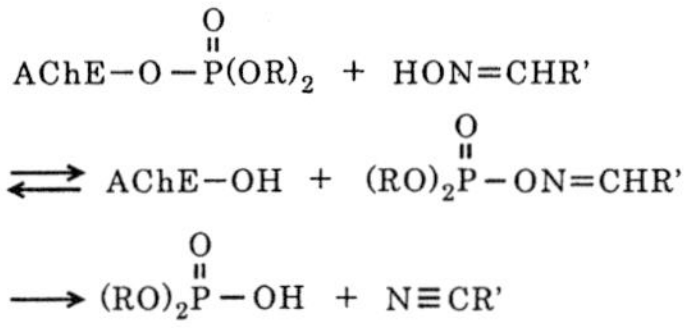

図 4.32 リン酸化 AChE に対するオキシムの作用

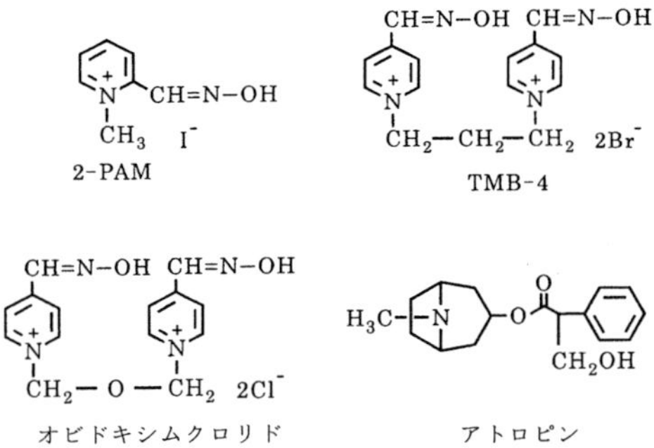

図 4.33 リン酸化 AChE に対する治療薬

るが，遅いほどこのリン酸化 AChE は脱アルキル化，脱アリール化が進み AChE とリン酸基がいっそう強固に結合して酵素の回復が図られなくなる．これを老化（aging）という（図 4.31）．老化の半減期を表 4.4 に示す．この結果，ACh がシナプス後膜の受容体に蓄積し刺激伝達が攪乱されて生物を死に追いやる．神経ガスの場合，リン酸化 AChE の自然回復はほとんど望めないが，それ以上に老化が速く進み酵素回復の道が断たれる．サリンで 5.0 時間，ソマンで 2～6 分ときわめて短時間である．このリン酸化 AChE はオキシムのような求核試薬の作用により脱リン酸化され酵素活性を回復させることができる．しかし，リン酸化されたオキシムもまた一般的には AChE を強く阻害するから，これが速やかに分解されなければ，AChE を改めてリン酸化することになり治療薬としては用をなさない（図 4.32）．2-PAM や TMB-4, オビドキシムクロリド（図 4.33）などを治療薬として用いているが，効果と毒性の点から 2-PAM すなわちプラリドキシム（2-ピリジルアルドキシムメチル）が現在多く使われている．いずれもカーバメート系殺虫剤の中毒には効果がなく，また老化まで進んだリン酸化酵素にも効果がない．アトロピン（図 4.33）はカーバメート系殺虫剤にも効果がある治療薬で，アセチルコリン受容体に結合して副交感神経遮断作用を示し，平滑筋や分泌腺の機能を抑制する．

c. 化学構造と生物活性
1） 速効性のあるパラチオン

松本サリン事件や地下鉄サリン事件で人々を震撼させた神経ガスサリン（図 4.34）は，第二次大戦前の 1937 年に，ドイツで Schrader らによりリン酸エステル構造の殺虫剤開発が進められる中で発見された．あまりに強い殺傷力があったため Hitler でさえ実戦には使えずじまいに終った化学兵器である．研究が重ねられた結果，1943 年に昆虫には大きな損傷を与え哺乳動物には毒性が小さい，いわゆる選択毒性がある化学物質と

4.4 有機リン系殺虫剤

```
      O                    O                     O                    O        CH(CH₃)₂
      ‖                    ‖                     ‖                    ‖       ╱
CH₃—P—F          CH₃—P—F           (CH₃)₂N—P—CN         CH₃—P—SCH₂CH₂N
      |                    |                     |                    |        ╲
      OCH(CH₃)₂        OCHC(CH₃)₃           OC₂H₅                OC₂H₅    CH(CH₃)₂
                           |
                           CH₃
     サリン              ソマン                タブン                    VX
```

図 4.34 神経ガス

してパラチオンが選抜された．わが国には1951年に導入，1955年から国産化され，それまでの無機化合物農薬や天然源殺虫剤では防除できなかったイネの害虫であるメイチュウやウンカを効果的に速効性をもって防除できるようになり，水稲の栽培様式を大きく変えた．4.4 b.の1)で述べたとおり，パラチオンはこのままではAChEを阻害できず，生体内でMFOによりパラオキソンに酸化されて初めてAChEをリン酸化して殺虫力を呈する．しかし，昆虫と哺乳動物間での選択毒性にあまり大きな差がなく，散布時の扱いなどを誤ると人にも急性毒性を大きく発現してしまう（表4.5）ため，わが国では1971年に登録が失効している．メチルパラチオンはアルキルエステル部分のエチル基がメチル基に構造修飾された薬剤であるが，急性毒性の問題を大きく改善できるほどではなく，これも1972年に登録を失効している．

表 4.5 ジアルキル3-置換-4-ニトロフェニルホスホロチオネートのイエバエに対する殺虫力とラットに対する急性毒性の比較

R₁	R₂	$(R_1O)_2P(S)O-\phi-NO_2$, R_2	LD₅₀ ラット (mg/kg)	LD₅₀ イエバエ (μg/g)	選択係数
C₂H₅	H	パラチオン	6	0.9	7
CH₃	H	メチルパラチオン	15	1.3	12
CH₃	CH₃	フェニトロチオン	740	2.6	285
C₂H₅	CH₃		10	—	—

2) 低毒性有機リン殺虫剤の開発

i) フェニトロチオン 1955年前後から低毒性の有機リン殺虫剤の開発が進められる中，パラチオンに続きマラチオンやダイアジノン（後述）が外国から導入，国産化される一方，わが国では初の合成農薬フェニトロチオンが発見された．商品名をスミチオンといい，イエバエに対する殺虫力はパラチオンやメチルパラチオンと同程度に強く，ラットに対する毒性はパラチオンの約120分の1，メチルパラチオンの約50分の1で，イエバエとラット間の毒性差（選択係数）は285と他の2つの殺虫剤に比べきわめて選択毒性の大きい優れた殺虫剤である（表4.5）．この理由の1つは，昆虫と温血動物のAChEのエステル分解部位とアニオン部位の距離が昆虫で5.0〜5.5Å，温血動物で4.3〜4.7Åと異なり，昆虫ではメタ位のメチル基の有無にかかわらず3種の薬剤がAChE

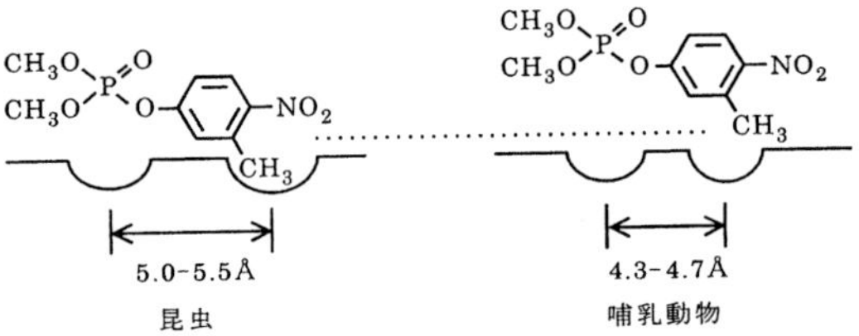

図4.35 フェニトロチオンの昆虫, 哺乳動物の AChE に対する親和性

に同程度に適合し(親和性に大きな差がないが), 温血動物ではフェニトロチオンだけがメタ位のメチル基のため AChE への適合性に欠けて親和性を悪くしているからである(図4.35). また, 後述v)のダイアジノンの項で述べるが, 哺乳動物ではメチルエステルのメチル基が GST により容易に GSH に転移, 抱合化されることがフェニトロチオンの毒性を小さくするもう1つの理由である. これはフェニトロチオンのメチル基をエチル基に置換した化合物の毒性がパラチオンやメチルパラチオンと同程度であることからも理解できる(表4.5). 農薬が毒性を発現する(毒物となる)には, 対象生物の作用点に薬物の構造や性質がうまく適合し, かつ薬物が単位時間あたり適量接触する(親和性が高い)必要がある. またフェニトロオキソンは哺乳動物の脳血液関門を通りにくいことも毒性を発現しにくくする理由の1つである.

ii) フェンチオン, クロルチオン, シアノホス　フェンチオンやクロルチオンも, フェニトロチオンと同様に, フェニル基のメタ位の置換基効果によりイエバエとラットの間で大きな選択毒性を生む(表4.6). 一方, クロルチオンのジエチル体は哺乳動物に対して毒性を大きく上昇させる. シアノホスのように自身が低毒性の無置換ジメチルリン酸エステルではメタ位に置換基が導入されてもその効果は表れない. フェンチオンやシアノホスはアフリカに生息しコメやソルガム, トウモロコシを収穫期に食い荒らす移動性のクエラ鳥に効果があり, モーリタニア国ではフェンチオンを殺鳥剤として活用している. これは両薬剤とも, 表4.7にあるように, 哺乳動物とクエラ鳥との間で高い

表4.6 ジアルキル 3-置換-4-置換フェニルホスホロチオネートのラットとイエバエ間での選択毒性

R_1	R_2	R_3	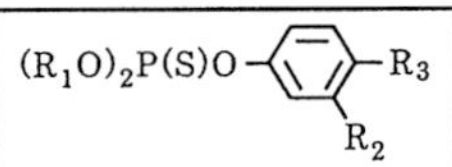 $(R_1O)_2P(S)O-\phi-R_3$ (R_2)	LD$_{50}$ ラット (mg/kg)	LD$_{50}$ イエバエ (μg/g)	選択係数
CH$_3$	H	NO$_2$	メチルパラチオン	15	1.3	12
CH$_3$	Cl	NO$_2$	クロルチオン	880	11.5	77
C$_2$H$_5$	Cl	NO$_2$		50	—	—
CH$_3$	H	SCH$_3$		10	2.0	5
CH$_3$	CH$_3$	SCH$_3$	フェンチオン	500	2.3	217
CH$_3$	H	CN	シアノホス	500	—	—
CH$_3$	CH$_3$	CN		500	—	—

選択毒性を示すからである．また，フェンチオンはTOCPと症状が若干異なるが遅発性神経毒性を同様に誘起する疑いがある．

iii) チオメトン，ホレート 植物体内を浸透移行する有機リン殺虫剤である．分子中のスルフィド部位が酸化によりスルホキシド，スルホンへと代謝活性化されるため，この間比較的長い時間安定な殺虫力を示すとともに，作物全体に広く分布して吸汁昆虫，咀嚼昆虫に選択的に殺虫力を示す（図4.36）．これは酸化によりスルフィド部位の電子吸引性が増し，隣接のP–S結合の$d\pi-p\pi$寄与がいっそう失われリン原子のまわりの電子密度が減少，リン酸化活性が増大する結果AChEの阻害活性が高まるというものである．前述フェンチオンも芳香環にあるメチルチオ基が殺虫力に大きく関与している．

表4.7 フェンチオン，シアノホスの殺鳥効果

	LD_{50} (mg/kg)		選択係数
	ラット	クエラ鳥	
パラチオン	6.2	4.2	1.4
フェンチオン	245	2.6	94
シアノホス	610	3.0	203

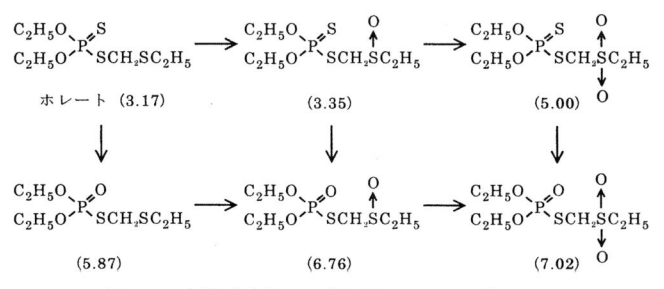

図4.36 浸透性有機リン殺虫剤ホレートの酸化活性化
（ ）内は抗ChE活性（pI_{50}）

iv) マラチオン，ジメトエート マラチオンのカルボキシルエステラーゼ（CE）に対する親和性は哺乳動物に高く昆虫に低いため，哺乳動物では速やかにそのエステル構造が加水分解され解毒の道をたどるが，昆虫では加水分解を受けないままオキソン体に活性化され高い殺虫力を呈する．しかし，マラオキソンのCEに対する親和性は逆に哺乳動物に低く昆虫に高いので，仮にマラオキソンを直接マウスとイエバエに投与するとその毒性差（選択係数）はマラチオンの場合よりはるかに小さくなる（図4.37）．マラチオンが優れた選択毒性をもつ殺虫剤となりうる理由は，活性体マラオキソンの哺乳動物のCEに対する親和性が農薬として好ましくない点をチオノ体で保護してプロドラッグ化を図っていることである．マラチオンに抵抗性を示すツマグロヨコバイの出現

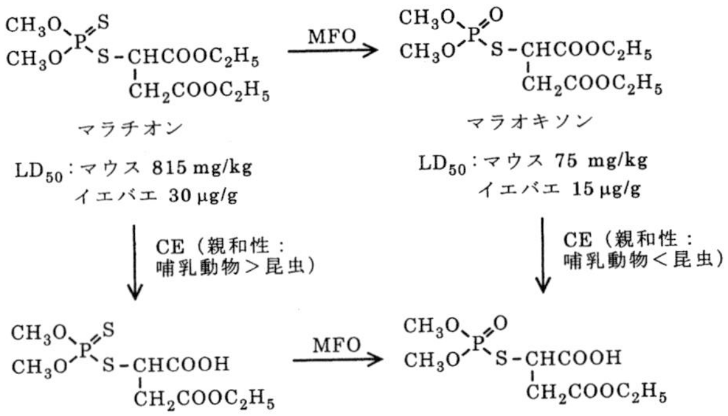

4. 殺虫剤

$$\begin{array}{c}CH_3O\\CH_3O\end{array}\!\!P\!\!\begin{array}{c}=S\\S\text{-CHCOOC}_2H_5\\|\\CH_2COOC_2H_5\end{array} \xrightarrow{\text{MFO}} \begin{array}{c}CH_3O\\CH_3O\end{array}\!\!P\!\!\begin{array}{c}=O\\S\text{-CHCOOC}_2H_5\\|\\CH_2COOC_2H_5\end{array}$$

マラチオン　　　　　　　　　　　　　マラオキソン
LD_{50}：マウス 815 mg/kg　　　　　　LD_{50}：マウス 75 mg/kg
　　　イエバエ 30 μg/g　　　　　　　　　　イエバエ 15 μg/g

↓ CE（親和性：哺乳動物＞昆虫）　　　↓ CE（親和性：哺乳動物＜昆虫）

$$\begin{array}{c}CH_3O\\CH_3O\end{array}\!\!P\!\!\begin{array}{c}=S\\S\text{-CHCOOH}\\|\\CH_2COOC_2H_5\end{array} \xrightarrow{\text{MFO}} \begin{array}{c}CH_3O\\CH_3O\end{array}\!\!P\!\!\begin{array}{c}=O\\S\text{-CHCOOH}\\|\\CH_2COOC_2H_5\end{array}$$

図 4.37　マラチオンの酸化と加水分解

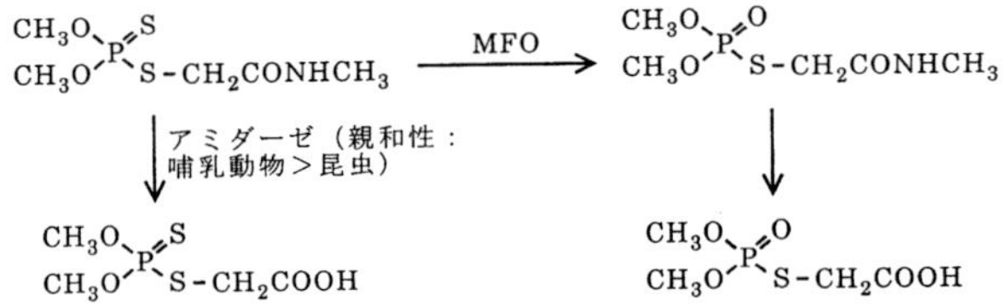

$$\begin{array}{c}CH_3O\\CH_3O\end{array}\!\!P\!\!\begin{array}{c}=S\\S\text{-CH}_2CONHCH_3\end{array} \xrightarrow{\text{MFO}} \begin{array}{c}CH_3O\\CH_3O\end{array}\!\!P\!\!\begin{array}{c}=O\\S\text{-CH}_2CONHCH_3\end{array}$$

↓ アミダーゼ（親和性：哺乳動物＞昆虫）　　　↓

$$\begin{array}{c}CH_3O\\CH_3O\end{array}\!\!P\!\!\begin{array}{c}=S\\S\text{-CH}_2COOH\end{array} \qquad\qquad \begin{array}{c}CH_3O\\CH_3O\end{array}\!\!P\!\!\begin{array}{c}=O\\S\text{-CH}_2COOH\end{array}$$

図 4.38　ジメトエートの酸化と加水分解

もこのCE活性が高いことによる．GST活性による選択毒性の発現はフェニトロチオンの場合と同様である．ジメトエート（図4.38）もそのアミド結合を加水分解するアミダーゼ活性が哺乳動物で高く昆虫で低いため，マラチオンと同様に大きな選択毒性を獲得している（LD_{50}：マウス 140 mg/kg，イエバエ 0.4 μg/g）．

v）ダイアジノン　　リン酸アルキルエステル構造をもつ有機リン殺虫剤は，グルタチオン S-転移酵素（GST）によりそのアルキル基がグルタチオン（GSH）に転移抱合され，自身は脱アルキル化を受けて解毒排泄される．このGST活性は哺乳動物に強く中でもメチルエステルに対して最も高い基質特異性をもつ．一方，昆虫ではGST活性が一般に弱くその基質特異性はメチルエステルよりむしろエチルエステルの方が高い．メチルエステル構造の有機リン殺虫剤がエチルエステル体に比べ温血動物に低毒性で昆虫との間で選択毒性が高いのはこれが大きな理由の1つである．しかし，この一般論の中で，エチルエステルのダイアジノンが低毒性で高選択性があるのは，アリールエステルの結合部位もGSTにより容易に脱アリール化を受けるからである（図4.39）．これらはGSTの種々の分子種によるGSHのアルキルあるいはアリール抱合により解毒化に差が生じ，酸化的脱硫黄反応と相まって昆虫と哺乳動物あるいは昆虫間で選択毒性が生れるからである．フェニトロチオンやマラチオン，ダイアジノンが農業用のみならず園芸用などの殺虫剤として今も広く使われるのは，GST代謝に起因する選択毒性

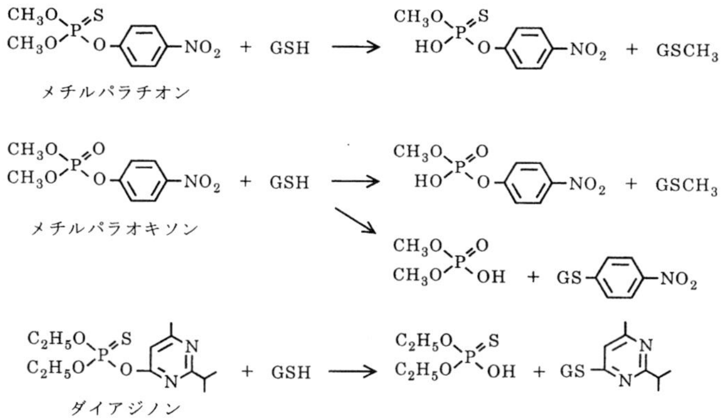

4.4 有機リン系殺虫剤

図 4.39 メチルパラチオン，メチルパラオキソン，ダイアジノンの GSH 抱合

が大きいことに最大の理由がある．

vi） トリクロルホン，ジクロルボスとブトネート，メタミドホスとアセフェート
　ホスホネート型有機リン殺虫剤トリクロルホンはこれ自身 AChE をほとんど阻害しないが，生理的 pH 下で容易に脱塩酸と分子内転位を受けてジクロルボス（DDVP）に変化，AChE を強く阻害する．このためトリクロルホンは選択性が低い薬物であるが，これを酪酸エステルのブトネートに構造修飾すると，昆虫や植物ではエステラーゼによりトリクロルホンに加水分解されて活性化されるが，哺乳動物では主としてデスメチルブトネートやジメチルリン酸に解毒分解されるため，選択毒性が高くなる（図 4.40）．このように選択性が低い農薬を保護基でプロドラッグ化することは選択毒性を生む上で有効である．アセフェートも図 4.40 に示すように生体内でメタミドホスに加水分解されて選択性が大きく生れる．

vii） リン酸トリ-o-トリル（TOCP）とサリチオン，EPN　遅発性神経毒性は動物組織に広く存在するアリエステラーゼに類似のタンパク質 neuropathy target esterase（NTE）のリン酸化とリン酸化 NTE の老化により発現する．これは禁酒法が成立した当時のアメリカで密造酒を飲んだ人達の脚に麻痺が発症したことからはじめて発見された毒性で，密造酒に熱媒体や可塑剤，潤滑油に用いる TOCP が混じっていたことが原因であった．またエンジンの潤滑油に使った TOCP を混ぜた食用油を食した人達に同様の症状が見つかった．TOCP は生体内で MFO 酸化を受けてフェニル基の 2-メチル基側鎖が水酸化され，続いて縮合閉環により活性代謝物を生成して毒性を発現することが分かった（図 4.41）．この代謝物は TOCP に比べて NTE を 1,000 万倍強く阻害するが，AChE を阻害することはできず殺虫力は認められない．これをリード化合物に遅発性神経毒性を発症せず殺虫力のみ有するサリチオンが発見された（図 4.41）．

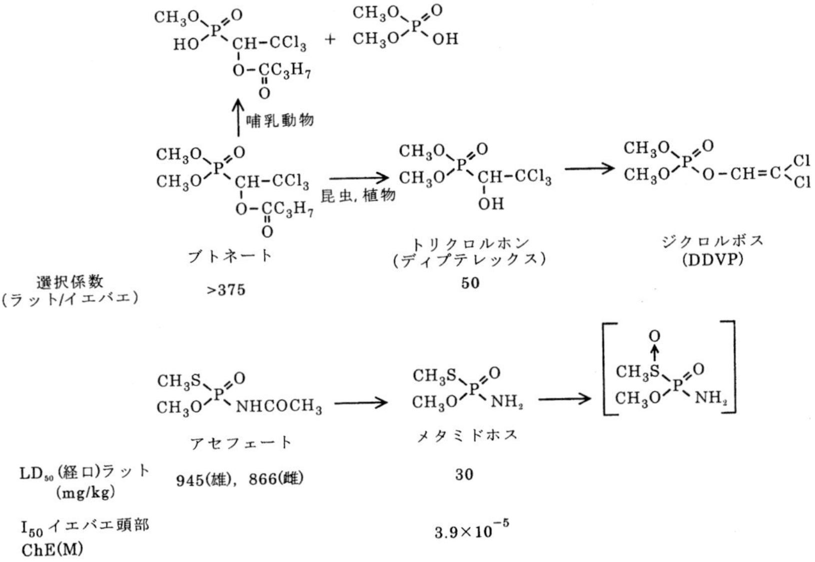

図 4.40 ジクロルボス，メタミドホスのプロドラッグ化

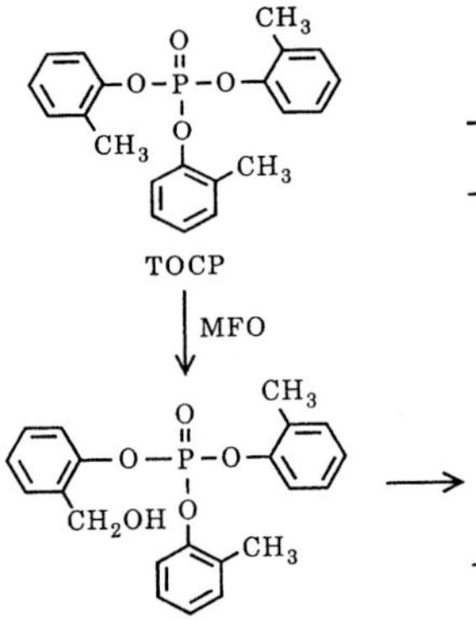

図 4.41 TOCP の活性代謝物とサリチオンの生物活性

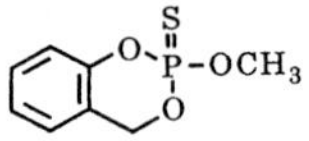

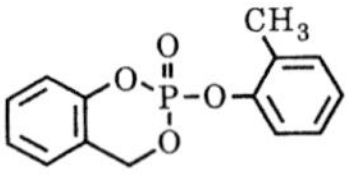

EPN は AChE を阻害して殺虫力を示すが，遅発性神経毒性も有する．また EPN はカルボキシルエステラーゼを阻害するため，カルボキシルエステル構造をもつマラチオンのような有機リン殺虫剤の哺乳動物に対する毒性を高める．この他に遅発性神経毒性を示すものに，DFP やミパホックス，レプトホス，メルホスがあり，またマラチオンやフェンチオン，メチルパラチオン，クロルピリホスは TOCP などとは回復症状が異なるが本毒性を誘起する（図 4.42）．

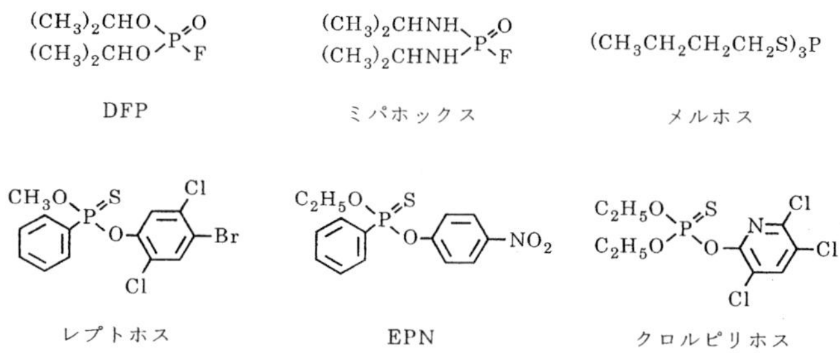

4.4 有機リン系殺虫剤

(CH₃)₂CHO, (CH₃)₂CHO – P(=O)F **DFP**

(CH₃)₂CHNH, (CH₃)₂CHNH – P(=O)F **ミパホックス**

(CH₃CH₂CH₂CH₂S)₃P **メルホス**

レプトホス (CH₃O–P(=S)(Ph)–O–(2,5-Cl₂,4-Br-C₆H₂))

EPN (C₂H₅O–P(=S)(Ph)–O–C₆H₄–NO₂)

クロルピリホス ((C₂H₅O)₂P(=S)–O–(3,5,6-Cl₃-ピリジル))

図 4.42 遅発性神経毒性を示す有機リン化合物例

viii) プロフェノホス,ピラクロホス,プロチオホスオキソン　メタミドホス(図 4.40)を含め標記化合物はいずれもオキソン体構造をとりながら AChE の阻害剤として機能しない.4.4 b. の 1) の i) で述べたように S-オキシドがその活性体で,有機リン剤抵抗性昆虫にも殺虫力を発揮する大きな要因とされている.これら薬剤は不斉リンをもちキラルであるため,(R)p 体,(S)p 体の一方が基本的には殺虫力をもつ.たとえばプロフェノホス(図 4.30)の場合は (R)p 体の方が (S)p 体より殺虫力は大きい(表 4.2).ピラクロホスの過酸酸化の主生成物は S-オキシドではなく混合酸無水物であるホスフィニルオキシスルホネートで,これ自体でも tobacco cutworm の ChE を阻害するが(I_{50}, 5×10^{-6} M),室温下で放置すると徐々に変化してさらに阻害力が増大する(I_{50},およそ 1×10^{-7} M)という(図 4.43).また,プロチオホスが抵抗性昆虫にも卓効であるのは,このオキソンの S-オキシドが GST によって GSH に抱合化され殺虫力を発現するからと考えられている(図 4.18).

ix) シュラーダン,イソフェンホス　シュラーダンは戦後の合成農薬開発の初期に生まれたリン酸アミド型浸透性有機リン殺虫剤である.昆虫ではコリン作動性シナプスはイオン障壁に包まれた中枢の神経節にしかないため,極性が大きいシュラーダンは非常に薄いイオン障壁をもつ半翅目昆虫にしか効果がなかった.一方末梢神経系にもコリン作動性シナプスをもつ哺乳動物には強い毒性を示したため(特定毒物に分類される)1964 年に登録が失効している.シュラーダン自身は AChE を阻害しないが,酸化的に活性化されて初めて AChE を阻害する.酸化により脱メチル体が見出されているが,その活性中間体が N-オキシドなのか N-メチロールなのかは明らかになっていない(図

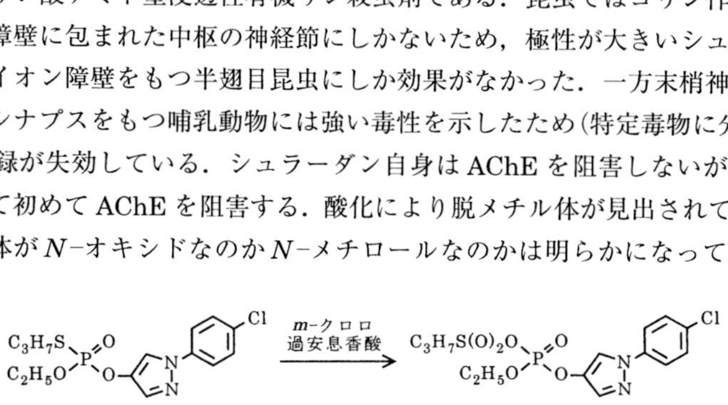

ピラクロホス (C₃H₇S, C₂H₅O)P(=O)–O–(1-(4-Cl-C₆H₄)ピラゾール-4-イル) → (m-クロロ過安息香酸) → C₃H₇S(O)₂, C₂H₅O–P(=O)–O–(1-(4-Cl-C₆H₄)ピラゾール-4-イル)

図 4.43 ピラクロホスの過酸酸化

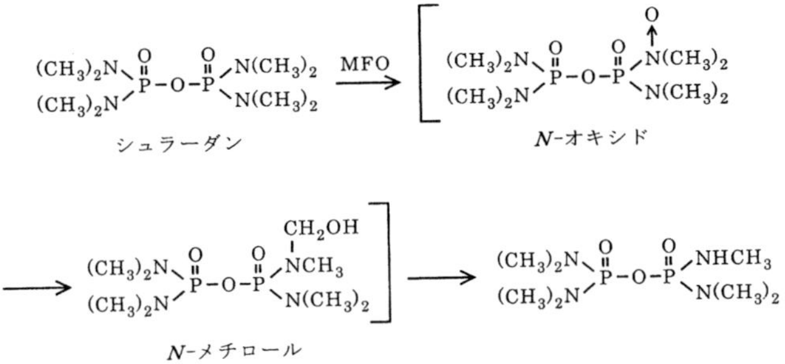

図 4.44　シュラーダンの酸化活性化

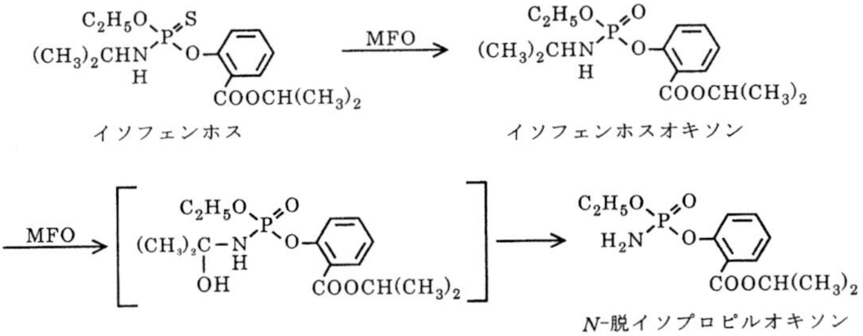

図 4.45　イソフェンホスの酸化活性化

4.44)．イソフェンホスもそのオキソンは AChE を阻害せず酸化的に活性化されて初めて殺虫力を示す．主たる活性体は N-脱イソプロピルオキソンであるが（図 4.45），イソフェンホスオキソンの過酸酸化で脱 N-イソプロピル体が若干検出されることから，相当する O-アミノホスフェート（図 4.14）も活性体として存在している可能性がある．

4.5　カーバメート系殺虫剤

a. 基本構造

炭酸と尿素の中間的な構造をもつ不安定なカルバミン酸の N-メチル体，N, N-ジメチル体の芳香環あるいは複素環エステルやオキシムを基本構造にもつ（図 4.46）．リード化合物になったのは図 4.47 に示す AChE 阻害剤フィゾスチグミン（エゼリン）である．これは西アフリカに野生するマメ科植物 Physostigma venenosum の種子カラバル豆に含まれるインドールアルカロイドで，昔からこの豆の絞り汁は毒矢に利用されてきた．医薬として種々のカーバメート系 AChE 阻害薬創製の基礎になった物質で，有機リン化合物エコチオパートと同様に瞳孔収縮剤や筋無力症の治療薬に用いられている．しかしフィゾスチグミンは殺虫剤としては期待に反し殺虫力を示さなかった．これは昆

4.5 カーバメート系殺虫剤

図 4.46 カーバメート系殺虫剤の基本構造

図 4.47 瞳孔収縮剤や筋無力症の治療薬

虫のコリン作動性シナプスが中枢神経系にしかなくかつイオン障壁で覆われているため，イオン化したフィゾスチグミンがシナプスに到達できなかったからである．そこで中性カーバメート系化合物の開発が進められ，NACやMTMC，ピリミカルブそしてカルボフランやゼクトランのような芳香環や複素環エステルあるいはこれらの環に複素環やヘテロ原子を含む置換基が結合したフェニルカーバメートを中心に，メソミルのようなオキシムカーバメート，ベンフラカルブのような N-置換体カーバメートが生まれた（図4.48）．

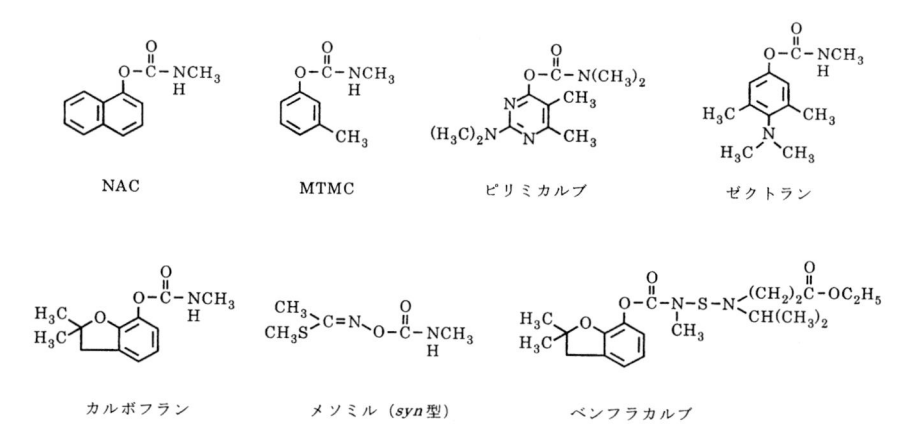

図 4.48 種々の型の中性カーバメート系殺虫剤

b. 作用機構

有機リン殺虫剤と同様に AChE を阻害し，神経伝達物質 ACh の蓄積を招いて神経機能を攪乱して殺虫力を呈する．しかし，酵素阻害反応をステップごとに見てみると大きな違いがある．すなわち，カルバミル化（AChE–O–CONHCH$_3$）はリン酸化より進みが遅く，脱カルバミル化は脱リン酸化より速い．一方，酵素と阻害剤の複合体形成力（阻害剤の酵素に対する親和性）はカーバメート系殺虫剤の方が有機リン殺虫剤より大きい．このようにカーバメート系殺虫剤が殺虫力を発現する鍵はこの複合体形成のステップにある．

c. 化学構造と生物活性

1) 殺虫力と AChE 阻害との相関

カーバメート系殺虫剤は有機リン殺虫剤に比べると，殺虫活性と AChE 阻害活性の間には良好な相関関係が認められない．これはカーバメート剤がエステル結合の加水分解や MFO による芳香環やアルキル置換基の水酸化，O-，N-アルキル基の脱アルキル化，S-アルキル基のスルホキシル化などの酸化により殺虫力を失うからである．図 4.49 に NAC の温血動物と昆虫での代謝分解を示す．MFO の阻害剤ピペロニルブトキシド

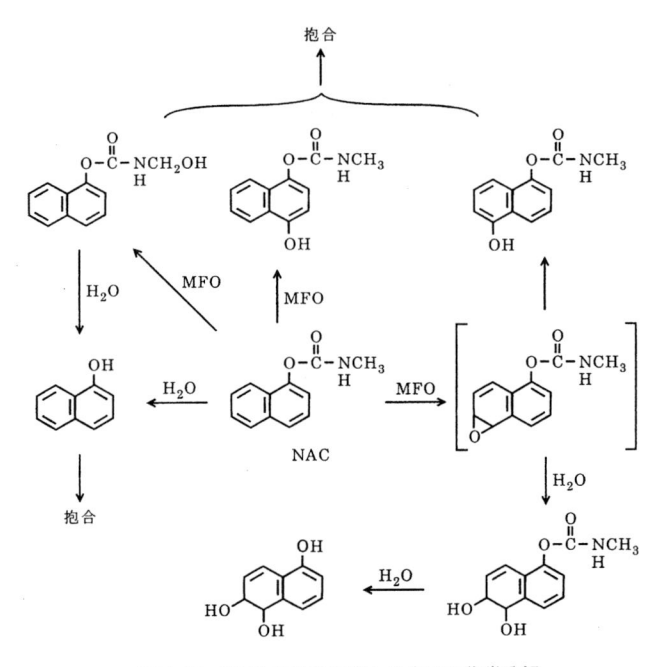

図 4.49　NAC の哺乳動物と昆虫での代謝分解

(図 4.56) をこれらカーバメート系薬剤と混用すると両者の間に相関性が回復する．

2) オキシムカーバメート

一般にカーバメート剤は浸透性を有しウンカやヨコバイなどの吸汁昆虫の防除に多く使われる種特異性の高い殺虫剤であるが，オキシムカーバメートは咀嚼昆虫にも効果を示す．AChE の阻害活性は複合体形成時ではなくカルバミル化の時で，また構造上 *syn* 型と *anti* 型の幾何異性体が存在する中で殺虫力はその一方のみが示す．たとえばメソミル（図 4.48）では，殺虫力は *syn* 型が強く，その AChE 阻害活性は *anti* 型の 100 倍以上である．

3) 保護基の導入による選択性の確保

カーバメート系殺虫剤はそれ自身が殺虫力を有し活性化を必要としない分，哺乳動物に対しても毒性が高くなる．そこでカルバミル基 CH_3CONH- のプロトンを保護基で置換すると，多くの有機リン殺虫剤の場合と同様に種の違いにより選択的に活性化される．

i）*N*-アセチルゼクトラン　　ゼクトランに比べて，マウスでは毒性が 1/25 に低下するが，ハマキガ科のガの幼虫（spruce budworm）では殺虫力が維持される．これは哺乳動物ではエステル結合が加水分解を受けてフェノールへ解毒され，昆虫では脱アセチル化されてゼクトランへ活性化されるからである（図 4.50）．ゼクトランはさらにジメチルアミノ基が酸化を受け脱メチル体とホルマミド体に代謝されるが，脱メチル体の殺虫力はゼクトランよりも大きい．

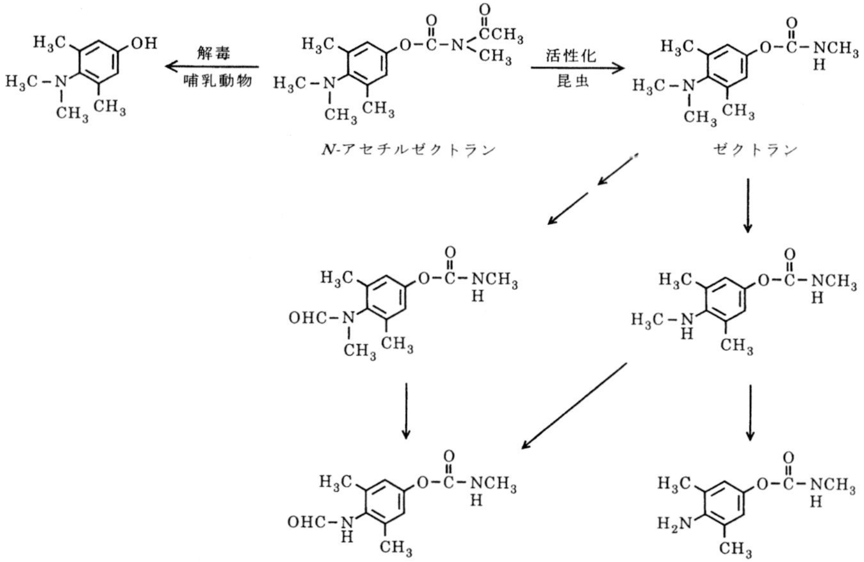

図 4.50　*N*-アセチルゼクトランの活性化と解毒

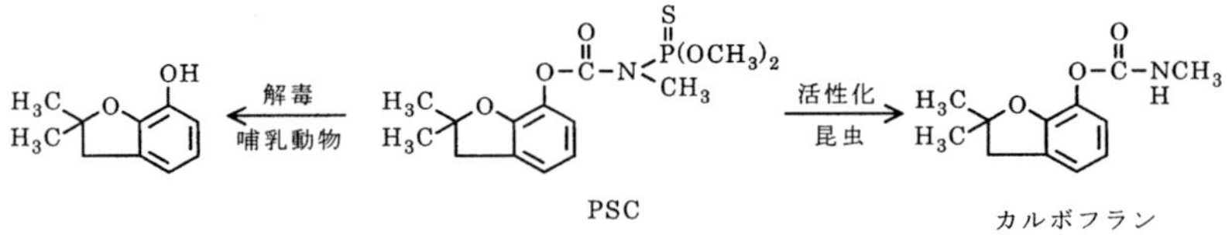

図 4.51 PSC の活性化と解毒

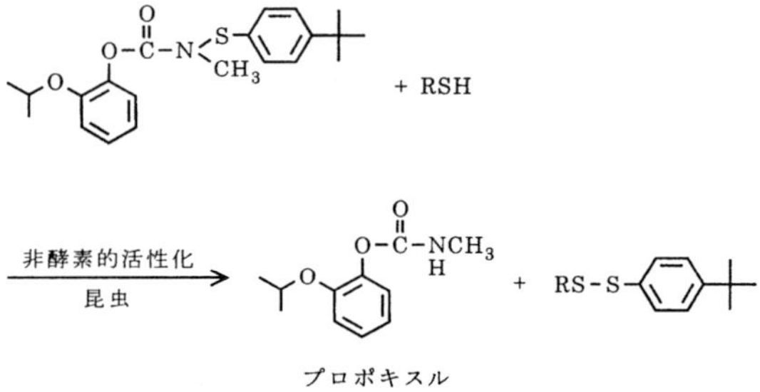

図 4.52 N-スルフェニルプロポキスルの活性化

ⅱ) ***N*-(Dimethoxyphosphinothioyl) carbofuran (PSC)**　カルボフランのカルバミル基のプロトンを保護基 $(CH_3O)_2P(S)-$ で置換した PSC（図 4.51）は，マウスに対しては毒性が著しく低下するが（1/75～1/95），イエバエに対する殺虫力は若干劣るのみである．この場合も，昆虫では保護基の酸化的脱硫黄反応によりカルボフランが，哺乳動物ではエステル結合の加水分解によりフェノールがそれぞれ生成して選択毒性を生む．

ⅲ) ***N*-スルフェニルプロポキスル**　プロポキスルに比べて，マウスでは 1/30～1/40 に毒性が低下するが，イエバエでは逆に 2.7 倍強い殺虫力を示す．これも，昆虫では速やかにプロポキスルに活性化され，哺乳動物では酸化，加水分解，抱合により解毒が進むからである（図 4.52）．

4) 複合剤開発の理論と将来性

N-メチルカーバメート剤に抵抗性をもつツマグロヨコバイの出現は農薬の複合剤開発に新たな道を開いた．詳細な研究によると，それまでのツマグロヨコバイ（感受性）の AChE（S-AChE）に阻害活性が強い N-メチル体は，抵抗性ツマグロヨコバイの AChE（R-AChE）を阻害できないが，N-エチル体，N-プロピル体はこの R-AChE をこの順に強く阻害し，N-ブチル体で弱くなった．ただし N-プロピル体の R-AChE に対する阻害力は N-メチル体の S-AChE に対する阻害ほど強くなかった．また，N-メチル体に抵抗性をもつ系統ほど N-プロピル体によって強く AChE 阻害を受けた．よって N-メチル体と N-プロピル体とを併用して初めて効率よく R-AChE を阻害できた．

これらの結果は R-AChE には N-メチル体に感受性のある阻害部位の他に N-プロピル体に感受性のある別の阻害部位が存在することを示唆し，その存在比は抵抗性の度合いにより異なることが明らかになった．N-メチル体で淘汰すれば N-メチル体に強い系統が増え，これを N-プロピル体で淘汰を続けると N-プロピル体に強い系統が増える，すなわち N-メチル体に感受性のある個体群に戻るのである．抵抗性の発現は一般的には，薬剤による遺伝的変異ではなく淘汰の結果生まれる劣性の系の優性化である．よって，ツマグロヨコバイに N-メチル体と N-プロピル体の複合剤をその比率を調整して連用すれば，その抵抗性レベルは上がらないはずである．このように化学農薬が避けては通れぬ「抵抗性の発現」という宿命をこれら複合剤の考え方により越える可能性が示された．

4.6 ピレスロイド系殺虫剤

a. 基本構造

ピレスロイドとは除虫菊（シロバナムシヨケギク）の花に含まれる殺虫成分の総称で6種の殺虫活性物質が単離，同定されている．いずれも2種のシクロプロパン環をもつカルボン酸（菊酸とピレトリン酸）と3種のシクロペンテノン環をもつアルコール（ピレスロロン，ジャスモロン，シネロロン，）の組み合わせによりできるエステルで，ピレトリンⅠ，Ⅱ，ジャスモリンⅠ，Ⅱ，シネリンⅠ，Ⅱと呼ぶ（図 4.53）．2種のカルボン酸の絶対配置は $1R/3R$（$1R$-trans），3種のアルコールの不斉炭素は S 配置，側鎖の二重結合は cis 型である．6種の殺虫成分はいずれも3つの不斉炭素原子をもつため理論的には8つの光学異性体が存在するが，実際はその中で殺虫活性が最も高い $1R/3R/1'S$ の絶対配置をもつ異性体だけからなる．乾燥花より約20％のピレスロイドを含む抽出物が石油系溶剤で抽出される．現在の主要生産国はアフリカのケニアやタンザニア，エクアドルなどである．しかし，除虫菊の生産には限りがあり，化学物質として不安定なピレスロイドは農業用殺虫剤として広く用いることは不可能であった．1924年 Staudinger と Ruzicka によりピレトリンⅠ，Ⅱの構造が明らかにされたのを契機に，これを範に殺虫活性，速効性，選択性がある合成ピレスロイドの研究が進められ，一方でシネリンⅠ，ⅡやジャスモリンⅠ，Ⅱの構造が明らかにされた．合成ピレスロイドとして

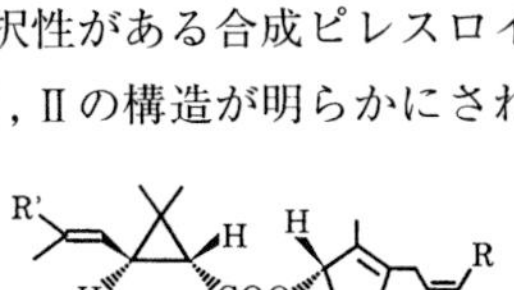

R	R'	
	CH_3	$CH_3OC(O)$
$CH=CH_2$	ピレトリンⅠ	ピレトリンⅡ
CH_2CH_3	ジャスモリンⅠ	ジャスモリンⅡ
CH_3	シネリンⅠ	シネリンⅡ

図 4.53 ピレスロイドの殺虫活性物質の構造

アレスリン　　　　　　テトラメトリン　　　　　　レスメトリン

フェノトリン　　　　　　シフェノトリン

図 4.54　アルコール部分の構造改変による合成ピレスロイド

最初に実用化されたのは，戦後間もない 1949 年に発見された二級アルコールの菊酸エステルであるアレスリンである．これに続き一級アルコールの菊酸エステル（テトラメトリン，レスメトリン，フェノトリンなど）が発見されたが，なお光と酸素に対して不安定さが残った（図 4.54）．この点を改良するため，これら合成ピレスロイドのカルボン酸部分の構造改変が試みられた．フェノトリンのイソブテニル基のメチル基 2 つを塩素に置換したペルメトリン，ペルメトリンのベンジル部位にシアノ基を導入したシペルメトリン，シペルメトリンのカルボン酸をテトラメチルシクロプロパンカルボン酸に置き換えたフェンプロパトリンがあげられる．続いてピレスロイドに必須と考えられてきたシクロプロパン環をもたないカルボン酸エステルであるフェンバレレートやエステル結合に代わってエーテル結合をもつエトフェンプロックスなどが開発されるに至って，ピレスロイドは基本構造を大きく変え家庭用殺虫剤から農業用殺虫剤として大きく転換

ペルメトリン　　　　　　シペルメトリン

フェンプロパトリン　　　　　　フェンバレレート

エトフェンプロックス

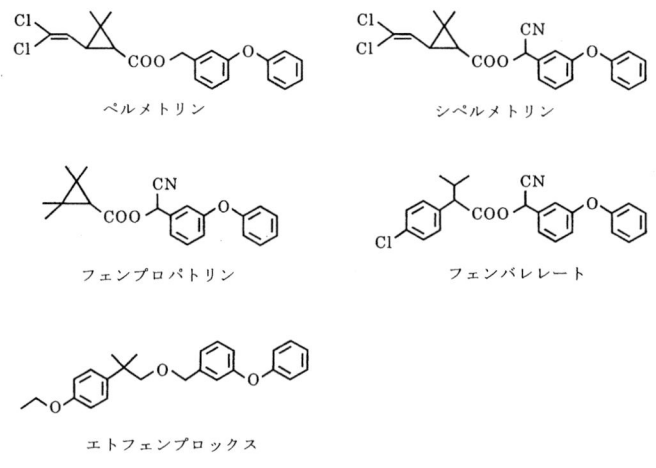

図 4.55　酸部分の構造改変による合成ピレスロイド

していった(図4.55). 中毒症状と神経作用の違いから, 非 α-シアノピレスロイド(Type I)と α-シアノピレスロイド (Type II) とに分類される.

b. 作用機構

ピレスロイドをネライストキシン（後述）で前処理した神経線維に処理しても反復興奮の誘起が消失しないことから, ピレスロイドの作用点は少なくともコリン作動性シナプスにはないことが分かる. ピレスロイド (Type I) は DDT と同様に神経軸索に作用してナトリウムイオンチャンネルが閉じるのを遅らせ, ナトリウムイオンの膜内への流入を持続させて脱分極性の後電位 (depolarizing after-potential) を発生させる. これが膜電位の閾値を上回ると活動電位が反復して誘起され, 異常興奮を導いて正常な刺激伝達を阻害する. ピレスロイドがナトリウムイオンチャンネル群の 1% 以下程度を結合修飾するだけで膜電位の閾値を上回る後電位が発生する. 4.6 c. の 4) 項で述べるが, ピレスロイドの殺虫活性は合成ピレスロイドも含め酸部分のカルボン酸 α-炭素の周りが特定構造のものだけに見られることから, この絶対配置を固有に認識する受容体がナトリウムイオンチャンネルの脂溶性領域に存在することが想起される. 殺虫活性が Type I より強い Type II ピレスロイドもナトリウムイオンチャンネルに作用して最終的には刺激伝達をブロックして虫を死に追いやる. Type I と異なるのはチャンネルを閉じる時間がより遅いことと神経膜をより強く脱分極することである.

c. 化学構造と生物活性

1) ピレスロイドの殺虫活性

ハエや蚊などの衛生害虫に対して高い殺虫活性と速効性（ノックダウンに要する時間で評価, KT_{50} で表わす）をもち, 哺乳動物においては速やかに解毒される（二級アルコールのエステルゆえ, その加水分解より酸のイソプテニル基のメチル基の酸化が優先する) ため選択毒性に優れた家庭用殺虫剤である. 殺虫力は 2 種のエステルいずれもピレトリンがジャスモリン, シネリンより強く, また菊酸エステルの方がピレトリン酸エステルよりも強い. 一方, 速効性は逆に菊酸よりもピレトリン酸のエステルの方が優れている. ピレスロイドは速効性では有機リン剤やカーバメート剤に勝るが, 殺虫力においては同程度かそれ以下と弱い. これは構造中に酸化的代謝を受ける部位が多いためで, MFO 阻害剤のピペロニルブトキシド (PB) のような共力剤 (図 4.56) を併用すると酸化酵素が阻害され殺虫力は増強する. 共力剤にはこの他, セサミンやセサモリン（胡麻油に含まれる成分）, スルホキシドなどメチレンジオキシフェニル基をもつ化合物や MGK 264 があるが, 実際には PB や MGK 264 が共力剤として使われている. 飛翔昆虫の駆除には, 一般にピレスロイドに 10 倍量の共力剤を加えた製剤をスプレーやエアゾールにより使われている.

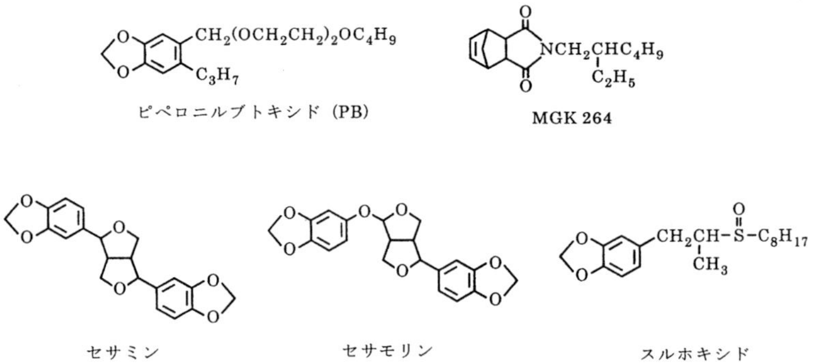

ピペロニルブトキシド (PB)　　　MGK 264

セサミン　　　セサモリン　　　スルホキシド

図 4.56　代表的な共力剤

2) アルコール部分が構造改変された合成ピレスロイド

i) アレスリン，ビオアレスリン，S-ビオアレスリン

アレスリンは3つの不斉炭素原子をもつため8種の光学異性体の混合物である．ピレトリンに比べ側鎖が短くなった分だけ安定で，速効性，揮散性，熱安定性に優れているため，ゴキブリなどの徘徊昆虫よりイエバエや蚊のような飛翔昆虫の防除に蚊取線香やエアゾールの形で使われてきた．また野菜栽培や穀類貯蔵の害虫防除に使われている．哺乳動物では，菊酸のイソブテニル基の trans-メチル基の酸化がエステルの加水分解より容易に起こり，アル

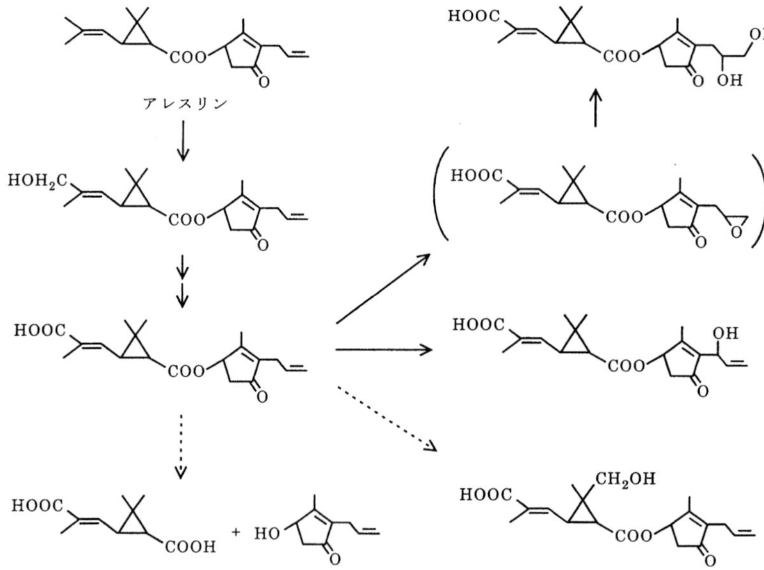

図 4.57　アレスリンの哺乳動物代謝

デヒド基を経てカルボキシル基にまで解毒代謝される．さらにアルコール側鎖のアリル基の水酸化やエポキシ化，そしてこれに続くグリコール化が起こり，また菊酸の gem-ジメチル基の水酸化もわずかに見られる（図4.57）．ビオアレスリン（$1R/3R/1'RS$）の殺虫力はアレスリンより大きいが，次項 ii ）のレスメトリンほど大きくない．またアレスリン中で殺虫力が最も大きいのは $1R/3R/1'S$ の絶対配置をもつ S-ビオアレスリンである．

ii ）**テトラメトリンとレスメトリン，ビオレスメトリン**　テトラメトリンはアレスリンより速効性にすぐれ共力剤により殺虫力が増強される．レスメトリン特にビオレスメトリンは天然のピレトリンに比べ多くの昆虫に対して速効性と殺虫活性にすぐれている．しかし共力剤の効果は認められない．一方，これらは一級アルコールのエステルであるため，天然のピレトリンやアレスリン（二級アルコールのエステル）と違って，菊酸のイソブテニル基のメチル基の酸化より加水分解を受けて解毒への道をたどりやすい．レスメトリンは家屋や温室の飛翔昆虫，徘徊昆虫の防除にスプレーやエアゾールで使用され，これら同タイプのピレスロイド中では最も多く使われた．しかし光と空気に暴露されると急速に分解するためなお農業用殺虫剤にはなり得なかった．レスメトリンは $1R$-trans, $1R$-cis, $1S$-trans, $1S$-cis の4つの混合物，d-レスメトリンは $1R$-trans /cis（80：20）の混合物であるのに対して，ビオレスメトリンは $1R$-trans 配置の単一物質である．3製剤のうちビオレスメトリンが最も選択毒性が大きいが，これは哺乳動物に $1R$-trans 菊酸エステルを特異的に加水分解するエステラーゼが存在するからである．ちなみにビオレスメトリンは $1R$-cis 異性体に比べてイエバエに対する殺虫力は約3倍，哺乳動物に対する毒性は1/80で，哺乳動物イエバエ間の選択係数は 32,000 と一連のピレスロイド中最も大きい（表4.8）．

iii）**フェノトリンとシフェノトリン**　これらはレスメトリンより殺虫力は劣るが，代謝を受けにくい3-フェノキシベンジルアルコールの菊酸エステルにも殺虫力が見出されることを示した．またこのベンジル位へニトリルを導入したシフェノトリンは殺虫力を増強させた．この結果，フェノトリンやシフェノトリンを基本構造に酸部分の構造改変により光酸化に安定で殺虫力のあるピレスロイドの開発が進められた．

3) 酸部分が構造改変された合成ピレスロイド

i ）**ペルメトリンとシペルメトリン**　これらは昆虫と哺乳動物間の選択毒性を保

表4.8　ビオレスメトリンとその立体異性体の生物活性の違い

	LD_{50} (mg/kg) ラット（経口）	LD_{50} (μg/g) イエバエ	選択係数
ビオレスメトリン ($1R$-trans)	8,000	0.25	32,000
$1R$-cis	100	0.7	143

持したまま,光酸化を受けやすいイソブテニル基のメチル基2つを塩素に置換,安定性を大きく向上させた,農業用殺虫剤としての要件を初めて分子内に備えた合成ピレスロイドである.

ii) フェンプロパトリン 一方,光に安定な合成ピレスロイドとして最初に発見された(殺ダニ剤としてだけ開発された)フェンプロパトリンに殺虫力が見出されたことは,ピレスロイドの殺虫活性には gem-ジメチル基は必要であるがイソブテニル基は必ずしも必要ではないことを示唆した.カデスリンなどの発見はこの仮説を支持している.

iii) フェンバレレート さらにはピレスロイドに必須と考えられてきたシクロプロパン環さえも不要で,シペルメトリンの C_2 と C_3 間が開裂してできる構造から想像されるフェンバレレートにも殺虫力があることが見出された.カルボン酸の α-炭素にイソプロピル基が結合し,あたかも gem-ジメチル基を保持しているようである.

iv) エトフェンプロックス またピレスロイドの必須構造と考えられてきたエステル結合に代わりエーテル結合をもったエトフェンプロックスは,ピレスロイドとはいいがたい構造をもつがその作用特性や機構はピレスロイドとしての性質を依然として備えている.また魚毒性がかなり低い.

これら合成ピレスロイドは光や酸素に対して安定した残効性をもち,幅広い昆虫に高い殺虫活性をもつ一方で,哺乳動物や鳥類に対しては毒性がきわめて低い.ここに至って,ピレスロイド系殺虫剤は基本構造を大きく変え家庭用殺虫剤から農業用殺虫剤として大きく転換していったのである.

4) 殺虫活性に影響を与える絶対配置

天然のピレスロイドの各殺虫成分はいずれも特定の絶対配置をとる単一物質であるが(前述),光酸化に対して不安定で農業用殺虫剤として実用性に欠けた薬剤である.近年の合成ピレスロイドの研究は急速で多岐に渡って進歩し,ラセミ体のままでも高活性を示す,また光学分割により特定の異性体に高い殺虫活性を求めることができるまでに至った.このことは一般にラセミ体で不斉原子をもつ農薬を使ってきたこれまでと比べ,さらに低薬量で農業害虫に同等以上の殺虫効果を与えることが可能であることを意味する.アレスリンの中で最も殺虫力が強いS-ビオアレスリンの絶対配置は $1R/3R/1'S$,またビオアレスリンは $1R/3R/1'RS$ で $1R/3S$ の菊酸エステルに比べれば若干殺虫力は強い.フェンバレレートは4種の立体異性体をもつが,殺虫力が高いのは S 配置のカルボン酸からできたエステルで,中でも $1S/1'S$ 配置のエステルが最も殺虫力が高く,エスフェンバレレートとして市販されている.ピレスロイド中で最も強い殺虫力をもつデルタメトリンの絶対配置も $1R/3S/1'S$ である.これらを総じて見ると図4.58に示すように,殺虫力に大きな影響を与えるのは酸部のカルボキシル基の隣の炭素の絶対配置であることがわかる.

ピレトリンⅠ （1R, 3R, 1'S）　　　　S-ビオアレスリン（1R, 3R, 1'S）

エスフェンバレレート（1S, 1'S）　　デルタメトリン（1R, 3S, 1'S）

図 4.58　ピレスロイドの殺虫活性に与える絶対配置

d. 光安定性ピレスロイドの利用

デルタメトリンやエスフェンバレレートはヘクタール当たり 10～50 g の施用で種々の農業害虫に卓効を示す．1976 年には，農業用殺虫剤のうち，有機リン殺虫剤は 40%，有機塩素系殺虫剤は 30%，カーバメート系殺虫剤は 25%，その他が 5% であったが，1983 年には，有機リン殺虫剤は 35～40%，有機塩素系殺虫剤は 15%，カーバメート系殺虫剤は 20% と減少し，ピレスロイド系殺虫剤が 20～25% と大きく増加，その他が 5% と変化した．この増加の内訳は，ペルメトリンが 10%，シペルメトリンが 22%，フェンバレレートが 30%，デルタメトリンが 35%，その他が 3% であった．現在世界で使われる全殺虫剤の 1/3 を占めるに至っている．

4.7　ニコチノイド系殺虫剤

a. 基本構造

ニコチノイドとはタバコ葉に含まれるニコチン，ノルニコチン，アナバシン（図 4.59）とその他の微量類縁アルカロイドに与えられた総称である．生物活性を有するものは必須構造として強い塩基性の 3-ピリジルメチルアミン部分（図 4.60）を基本構造にもつ．天然源殺虫剤として戦前から使われてきたが，農薬の要件である選択毒性を効果的に生む構造をもたないため，種々の構造改変による後継化合物の研究が進められたが成功裏に至らなかった．こんな中で 1978 年にニトロメチレン系化合物ニチアジン（図 4.61）に殺虫活性があることが発見された．しかし，これは光に対して不安定であったため殺

ニコチン　　ノルニコチン　　アナバシン

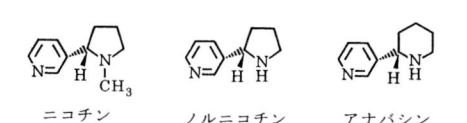

図 4.59　タバコ葉に含まれる主要アルカロイド（ニコチノイド）

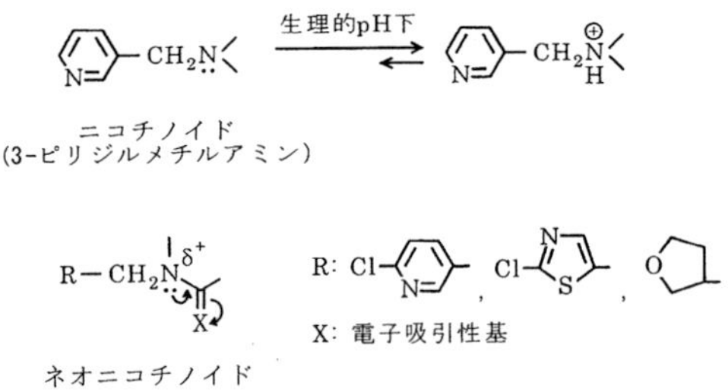

図 4.60 ニコチノイド，ネオニコチノイドの生物活性発現のための必須構造

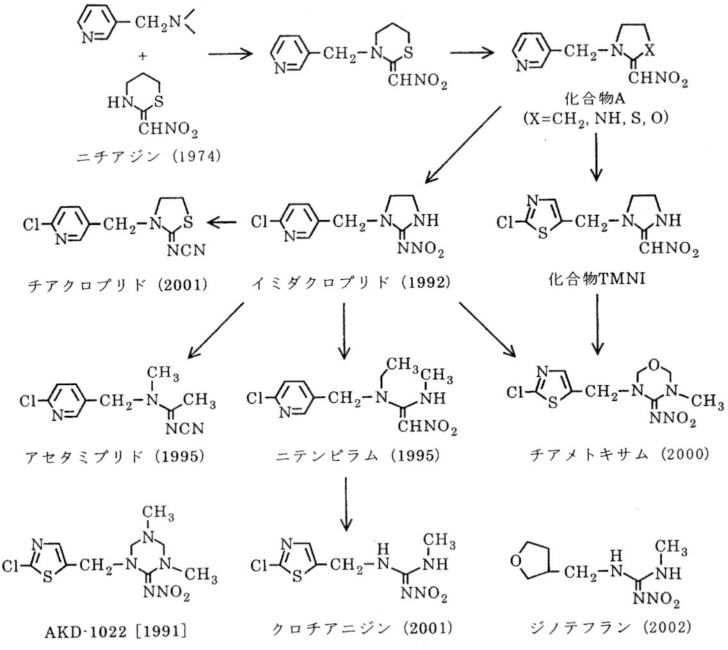

図 4.61 ネオニコチノイド系殺虫剤の系統発生模式図

虫剤として実用化の道を歩むことなく忘れ去られていた．この窒素原子にニコチノイドの基本構造の3-ピリジルメチル基を導入すると殺虫力が向上し，化合物Aへと構造が展開される中でネオニコチノイド系殺虫剤が構築されていった（図4.61）．化合物Aではいずれも殺虫活性が認められた．XがNHのPMNI（3-ピリジル異性体）をもとに精査すると，4-ピリジル異性体にも殺虫力があり，3-ピリジル基の4位に塩素を導入すると一層殺虫力が高まり，また3-ピリジル基を2-クロロ-5-チアゾリル基に置換（化合物TMNI）しても同程度の殺虫力を得た．一方，胃潰瘍の治療薬としてシメチジンや

ラニチジンなどのヒスタミンH2受容体拮抗薬が発見されて以来，グアニジン構造（R$_1$NH(R$_2$NH)C=NH），特にシアノイミノ体（>C=N–CN）やニトロイミノ体（>C=NNO$_2$），そして類似のニトロメチレン構造（R$_1$NH(R$_2$NH)C=C–NO$_2$）が開発上注目された．このような背景の下でイミダクロプリドをはじめニテンピラムやアセタミプリドなどが1980年代後半に開発され，またピリジン環に代わりチアゾール環やテトラヒドロフラン環をもつ新規ネオニコチノイドも見出された（図4.61）．その基本構造を図4.60にニコチノイドと比較して示す．これらニコチノイド，ネオニコチノイドを併せて本節では広義のニコチノイド系殺虫剤として述べる．

b. 作用機構

ニコチンは神経伝達物質AChの受容体であるニコチン性アセチルコリン受容体（nAChR）とムスカリン性アセチルコリン受容体（mAChR）のうち，nAChRにアゴニストとして働く．すなわち，体液の生理的pH下で3-ピリジルメチルアミン部分の塩基性の強い窒素原子がイオン化して静電気的に，またこの窒素原子から5.9Å離れた電子供与基部分が水素結合により，それぞれnAChRのACh認識部位に強く結合し，ナトリウムイオンチャンネルを開いて脱分極させ興奮を持続させて虫を死に追いやる．一方，ネオニコチノイドは，ニコチンの3-ピリジルメチルアミンに相当する部分の窒素原子がニコチンのようにイオン化はしないが隣接する強い電子吸引性基により部分陽荷電を示し，ニコチンと同様にnAChRのACh認識部位に作用して殺虫力を発揮する．しかし，新規ネオニコチノイド剤にはnAChRへ作用するものの，その作用性や結合部位に違いが認められるものが見つかり，現在詳細な研究が進められている．

c. 化学構造と生物活性
1） ニコチノイドの殺虫力

図4.62は種々のニコチノイドの殺虫活性をピリジン環ではないもう一つの環の構造類似性により分類し比較したものである．ニコチン，ジヒドロニコチリン，ノルニコチン，アナバシンは殺虫活性が高く，着目した環の窒素原子は二級，三級アミンで塩基性が強い．一方，それぞれの右側の化合物は殺虫活性が低く，着目した環の窒素原子はイミノ窒素，アミド窒素などで塩基性が弱い．これらのことは生物活性の高いニコチノイドは塩基性が強い3-ピリジルメチルアミン構造をもち，塩基性が弱い窒素原子をもつニコチノイドはすべて生物活性が低いことが示唆される．

2） ニコチン（ニコチノイド）の選択毒性

ニコチンは硫酸塩水溶液で市販され，アブラムシなどの吸汁昆虫やハダニに（接触毒として）有効である．昆虫では，石鹸を加えて遊離形にしたニコチンが皮膚を通過，体液の生理的pH下で大半イオン化するが，末梢神経系にはnAChRがないことと，イオ

図 4.62 ニコチノイドの殺虫活性と環の窒素原子の塩基性

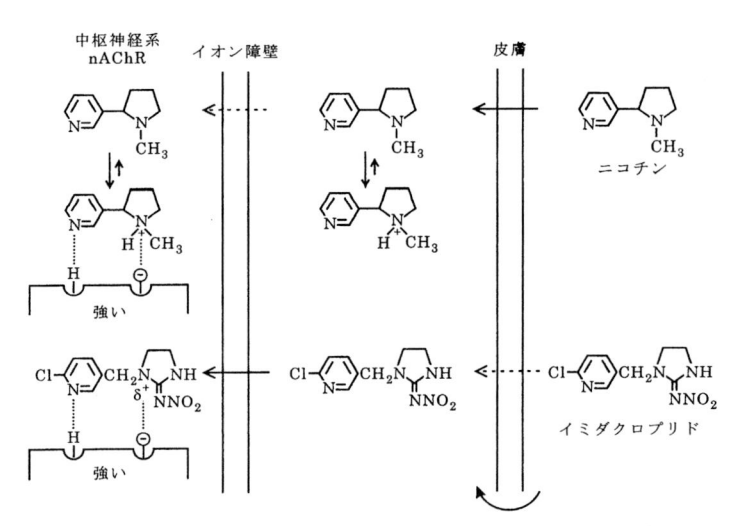

図 4.63 昆虫におけるニコチンとイミダクロプリドのnAChRへの作用

ン化物ではnAChRがある中枢神経系のイオン障壁（ion barrier）を通過できないため殺虫活性を発現できない．わずかに中枢神経系に入った遊離形ニコチンが初めてnAChRにその大半結合して殺虫力を発現することになる（図4.63）．このように与えられたニコチンの大半は作用点のnAChRに到達せずその殺虫活性の発現に寄与することはない．殺虫力を発現するためにはイオン化物でなければならないが，皮膚を透過し中枢神経系に入るためには遊離形でなければならないというニコチンがもつ二律背反の宿命が，ニコチンに今日まで殺虫剤として大きな役割を与えてこなかった理由である．一方，哺乳動物ではnAChRは中枢，末梢の両神経系にある．大半のイオン型のニコチ

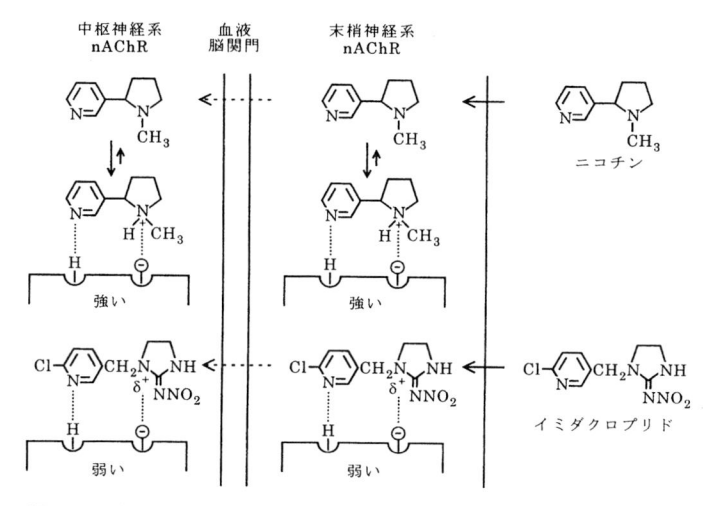

図4.64 哺乳動物におけるニコチンとイミダクロプリドのnAChRへの作用

ンは直接に末梢神経系の神経筋接合部のnAChRに大きく作用して急性中毒を引き起こす．そしてさらにわずかな遊離塩基型のニコチンが血液脳関門（blood brain barrier）を通って中枢神経系に入り，その大半がnAChRをさらに阻害するのである（図4.64）．喫煙により取り込むニコチンは中枢神経系に作用する．第二次大戦前まではニコチンは重要な殺虫剤であったが，現在ではこれら理由からわずか園芸用として使われるだけである．

3) ネオニコチノイドの選択毒性

ニコチンとともに初期のネオニコチノイドでは，生物活性とnAChRのACh認識部位への親和性には良好な正の相関が認められた．すなわち，試験化合物をミツバチの頭部（昆虫の中枢神経モデル）やシビレエイの電気器官（神経筋接合部モデル），ラット脳（哺乳動物の中枢神経モデル）のnAChR調製液に加え，前者2つでは^{3}H標識のα-ブンガロトキシンを，後者では^{3}H標識のニコチンをそれぞれ指標に，競合的に作用させた結果，試験化合物のnAChRへの親和性は，ミツバチの頭部では強く（図4.63），シビレエイの電気器官やラット脳では弱かった（図4.64）．また，アフリカツメガエルの卵母細胞に発現させたラット脳の（ニコチンに親和性が高い結合部位の90％に当たるα-ブンガロトキシンが作用しない）$\alpha 4/\beta 2$ nAChRと（その残りの大半を占めα-ブンガロトキシンがよく作用する）$\alpha 7$ nAChRを用いた研究から，イミダクロプリドが$\alpha 4/\beta 2$ nAChRには全く作用せず，$\alpha 7$ nAChRには結合が弱いことが分かり，イミダクロプリドのラット脳nAChRへの作用がニコチンに比べて弱いことが確かめられた．ネオニコチノイドは，哺乳動物に対しては中枢，末梢両神経系のnAChRへの親和性が低

いことが示され，昆虫に対してはnAChRへの親和性がある程度あれば，疎水性による皮膚透過，代謝活性化，作用点への到達度などが組み合わされてすぐれた殺虫活性を示すことがわかり，昆虫に対する選択毒性がニコチンとは逆に高いことが明らかにされた．

4.8 その他の含窒素系殺虫剤

a. ネライストキシン

釣りの餌に使われる環形動物イソメに含まれる毒性物質（図4.65）で，昆虫に強い麻痺作用を示すが殺虫作用は弱い．これはシナプス後膜のACh受容体に結合し機能を拮抗的に阻害する遮断剤（ACh拮抗剤）で，ニコチンのように膜のイオン透過性を変化させないため近傍の作用機構研究の試験薬に用いられる．実際にACh受容体に作用するのはジヒドロネライストキシンと考えられている．多くの誘導体が合成されイネの害虫であるニカメイチュウに殺虫効果があるカルタップ（商品名パダン）が発見された．これは生体内で加水分解を受けてジヒドロネライストキシンになり，さらに酸化されてネライストキシンに変化，どちらかがACh受容体に働いて殺虫活性を発現する（図4.65）．

b. クロルジメホルム

殺ダニ剤として開発された薬剤（図4.66）であるが，わが国ではニカメイチュウの防除剤として使われた．1982年に発癌性が問題になり登録が失効しているが，卵に対する孵化抑制，幼虫に対する接触忌避，成虫に対する産卵防止など多くの特異な作用を示す点で興味ある化合物である．代謝物のデスメチル体とともにモノアミン酸化酵素（MAO）を阻害する．また，デスメチル体はオクトパミン作動性シナプスにオクトパミンのアゴニストとして作用するといわれている．

c. 新規含窒素系殺虫剤

有機リン系，カーバメート系殺虫剤の使用が減少する中，ピレスロイド系殺虫剤，ネオニコチノイド系殺虫剤に次いで近年その使用が増加している殺虫剤はフェニルピラ

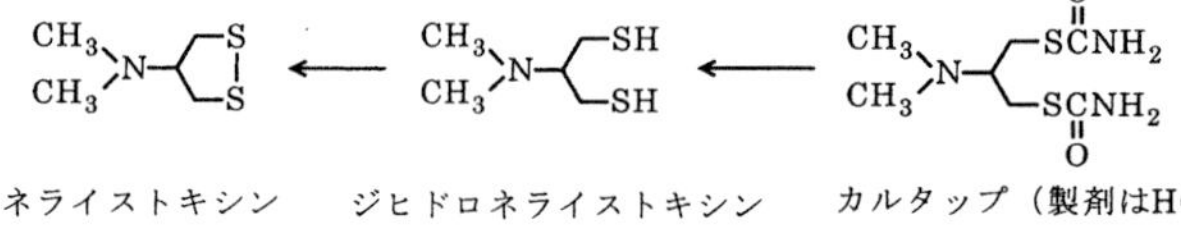

図4.65 カルタップの活性化

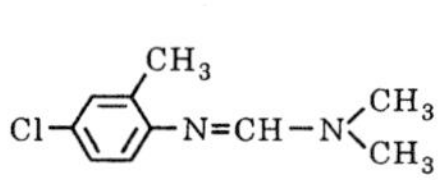

図4.66 クロルジメホルム

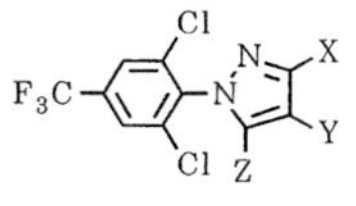

4.9 有機塩素系殺虫剤

図 4.67 新規含窒素系殺虫剤

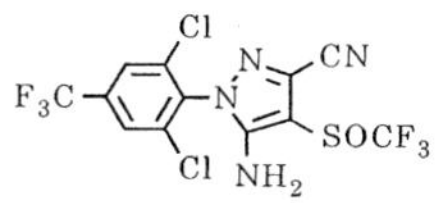

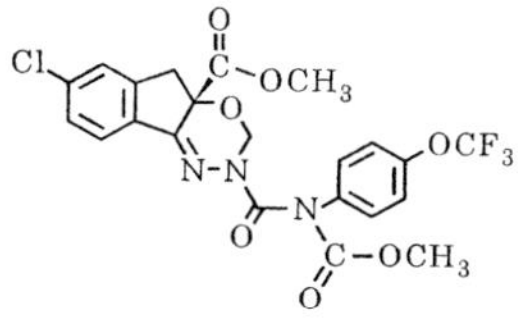

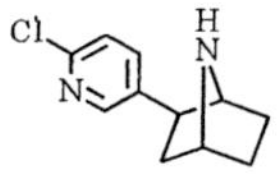

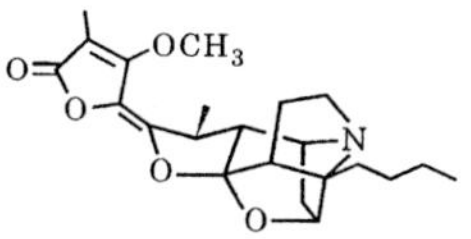

図 4.68 エピバチジン（左）とステモフォリン（右）

ゾール系のフィプロニル（図4.67）である．半翅目，鱗翅目，双翅目，甲虫目などの幅広い昆虫に高い殺虫活性を示す．日本では1996年に水稲の育苗箱用薬剤として登録された．種々の構造改変がなされた結果，エチプロール，アセトプロール，バニリプロールなどが生まれている．GABAレセプターを阻害して昆虫を死に至らしめる．この他ナトリウムイオンチャンネルを標的部位にしたピラゾリン系化合物やベンズヒドロールピペリジン系化合物に殺虫活性が認められた（図4.68）．この中でインドキサカルブが光安定性や土壌中での半減期が改良され2001年に登録されている．また天然物である *Epipedobates tricolor* や *Stemona japonica* から単離されたエピバチジンやステモフォリン（図4.68）をリード化合物に半翅目や鱗翅目を対象とした殺虫剤開発が進められている．これらはnAChRのアゴニストとして作用する．

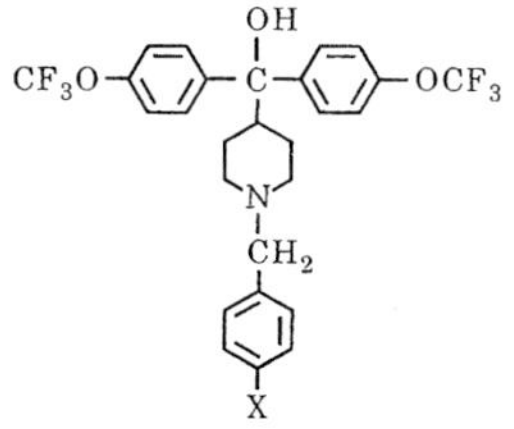

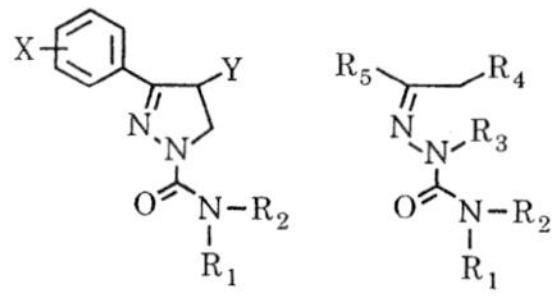

4.9 有機塩素系殺虫剤

標記殺虫剤DDTやBHC（図4.69）は殺虫スペクトルが広く，残効性が長く，人畜に比較的毒性が低い安価な殺虫剤であったため，第二次大戦後まもなくわが国にも導入され，防疫用も含めて殺虫剤として大量に使用され，パラチオンとともにわが国における戦後の農業の発展に大きく貢献した．しかし，脂溶性で分解され難いため，環境汚染

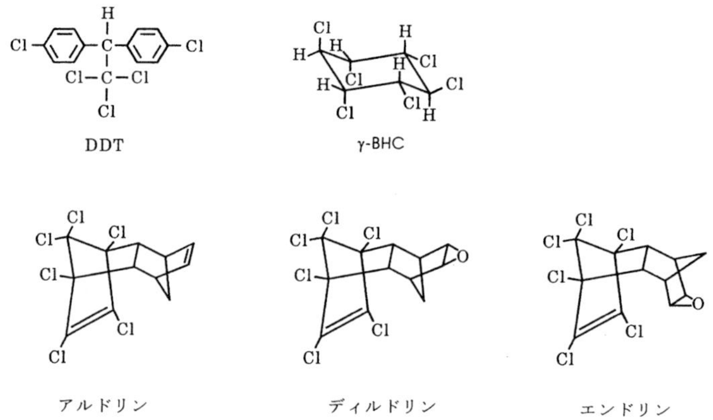

126   4. 殺　虫　剤

DDT　　　　　　γ-BHC

アルドリン　　　ディルドリン　　　エンドリン

図 4.69　有機塩素系殺虫剤

や食物連鎖による生物濃縮，慢性毒性等の懸念から，世界各国で使用が制限されるようになり，わが国では DDT は 1971 年に，BHC は 1972 年に登録が失効した．ドリン剤であるアルドリンやディルドリン（図 4.69）などは，1955 年に入ってから土壌害虫防除剤としてわが国で使われたが，これらもまた残留性，魚毒性が強いことから DDT や BHC と同様に，作物残留性農薬，土壌残留性農薬，水質汚濁性農薬に指定されて使用が限定され，アルドリンとディルドリンは 1975 年に，エンドリンは 1976 年にそれぞれ登録が失効している．

a. DDT

スイスの Müller は 1939 年，すでに Zeidler により 1874 年に合成されていた DDT にジャガイモの大害虫 Colorado potato beetle に対する殺虫活性があることを発見した．これが世界で最初の有機合成農薬となった．DDT はまた蚊が媒介するマラリヤにも卓効で，伝染病から一億人もの命を救った．彼はこれにより 1948 年にはノーベル医学生理学賞を受賞している．殺虫力は外温の低下につれて増大する．作用は緩慢で，生じる反復興奮と痙攣はネライストキシン（前述）で消失しないことから，DDT はピレスロイドと同様に神経軸索に作用し開いたナトリウムイオンチャンネルが閉じるのを抑制して殺虫力を呈すると考えられている（4.6 の b.）．

b. BHC

奇跡の化学物質 DDT の発見より少し遅れて，BHC にも殺虫力があることがイギリスの Slade らにより発見された．これも 1825 年にすでに Faraday により合成されていた物質である．BHC には $\alpha\beta\gamma\delta\varepsilon\eta\theta$ の 7 つの立体異性体があるが，殺虫力のあるの

は図4.69に示すγ-BHCだけである（99％以上に精製したγ-BHCをリンデンという）．BHCは外温に比例して殺虫力を増加させ神経興奮作用を示すが，ネライストキシン（前述）によって抑えられ，一方，AChE阻害活性をもたない．研究の結果γ-BHCは，コリン作動性シナプス前膜からのAChの放出を抑制するGABAの作用を抑えて塩素イオンの流入を妨げ，AChの放出を促進して興奮を高め昆虫を死に至らしめることがわかった（4.2a.の2)項）．β-BHCの急性毒性は低いが，安定な構造のため量的には少なくても生体内に多く蓄積し，慢性毒性はBHC異性体中で最も強い．

c. ドリン剤

これらよりさらに若干遅れてアメリカで環状ジエン殺虫剤いわゆるドリン剤が開発された．これらもγ-BHCと同様の作用機構により殺虫力を発揮することが分かっている．アルドリン，ディルドリン，エンドリンなどがある（図4.69）．

d. 化学構造と生物活性

このように有機塩素系殺虫剤は生体や環境に大きな負荷を与えたが，同時に農薬としての素晴らしい性質も備えており，これ以後もこれら殺虫剤の長所を生かし短所を取り除く構造改変が行われ，残効性から易分解性へシフトした殺虫剤の開発が進んだ．DDTの殺虫力を保持し，その塩素をCH_3OやCH_3Sで置換して水溶性化合物への代謝分解を

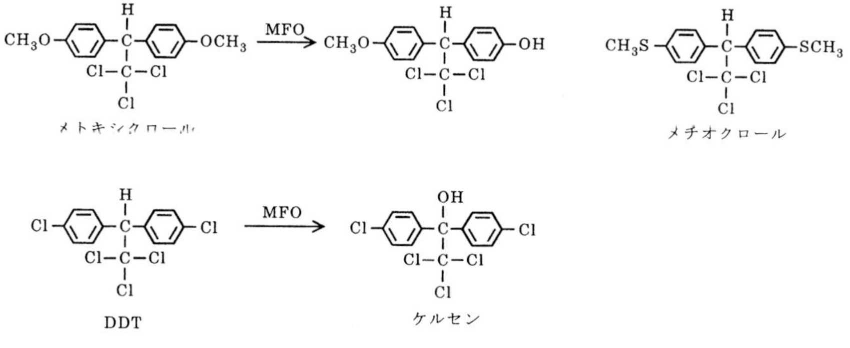

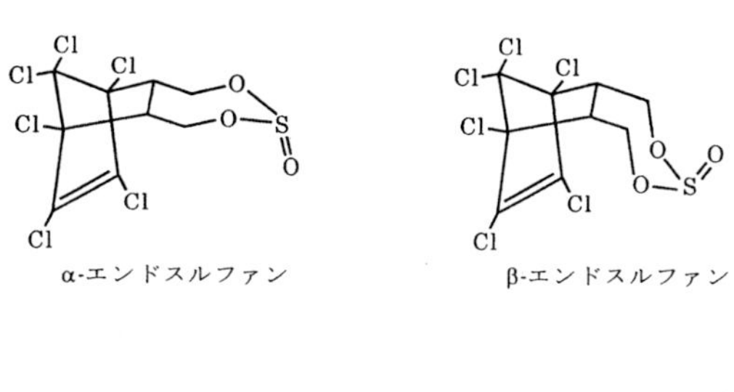

図4.70 構造改変された有機塩素系殺虫剤

受けやすくしたメトキシクロールやメチオクロール（図4.70）が開発された．DDTはミクロソーム酸化酵素（MFO）で水酸化されると，殺虫活性は減少するが新たに殺ダニ活性が見つかり，ケルセン（図4.70）の開発につながった．エンドスルファン（図4.70）はディルドリンやエンドリンの構造改変から生れた体内蓄積が少ない易分解性の殺虫剤で，日本では今も農薬として登録されている．

4.10 害虫行動制御剤

a. 昆虫の行動の制御

害虫による寄主の発見や摂食行動を人為的に制御できれば，食害を未然に防ぎ農作物をその被害から守ることができる．また交尾に至る一連の配偶行動や産卵行動を制御できれば，直接殺すことなく次世代の生息密度を低く抑えることが可能である．このような考えのもとに，まず昆虫の観察から行動を制御している要因を調べ，それがフェロモンのような化学物質による場合は，構造を解明し利用することが広く試みられている．行動を制御する化学物質は，従来の殺虫剤よりも安全性が高い．天敵を死に至らしめることがないなどの期待のもとに害虫管理への応用が検討され，実際に性フェロモンは交信攪乱剤として農薬登録され成果を上げている（小川，1998）．

b. フェロモン研究の概略

昆虫の雌雄間のコミュニケーションに化学物質が関与していることは，古くはファーブルの昆虫記でのオオクジャクヤママユというガ（蛾）での観察で示されている．その後，化学的な追究は50万頭のカイコガを用いてButenandtやKarlsonにより行われ，1960年初頭に構造決定が完了しbombykol（**1**）と名付けられた．その過程で，bombykolのような「体内で生産された後に体外に排出され，同種の他個体に特異な行動や発育を引き起こす物質」に対して，フェロモンという言葉が提唱され，現在広く使用されるようになった．フェロモンは，種内個体間（intraspecific-interindividual）に働くコミュニケーション物質，つまり情報伝達物質（信号物質，semiochemical）の1つとして位置づけられる．現在では昆虫だけではなく，酵母のような微生物から哺乳動物まで，その存在が明らかになっている．

Bombykolは配偶行動を誘発することから，性フェロモン（sex pheromone）と呼ばれるが，ガ（鱗翅目）には多数の農林業上の害虫が含まれることから膨大な研究が行われ，2001年末の時点で，イラクサギンウワバやマイマイガなど全世界で約500種のガ類昆虫において性フェロモンが報告されている．卵を抱える雌成虫は飛翔に適さず，また羽が退化した種もあり，通常は雌が性フェロモンを分泌し雄を誘引する．しかし，ハチミツガなどでは，雌の行動を支配する性フェロモンを雄が分泌する例も報告されている．さらにワモンゴキブリ（直翅目）のperiplanone B（**2**），アカマルカイガラムシ（半

翅目）の（Z)-3-methyl-6-isopropenyl-3,9-decadien-1-yl acetate（**3**），マメコガネ（鞘翅目）の japonilure（**4**），タバコシバンムシ（鞘翅目）の serricornin（**5**），マツノキハバチ（膜翅目）の diprionol acetate（**6**）など，多くの昆虫で性フェロモンの化学構造が明らかにされた．

これら性フェロモンに加えて，集団を維持するためにキクイムシ（鞘翅目）が分泌する集合フェロモン（aggregation pheromone）として *exo*-brevicomin（**7**）や，ipsdienol（**8**）が，他個体に外敵の攻撃を受けたことを知らせるためにアブラムシ（半翅目）が分泌する警報フェロモン（alarm pheromone）として *trans*-farnesene（**9**）が，帰巣に重要な役割をもつシロアリ（等翅目）の道しるべフェロモン（trail pheromone）として cembrene A（**10**）が，またミツバチの女王物質のような階級分化フェロモンなども知られている（日高ら，1999）．

c. ガ類性フェロモンの化学構造と多様性

ガ類は甲虫類（鞘翅目）に次ぐ大きなグループで，全世界で16万5千種が記録されている．日本にも約5千種の既知種が生息しており，種特異的な性フェロモンは多様であることが容易に理解される．その多様性は，化学構造の違いに加えて，ブレンドする成分の組み合わせと混合比の違いによって作出されている．膨大な種数に比べると，500種ほどの同定ではいまだ限られた一部の情報ということになるが，性フェロモンやその関連化合物の野外試験によって，近縁種の誘引も明らかになり，この方法で雄ガの誘引物質が発見された種は全世界で1200種にのぼる．それら性フェロモンや性誘引物質の約75％は，bombykol（**1**）のような直鎖状一級不飽和アルコールや，その誘導体（アセテートあるいはアルデヒド）である．直鎖の炭素数は10〜18で，二重結合を0〜3個含む化合物群（タイプ1）で，ワタアカミムシ（**11** と **12**），コナガ（**13**〜**15**），コスカシバ（**16** と **17**），チャノコカクモンハマキ（**18** と **19** など），チャハマキ（**18**, **20** と **21**）など，多数の種を含むキバガ科，ハマキガ科，メイガ科，ヤガ科などの昆虫から同定さ

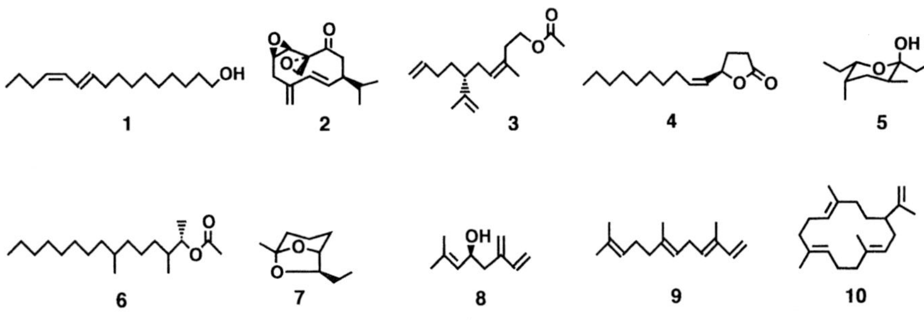

図 4.71

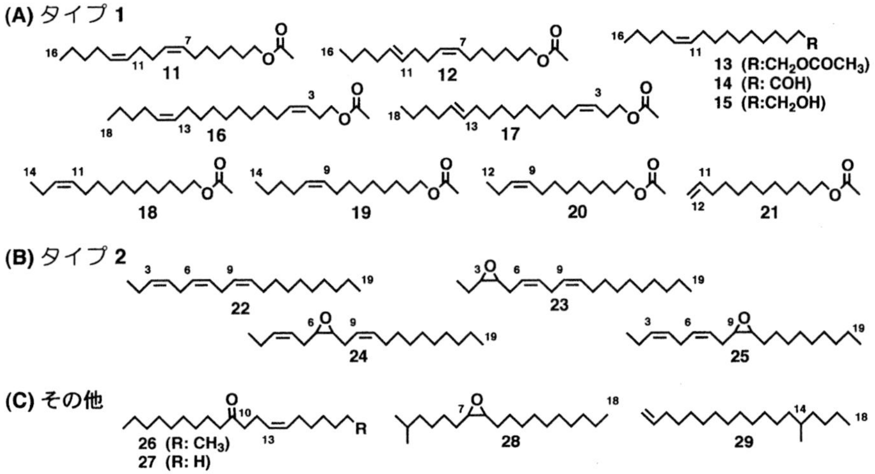

(A) タイプ1

(B) タイプ2

(C) その他

26 (R: CH₃)
27 (R: H)

図 4.72

れており，ガ類性フェロモンとして普遍的なでグループある．

タイプ2の性フェロモン成分は，ヨモギエダシャクの性フェロモン（**22**と**23**）のように，末端官能基の無い不飽和炭化水素とそのモノエポキシ化物である．シャクガ科，ヤガ科の下等ヤガ類，ドクガ科，ヒトリガ科という，分類的に上位に位置する昆虫が性フェロモン成分としており，現在までにフェロモンが同定された種の約15％のものがこのグループの化合物（炭素数は17～23）を分泌している．これらの科も多くの種を含むことから，**24**や**25**のような位置異性体を初めとして，さらなる構造変換された類縁化合物が構造決定されている（安藤，2002）．

その他に，**26**や**27**のような不飽和ケトンが，シンクイガ科やドクガ科から同定されている．ドクガ科からは，disparlure（**28**）など，他にもさまざまなフェロモン成分が構造決定されている．**29**のようなメチル側鎖のある炭化水素（直鎖の炭素数は15～18）は，ハモグリガ科とシャクガ科昆虫のフェロモン成分である．

d．フェロモンの利用

ガ類昆虫の1雌当たりの性フェロモン分泌量は1～100 ng程度と微量であるが，その有効距離は数mにも及び，ランダム飛翔している雄ガを強力に誘引する．その種特異的な強い生物活性に基づいて，合成フェロモンの発生調査，大量誘殺，交信攪乱への有効利用が計られている．発生予察には従来誘蛾灯が用いられてきたが，合成フェロモンを誘引源とするトラップでは目的とする種のみの誘引であるため，種の判定のための特別な知識を必要としない利点がある．多くの場合，1 mgの合成フェロモンを長さ1 cm

ほどのゴムキャップに含浸させ誘引源とし，2～3カ月おきに更新している．圃場での発生数とトラップの捕獲数には厳密な相関はなく，低密度での誘引が強調されることもあるが，フェロモントラップは発生消長のモニタリングには最適な手段である．トラップとしては，粘着板を用いた乾式のものが現在よく使用されている（阿部ら，1993）．

　フェロモントラップによる大量誘殺の試みは，ガ類昆虫に対しては成功していない．生き残った雄ガは複数回交尾可能であるため，次世代の生息密度を減少させることができない．これに対して，圃場全体を合成フェロモンで充満させ，雌雄間のコミュニケーションを攪乱させることが考案された．そのためには安価な合成フェロモンの供給が必要で，不斉中心を含まないタイプ1の性フェロモンは最適である．米国での綿の重要害虫であるワタアカミムシでの成功が契機となり，日本においても，キャベツの難防除害虫コナガを対象とした **13** と **14** の混合物である「コナガコン」や，茶園でのチャノコカクモンハマキとチャハマキの同時防除を目的とし，共通フェロモン成分である **18** のみを使用した「ハマキコン」など，10種類ほどの交信攪乱剤が毒性試験などの評価を受け農薬登録されている．長さ20 cmのポリエチレンチューブに100 mgほどの合成化合物を封入したディスペンサーが主流で，「ハマキコン」では10 a当たり300～600本のディスペンサーを小枝にくくりつけている．クモなどの天敵には無害なため，ハダニなどの二次的害虫の密度を増加させない利点がある．1997年での使用実績を表4.9に示した（小川，1998）．攪乱剤として用いている化合物は，フェロモンの組成を参考に試行錯誤の結果から選択されており，ヨモギエダシャクでは高純度な性フェロモンの大量供給は難しいことから，合成が容易な位置異性体を含む混合物の使用が提案されている．

　性フェロモンは種の存続に不可欠であることから，抵抗性の出現は無いものと考えられ，実際にワタアカミムシでは，過去20年以上の連続的使用において攪乱効果の減少は認められていない．しかし最近，一部の地域で「ハマキコン」によるチャノコカクモンハマキの防除効果がいちじるしく低下したことが報告され，その対策として **19** を加

表4.9　ガ類性フェロモンと交信攪乱剤の組成およびその応用実績

作物	害虫	性フェロモン （最適混合比） [*雌から未同定な化合物]	交信攪乱剤	使用面積（1997年）
ワタ	ワタアカミムシ	**11**+**12** (1:1)	**11**+**12** (1:1)	米国（3万ha）， エジプト（33万ha）
野菜	コナガ	**13**+**14**+**15*** (50:50:1)	**13**+**14** (1:1)	日本（1千ha）
ウメ	コスカシバ	**16***+**17*** (1:1)	**16**+**17** (1:1)	日本（4千ha）
チャ	チャノコカクモンハマキ	**18**+**19** (4:7) + 微量成分	**18**	日本（400 ha）
	チャハマキ	**18**+**20**+**21** (30:3:1)	**18**	同時防除
	ヨモギエダシャク	**22**+**23** (1:100)	**23**+**24**+**25** (1:1:1)	未登録
リンゴ	モモシンクイ	**26**+**27** (20:1)	**26**	日本（800 ha）

えた攪乱剤が開発された（野口，1999）．

　甲虫類の性フェロモンも発生予察に利用可能で，ゴルフ場の芝を加害するコガネムシ類に対して 4 などを誘引源としたトラップが，またサトウキビに被害を与えるオキナワンシャクシコメツキや，サツマイモにつくアリモドキゾウムシ用のトラップも販売されている．貯蔵乾物や穀物の害虫においては，比較的狭い空間内での防除であることから，5 の誘引トラップなどを用いた誘殺で直接的な密度低下が計られている．

e. その他の情報伝達物質

　種間にまたがる（interspecific）情報伝達物質としては，アロモン（allomone）などがあり，他感作用物質（allelochemical）とも呼ばれる．アロモンはカメムシが出す防御物質のように生産者に利益をもたらす化学物質であり，カイロモン（kairomone）は植物に含まれる摂食刺激物質（feeding stimulant）のように受信者に利益をもたらす化学物質で，昆虫の行動に深くかかわりのある化学物質を含む．また，シノモン（synomone）は生産者と受容者の双方に利益をもたらす物質，アンチモン（antimone）は双方に不利益をもたらす物質である（日高ら，1999）．

　植物を摂食する昆虫の寄主選択は，昆虫と植物の複雑な相互作用の上に成り立っているが，大きく産卵と摂食の選択に分けることができる．それらを指標に植物中から活性物質の検索が試みられ，コナガではアブラナ科植物中にある 30 などのカラシ油が，タマネギバエではネギに含まれる 31 などの含硫黄化合物がカイロモンとして働き，雌成虫の寄主植物の発見を助けるとともに，産卵を刺激することが知られている．一方，イネを食害するトビイロウンカは雑草であるタイヌビエを摂食しない．アロモンとして働く摂食阻害物質（antifeedant）として，タイヌビエに含まれる 32 が同定された．

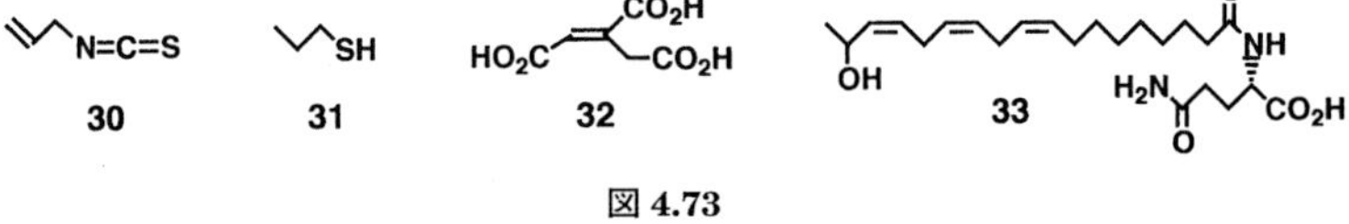

図 4.73

　寄生蜂は，寄主である昆虫の体表ワックスなどをカイロモンとして利用しているが，最近，害虫に加害された植物が匂い物質を放出し害虫の天敵である寄生蜂を特異的に誘引することも明らかとなり，その匂い生産のエリシターとして volicitin（33）などの化合物が昆虫の唾液から同定されている．ナミハダニに食害された植物が放出する匂いで天敵であるチリカブリダニが誘引されるなど，植物-食植者-天敵という関連の中で働く化学物質も注目され，その応用が考えられつつある．

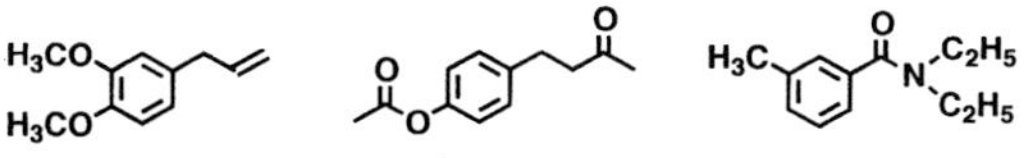

図 4.74

f. 合成誘引剤と忌避剤

合成化合物などのスクリーニング試験によって，ミバエの誘引剤（attractant）がいくつか発見された．ミカンコミバエは methyl eugenol（**34**）に強く誘引されそれを吸汁することから，殺虫剤を混ぜたラテックス板を空中散布し防除することができる．ウリミバエは cue-lure（**35**）やタンパク質加水分解物に誘引され，その誘殺と不妊化法との組み合わせにより，本種の根絶事業が沖縄県などで完了している．カやノミなどの衛生害虫の忌避剤（repellent）として，m-DET（**36**）などが使用されている．

4.11 生物農薬

生物農薬（biotic pesticide）の定義は「有害生物の防除に利用される拮抗微生物，植物病原微生物，昆虫病原微生物，昆虫寄生性線虫，寄生性あるいは捕食性昆虫などの生物的防除資材」をいう（松中，1996）．具体的には寄生性あるいは捕食性昆虫，捕食性ダニ，昆虫寄生性線虫，弱毒ウイルス，拮抗微生物，植物病原微生物などである（表4.10）．これらの生物農薬が開発され，実用化されるようになった背景には，簡便で，安価な合成化学農薬の使用一点張りから生じた生物や環境への弊害に端を発している．すなわち，農薬は生理活性成分であり，その使用方法に適切さを欠けば食品における残留問題，環境汚染，抵抗性生物の出現など，マイナスの影響をもたらす恐れが生じてきた．

また，人畜への安全性を重視する考え方の高まりから，農薬を軽減した病害虫，雑草を管理する総合防除（integrated pest management；IPM）には，生物農薬は欠かせ

表 4.10 農林業における病害虫・雑草の生物防除資材

対象生物	生 物 防 除 資 材
害虫・線虫	天敵動物（鳥，カエル，クモなど） 天敵昆虫（寄生性，捕食性），不妊虫 捕食性ダニ，寄生性線虫，微生物（ウイルス，細菌，糸状菌，エンドファイト，氷核菌など） 植物（マリーゴールド類）
病原菌 病原ウイルス	拮抗微生物 弱毒ウイルス
雑草	動物（海牛，アイガモ，草魚，貝類，カブトエビ，昆虫類） 植物（マツバイなど） 微生物（雑草病原菌など）

ない資材となってきた．本項では，生物農薬のうち，殺虫剤，殺菌剤，および除草剤について実用化されているものを掲載する．

a. 害虫防除を対象とするもの

害虫に対する天敵昆虫やダニを用いた生物的防除は古い歴史をもっている．最も有名な事例は，1888～89 年カリフォルニアにおけるベダリアテントウムシ *Rodolia cardinalis* によるイセリアカイガラムシ *Icerya purchasi* 駆除の成功例である．イセリアカイガラムシがオーストラリア原産であることから，1888 年 Albert Koebele 氏がオーストラリアで天敵を探したところ，捕食虫ベダリアテントウムシを発見し，カリフォルニアに送り，増殖して柑橘園に放虫した．本天敵は 1909 年ハワイから台湾に導入後，1911 年には静岡県に移入し，現在でも静岡県柑橘試験場で累代飼育されている(安松, 1970)．このように他国からの侵入害虫を，その原産国の天敵昆虫を導入したり，それに適応した在来天敵昆虫の探索や大量増殖なども重要な課題となっている．しばしば導入した天敵昆虫であっても，これが上手に定着できなかったり，逆に害虫化する恐れもあるため，その取り扱いには慎重を要する．日本における天敵導入一覧表は，本書巻末に挙げた森・村上ら（1981），斉藤ら（1999）の成書を参考にされたい．天敵昆虫は大きく分けて次の 3 種類，1)～3) のタイプが考えられる．

1) 捕食者 (predators)

捕食虫は自分自身で害虫を探して餌とし，幼虫・成虫ともに捕食能力の高いものが適している．鞘翅目（テントウムシ，ハネカクシ，オサムシ，ゴミムシ類），脈翅目（クサカゲロウ），カマキリ目（カマキリ），膜翅目（アカヤマアリ），半翅目（メクラカメムシ，ハナカメムシ）および双翅目（ヒラタアブ）などに多くみられる．

また，ダニは分類学的に昆虫ではないが，捕食性ダニ（チリカブリダニ）などがいる．チリカブリダニ *Phytoseiulus persimilis* Athias-Henriot は花卉や野菜の害虫ナミハダニやカンザワハダニの有力なカブリダニ科に属する捕食性ダニである．現在オランダのコパート社からも輸入されている．

2) 捕食寄生者 (parasitoids)

寄生バチや寄生バエのように幼虫期には他の昆虫（害虫）に寄生し，成虫になると自由生活様式をもつ昆虫類である．これらの寄生者の幼虫は寄主（害虫）を食べて育成し，最終的には食い殺してしまう．したがって，これらは親（成虫）が選択してくれたただ 1 匹の餌を食べて育つという特徴をもっている．

捕食寄生者は膜翅目（コバチ上科，ヒメバチ上科，クロバチ上科，ツチバチ上科）や双翅目（ヤドリバエ科）に多く見られる．

オンシツツヤコバチ *Encarsia formosa* Gathan は花卉や野菜の侵入害虫オンシツコナジラミやタバココナジラミの有力な天敵昆虫のツヤコバチ上科に属する寄生蜂であ

4.11 生物農薬

表4.11 天敵昆虫による生物農薬

農薬の種類	農薬の名称	対象作物（施設栽培）	対象病虫害
イサエアヒメコバチ・ハモグリコマユバチ剤 *Diglyphus isaea* *Dacnusa sibirica*	マイネックス	トマト	マメハモグリバエ
	マイネックス91	トマト なす	
イサエアヒメコバチ剤 *D.isaea*	トモノヒメコバチ DI	トマト	マメハモグリバエ
ハモグリコマユバチ剤 *D.sibirica*	トモノコマユバチ DS	トマト	マメハモグリバエ
オンシツツヤコバチ剤 *Encarisia formosa*	エンストリップ	きゅうり	オンシツコナジラミ
		トマト	タバココナジラミ
		メロン なす	コナジラミ類
	トモノツヤコバチ EF ツヤトップ	トマト トマト	オンシツコナジラミ
ククメリスカブリダニ剤 *Amblyseius cucumeris*	ククメリス	きゅうり メロン なす	ミナミキイロアザミウマ
		ピーマン	
		いちご	ミカンキイロアザミウマ
コレマンアブラバチ剤 *Aphidius colemani*	アフィパール	きゅうり いちご すいか メロン なす ピーマン	アブラムシ類
	トモノアブラバチ AC	いちご ピーマン	ワタアブラムシ
ショクガタマバエ剤 *Aphidoletes aphidimyza*	アフィデント	きゅうり メロン いちご	アブラムシ類
チリカブリダニ剤 *Phytoseiulus persimilis*	スパイデックス	いちご しそ なす きゅうり ぶどう すいか ピーマン いんげんまめ	ハダニ類
	トモノカブリダニ PP	いちご なす	ハダニ類
	トモノチリカブリダニパック	いちご	ハダニ類
ナミヒメハナカメムシ剤 *Orius sauteri*	オリスター	ピーマン	ミカンキイロアザミウマ
	スリポール	きゅうり なす	ミナミキイロアザミウマ
			ミカンキイロアザミウマ
タイリクヒメハナカメムシ剤 *Orius strigicollis*	オリスター A	ピーマン なす	アザミウマ類
	タイリク	なす	ミナミキイロアザミウマ
		ピーマン きゅうり	アザミウマ類
ヤマトクサカゲロウ剤 *Chrysoperla carnea*	カゲタロウ	いちご なす	ワタアブラムシ
		ピーマン	アブラムシ類

表 4.12　有効な昆虫寄生性線虫と共生細菌との関係

昆虫寄生性線虫	共生細菌	製品名	対照害虫	
			Coleoptera	Lepidoptera
Steinernematidae 科	Enterobacteriae 科			
Steinernema	*Xenorhabdus*			
carpocapsae	*nematophilus*	バイオセーフ	○	◎
kushidai	*japonicus*	芝市ネマ	◎	△
glaseri	*poinarii*	バイオトピア	△	◎
Heterorhabditae 科				
Heterorhabditis	*Xenorhabdus*			
bacteriophora	*luminescence*	—	△	○

る．オランダのコパート社から輸入されている．これらの製品は表 4.11 に示す．

3) 寄生性線虫 (parasitic nematodes)

昆虫と線虫との関係には共生，半寄生，寄生などの諸相があり，生物防除資材として欧米をはじめ，わが国でも盛んに研究が行われている．コガネムシ類，ゾウムシ類および鱗翅類の幼虫に寄生する *Steinernema* 属の線虫が実用化されている．また，有効な昆虫寄生性線虫と共生細菌との関係を表 4.12 に示す．さらにコガネムシを例としてその感染経路を図 4.75 に示す．

4) 昆虫病原性微生物

主にウイルス，細菌および糸状菌等の微生物がある．

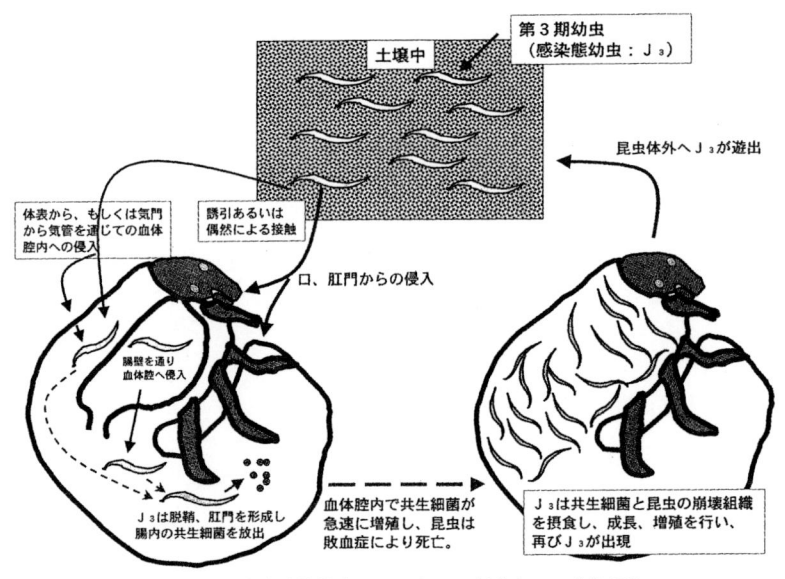

図 4.75　昆虫寄生性線虫のコガネムシ類幼虫への感染経路

i) ウイルス剤 各種の昆虫から性質の違ったウイルス約 900 種が検索されている．これらの昆虫ウイルスは他の動植物ウイルスとともに 7 科に分類されている（岸・大畑，1986）．害虫防除に利用，あるいは検討されているものは Baculoviridae の核多角体病ウイルス NPV（nucleopolyhedrosis virus）と顆粒病ウイルス GV（granulosis virus）および Reoviridae の細胞質多角体病ウイルス CPV（cellpolyhedrosis virus）である．

アメリカでは 1949 年 *Colias eurytheme*（モンキチョウの仲間）の防除に同種から取り出した核多角体病ウイルス（NPV）を約 160 ha の牧野に空中散布された．カナダでは 1952 年，*Neodiprion sertifer*（マツノキハバチ）の NPV をスウェーデンから輸入し増殖して *Diprion hercinae*（マツハバチの仲間）の防除に約 200 ha の森林に空中散布された．フランスでは 1958 年 *Thaumetopoea pityocampa*（オビガの仲間）の細胞質多角体病ウイルス（CPV）が 320 ha の森林に空中散布された．日本では 1961 年マツカレハ（*Dendrolimus spectabilis*）の防除に CPV を，1966 年にハラアカマイマイ *Lymantria fumida* の防除に NPV を利用した．1962 年に NPV によるキャベツのヨトウガ防除試験を，1965 年，1968 年（小山・片桐）に顆粒病ウイルス（GV）によるモンシロチョウの防除試験が行われている．

これらウイルスは人工培地上で培養することが困難で，生物農薬としてウイルスを量産する場合の大きな障害となっている．現在登録されたウイルス製剤を表 4.13 に示す．

核多核体病ウイルス（NPV） 鱗翅目，膜翅目，脈翅目，毛翅目，鞘翅目の約 380 種の昆虫から発見されている．宿主昆虫の細胞の核内に多角体（ウイルス封入体）を形成する．多角体は 1～数 μm，外観が 4 角形，6 角形，不整形などがある．多角体は結晶状の多角体蛋白質によって包理された大きさ，20～70×200～700 nm の成熟した桿状ウイルス粒子を無数に，ランダムに含んでいる．1 枚の外膜に包まれる桿状粒子数は 1～10 数本で，本数はウイルスの種類によって異なる．核酸は環状 2 本鎖の DNA である．

NPV 病の発生は，寄主昆虫によって食下された多角体が消化管内の高アルカリ条件下で溶解される．消化管内に放出されたウイルスは，まず小数の中腸細胞に侵入し，核内で一度増殖したウイルスが体腔内に放出されて諸組織の感染源となる．この中腸細胞で増殖したウイルスは多角体に包理されるウイルスとは形態

表 4.13 実用化されているウイルス製剤

ウイルス別宿主昆虫	製剤名（実施国）
Baculovirus（NPV）	
Heliothis zea	Biotrol VHZ（米）
	Elcar（米）
	Vitrex（米）
ヨトウガ	Virin-ensh（ソ）
シロイチモジヨトウ	Biotrol VSE（米）
イラクサギンウワバ	Biotrol VTN（米）
	Viron T（米）
マイマイガ	Gypchek（米）
Orgyia pseudotsugata	TM（米）
Baculovirus（GV）	
モンシロチョウ	Virin GKB（ソ）
Reovirus（CPV）	
マツカレハ	マツケミン（日）

および機能が異なり，多角体には包埋されないウイルス粒子である．NPV に感染した鱗翅目幼虫は体色が淡色化し黄白色となることが多い．死体は速やかに黒化し，どろどろに液化する．致死に要する日数は気温，昆虫の種類，幼虫の齢期などによって異なるが，5～10 日である．

顆粒病ウイルス（GV） 約 70 種の鱗翅目昆虫から記録されている．主に脂肪組織の核に小型の封入体を形成する．その他真皮や気管皮膜，まれにマルピーギ管が侵される．寄主特異性はきわめて高い．封入体（顆粒）の大きさは 120～350×300～500 nm で，主に楕円形あるいは長楕円形である．顆粒には大きさ 40～80×200～400 nm の桿状ウイルス粒子を 1 個，まれに 2 個以上が包埋されている．核酸の性状などは NPV とほぼ同様である．GV 感染幼虫は食欲が漸次減退する．一般に感染末期には体色は黄白色に変化し，血液は乳白色となる．感染幼虫は発育を続けるので，体の大きさは健全虫と大差はないが，若干水ぶくれのようにみえる．GV 病では病虫の皮膚が比較的侵されにくいので，幼虫体形を保った状態で死亡し，褐色から黒色へと変化する．致死に要する日数は 4～25 日である．

細胞質多角体病ウイルス（CPV） 宿主の多くは鱗翅目昆虫で約 200 種の昆虫から発見されている．本病では宿主昆虫の中腸皮膜のみが侵され，その細胞質内に多角体を形成する．その大きさは直径 0.5～15 μm で，球形，外観が 4 角形，6 角形，不整形などである．内部にランダムに包埋されているウイルス粒子は，直径 50～65 nm，球形にみえる正 20 面体のキャプシドの 12 の頂点から約 25 nm の突起がでている．核酸は 2 本鎖の RNA である．病徴は明瞭でないが食欲が低下し，発育がおくれて虫体が小さい．体は軟らかく体色は淡白色となる．感染末期には白色の糞を排泄する．致死に要する日数は気温，幼虫齢期などで異なるが，25℃ で 8～16 日である．

ii）細菌剤

① *Bacillus thuringiensis* は Berliner（1911）がスジコナダラマダラメイガの病死体から分離した．BT 剤は昆虫病原性土壌細菌 *Bacillus thuringiensis* を有効成分とする殺虫剤であり，細菌の学名の頭文字から付けられた名称である．本菌は土壌細菌の中で

表 4.14 殺虫活性を示す BT 菌と対象害虫

BT 菌亜種名		対象害虫	商品名
クルスタキ	(*kurstaki*)	鱗翅目幼虫	チューリサイド水和剤 ダイポール水和剤
アイザワイ	(*aizawai*)	鱗翅目幼虫	セレクトジン水和剤
クルスタキ アイザワイ	*kurstaki* *aizawai*	鱗翅目幼虫	バシレックス水和剤
テネブリオニス	(*tenebrionis*)	甲虫類	—
サンディエゴ	(*san diego*)	甲虫類	—
イスラエレンシス	(*israelesis*)	双翅目幼虫	—

芽胞を生産するグラム陽性通性嫌気性桿菌，周鞭毛をもち運動性がある．芽胞を形成する際，結晶形態のタンパク質を生産する．このタンパク質の形態は B. thuringiensis 菌の亜種により異なり，立体的な菱形サイコロ状，不定形など形態が異なっている．B. thuringiensis 菌の分類は鞭毛抗原に基づいて分類され，現在 45 亜種が確認されている．殺虫性を示す代表的な B. thuringiensis 菌を表 4.14 に示す．

② *Bacillus moritai* は藤吉（1962）が分離した天敵細菌である．これは，イエバエ，ヒメイエバエ，キンバエの幼虫に病原性を示す．本菌は B. thuringiensis のように菌体内に結晶性毒素を産生せず，生菌（芽胞）の存在が病原性の発現に重要である．芽胞を家畜の飼料に混入して家畜に食下させる．ほとんどの芽胞は糞とともに排出される．芽胞はハエの幼虫体内で発芽，増殖，死亡する．

③ *Bacillus popilliae* はマメコガネに強い病原性を示す milky disease（乳化病）の病原体で，アメリカでは 1950 年頃 Doom という商品名で市販されたことがある．本菌は胞子囊中に芽胞とタンパク性小胞体がある．この小包体は B. thuringiensis の結晶性毒素とは異なる．B. popilliae の芽胞がコガネムシ幼虫の消化管に入るとそこで発芽し，栄養型細胞は中腸組織細胞に取り込まれ，さらに血体腔内に移行し，体液中で増殖する．体液は乳白色に変わる．

現在，世界的に使用されている多数の B. thuringiensis 剤は主に自然界より選抜した菌株を人工培地で培養した生菌水和剤とし，一部には結晶毒素を発生させた後に芽胞を死滅（死菌水和剤）させたものである．

iii）**糸状菌**　糸状菌に侵されて死亡したガ類幼虫，アブラムシ類，ウンカ・ヨコバイ類，甲虫類などをよく見かける．糸状菌では最初に Metchnikoff（1979）によってコガネムシ類の防除試験に黒きょう病菌（*Metarhizium anisopliae*）が使用された．わが国でも 1923 年頃，マツカレハの防除に白きょう病菌（*Beauveria bassiana*）が検討されている．

図 4.76　糸状菌の感染機構および昆虫の防御機構

4. 殺虫剤

表4.15 害虫防除に利用される主な糸状菌（殺虫剤）

菌　種　名	対象害虫（実施国）	製　剤　名
Aschersonia placenta	ミカンコナジラミ（ソ）	
Aschersonia aleyrodis	ミカンコナジラミ（日）	
Paecilomyces fumosoroseus	オンシツコナジラミ（日）	プリファード
Aschersonia sp.	オンシツコナジラミ（ソ）	
Beauveria bassiana	コロラドハムシ（ソ）	Boverin
	コドリンガ（ソ）	
	イラクサギンウワバ（米）	
	メイガの一種，ヨコバイの一種（中）	
	マツカレハ（中）	
	イネミズゾウムシ（日）	
Beauveria brongniartii	コフキコガネ（仏）	
	ドウガネブイブイ（日）	
	キボシカミキリ（日）	バイオリサ・カミキリ
Hirsutella thompsonii	ミカンサビダニ（米）	Mycar
Metarhizium anisopliae	アワフキムシ，ヨコバイ類（ブラジル）	
	タイワンカブトムシ（トンガ）	Metaquino
	ゾウムシ類（独）	
Nomuraea rileyi	オオタバコガ（米）	
Verticillium lecanii	ヒラタカタカイガラムシ（チェコ）	
	アブラムシの一種（英・日）	バータレック
	オンシツコナジラミ（英・日）	マイコタール
Pasteuria penetrans	ネコブセンチュウ（日）	パストリア
Monacrosporium phymatophagum	サツマネコブセンチュウ（日）	ネマヒトン

　代表的な糸状菌の昆虫への感染機構を模式的に図で示した（図4.76）．分生子が昆虫体表に付着すると付着器ができ，侵入糸がエピチクラに入り，プロチクラで侵入板を形成し，やがて各組織・器官に侵入して栄養分を奪取する．さらに短菌糸をつくる．この間，昆虫の防御機構が多方面で働くが，これらに菌糸が打ちかって初めて感染，発病，死に至る．害虫防除に利用されている主な糸状菌を表4.15に示す．

b. 病害防除を対象とするもの

　ある微生物が他の微生物の発育を阻止する現象は広く認められている．その最初の抗生物質ペニシリンの発見後，土壌中の放線菌を中心とした微生物から抗生物質が続々発見された．農業用抗生物質では，ブラストサイジン-S，カスガマイシン，ポリオキシン，バリダマイシンなどが有名である．ワタの根圏から分離された*Pseudomonas fluorescens* は苗立枯病を起こす*Phizoctonia solani* の菌糸の育成を制御することから，この細菌から抗生物質 pyrrolnitrin が単離されている．また，*P. fluorescens* の菌液（7×10^8/ml）を処理するだけでトマトの青枯病，根腐萎凋病の発病が抑制された．バラの根頭がん腫病（*Agrobacterium tumefaciens*）の防除に拮抗細菌の*A. radiobacter*

4.11 生物農薬

strain 84 が知られており,根面で生育するこの拮抗微生物がバクテリオシンを生産し,侵入してくる病原菌を抑制しているためと考えられている.

微生物間の競争現象によって,病気の発病が抑制されることがある. *P. fluorescens* を種子処理すると植物の育成が促進される.この様な細菌をPGPR (plant growth-promoting rhizobacteria) と呼んでおり,この原因として,① 細菌からオーキシンやカイネチンなどの植物生育促進物質の生産植物根面における病原性微生物相のおきかえ,② 微生物による生育抑制物質の分解などが考えられる.ジャガイモ塊茎に *P. fluorescens* strain A を処理すると2カ月後,本細菌はジャガイモの新しい塊茎やストロン上に1g当たり10^3〜10^4 細胞が生存し,土壌病原菌に影響を及ぼしたり,あるいは植物生育促進に必要な菌量が定着していることも判明している.

Trichoderma 菌が各種植物病原菌の育成を抑制することは広く知られている.とくに,*Trichoderma* 菌はトマト,ラッカセイ,インゲン,レタスなどの菌核病菌や,インゲン苗立枯病菌,イチゴ芽枯病菌などにも防除効果がある.この作用は,*Trichoderma* 菌の産出する gliotoxin などの抗菌性物質による抗生作用と,病原糸状菌細胞の穿孔,破壊によると考えられた.しかし,その後の研究で抗菌性物質の作用により,キチナーゼ,β-1,3-グルカナーゼやセルラーゼなどの酵素が病原菌の細胞壁を溶解することが主要因であることも判明した (Cook and Baker, 1983).

この他,病原性の弱い菌を植物に接種し,次いで病原性の強い菌を接種すると発病が著しく軽くなる.このような現象を交叉防御といい,交叉防御は非病原菌を用いて宿主の抵抗性を誘導して,病害防除を図る生物的防除法の一つである.この方面の研究は多く,実用化もされている.たとえば,トマト萎凋病の病原菌 *Fusarium oxysporum* f. sp. *lycopersici* を接種する1〜7日前に,同じ *Fusarium* 菌で生態型を異にする *F. oxysporum* f. sp. *melongenae*, f. sp. *cucumerinum*,および f. sp. *batatas* を接種すると発病は顕著に抑制される (Shippers and Gams, 1979).主な病害を防除するための微生物資材を表4.16に示す.

c. 雑草の防除を対象とするもの

雑草の生物的防除で古くから研究されたものに昆虫が挙げられる.牧草中の毒素であるコゴメオトギリ防除にハムシ科の昆虫 (*Chrysolima hyperici*) が使用された.また,雑草エゾノギシギシ防除に土壌昆虫であるコガタルリハムシ (*Gastrophysa atrocyanea*) を利用したが,この雑草の最盛期に本虫が土中に入って休眠してしまうため,その成果は上がらなかった.しかし,この休眠を打破することができれば有望な方法である.無農薬栽培をかかげる農家ではアイガモやコイによる水田除草が話題になっている.

また,植物病原菌による雑草防除はかなり古くから検討されてきたが,近年開発された芝生雑草のスズメノカタビラを対象としたキャンペリコ液剤 *Xanthomonas campes-*

tris が有効である．この，スズメノカタビラ用の微生物はイネの細菌病であるイネ白葉枯病菌と同属のものである．雑草防除に利用されている主な病原微生物を表 4.17 に示す．

表 4.16 病害を防除するための微生物資材（殺菌剤）

農薬の種類	農薬の名称	対象作物	対象病虫害
アグロバクテリウム・ラジオバクター剤 *Agrobacterium radiobactor* st. 84	バクテローズ	キク，バラ	根頭がんしゅ病
バチルスズブチリス水和剤 *Bacillus subtilis*（枯草菌）	ボトキラー水和剤	トマト，なす	灰色かび病
		いちご	うどんこ病
対抗菌剤 *Trichoderma lignorum* (*Trichoderma viride*)	トルコデルマ生菌	たばこ	腰折病・白絹病
シイタケ菌糸体抽出物剤	レンテミン	たばこ	タバコモザイクウイルス病
こうじ菌産生物剤(*Aspergillus oryzae*)	アグリガード	たばこ	タバコモザイクウイルス病
非病原性エルビニア・カロトボーラ水和剤 *Erwinia carotovora* subsp. *carotovora*	バイオーパー水和剤	だいこん はくさい ばれいしょ たまねぎ キャベツ ねぎ レタス	軟腐病
シュードモナス・フルオレッセンス剤 *Pseadomonas fluoresense*	セル苗元気	トマト	青枯病 根腐萎凋病
シュードモナス CAB-02 水和剤 *Pseadomonas* CAB 02	モミゲンキ水和剤	稲	もみ枯細菌病 苗立枯細菌病
ダラロマイセス・フラバス水和剤	バイオトラスト水和剤	いちご	炭疽病 うどんこ病

表 4.17 雑草防除に利用される主な病原微生物（除草剤）

製剤名（企業）	病原微生物	対象雑草
DeVine （Abott）	*Phytophytora palmivora*	Strangler vine
Collego （Ecogen）	*Colletotrichum gloeosporioides* f. sp. *aeschynomene*	アメリカクサネム
Casst （Mycogen）	*Alternaria cassiae*	エビスグサ
BioMal （カナダ）	*Colletotrichum gloeosporioides* f. sp. *malvae*	Roundleaved mallow
Luboa II （中国）	*Colletotrichum gloeosporioides* f. sp. *cuscutac*	ネナシカズラ (*Cuscuta japonica*)
キャンベリコ液剤（日本，JT）	*Xantomonas campestri* pv. *poae*	スズメノカタビラ

5. 殺ダニ剤，線虫防除剤，殺鼠剤

5.1 殺ダニ剤

　ダニ（mite）は，体長約0.2〜0.8 mmで，卵から孵化した幼虫に3対，若虫と成虫に4対（一部2対）の脚をもつ，触角のない動物である．動物分類学上，節足動物門（Phylum Arthropoda），クモ形綱（Class Arachnida），ダニ目（Order Acari）を構成し，昆虫とはかなり遠縁の関係にある．農作物を加害するダニには，ハダニ類，フシダニ類，ホコリダニ類，コナダニ類などがいる．

　殺ダニ剤として，古くからマシン油（冬季の殺卵）や石灰硫黄合剤（春季），食毒性の強いデリス（夏季）がハダニの防除に使われてきた．しかし，第二次世界大戦後，急速に普及したDDTの散布が，ハダニ類の多発問題を引き起こしたことをきっかけに殺ダニ専門剤の開発が1948年頃から活発になった．日本における主要なダニ剤の登録年と出荷量の推移および最大出荷時の売上高は図5.1に示したとおりである．1950年以降，殺ダニ剤は有機塩素系から有機リン系，ジニトロ化合物，ジフェニル化合物，有機スズ化合物，キノキサリン系化合物，抗生物質（ポリナクチン複合体）と推移してきた（石井，1965）が，人体や環境への影響から，新規薬剤は選択性や安全性の高いものへと変貌していった．その新機軸として1985年にチアゾリジノン系のhexythiazoxが上市された．この流れに沿って，チオカーバメート系，IGR系，合成ピレスロイド系，電子伝達系阻害剤，抗生物質，アンカプラー，キノン系など，さまざまな作用機作をもつ化合物が続々と登場した（石井，1987）．とくに，1990年以降は，複数の新規殺ダニ剤が立て続けに登録・上市された（高橋ら，1997）．それまで有効に作用する薬剤が払底していたことに加え，既存剤に比べて卓越した効果をもっていたことから，これらの薬剤は発売と同時に日本各地で大量に使用された．その結果，発売後わずか数年という短期間で薬剤抵抗性が各地で急速に発達した（五箇，1997）．このように，新規作用をもつ殺ダニ剤に対するハダニ類の薬剤抵抗性の進化速度に殺ダニ剤開発が追いつけない状況は今も続いている．一方，1957年に登録された作用スペクトルが広いdicofolに対する抵抗性発達が一般にきわめて緩慢であることは特筆に値する．

　ハダニが抵抗性を生じやすい原因として，①短い発育日数のため年間発生回数が多く，淘汰を受けやすい，②行動範囲が狭いので，比較的隔離された集団として薬剤淘汰され，均質な集団となりやすい，③性決定が産雄単為生殖のため，半数体の雄で遺伝様式の優

5. 殺ダニ剤，線虫防除剤，殺鼠剤

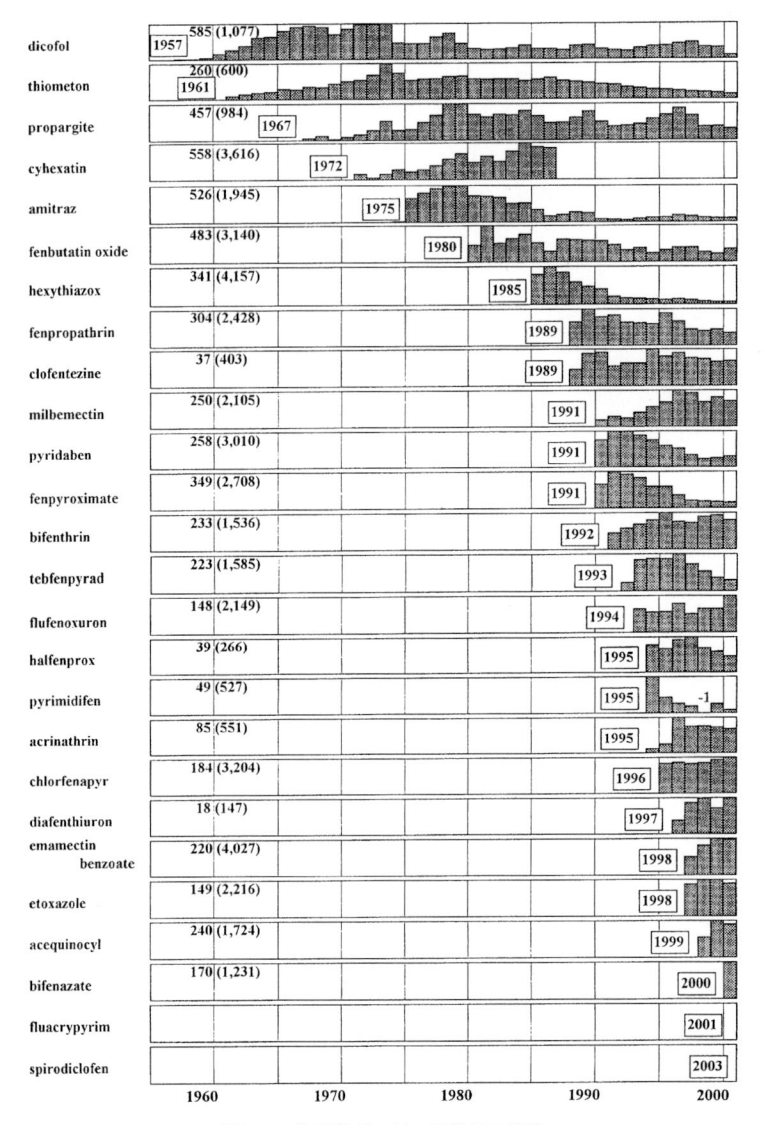

殺ダニ剤	最大出荷量(kl) (売上高)	登録年
dicofol	585 (1,077)	1957
thiometon	260 (600)	1961
propargite	457 (984)	1967
cyhexatin	558 (3,616)	1972
amitraz	526 (1,945)	1975
fenbutatin oxide	483 (3,140)	1980
hexythiazox	341 (4,157)	1985
fenpropathrin	304 (2,428)	1989
clofentezine	37 (403)	1989
milbemectin	250 (2,105)	1991
pyridaben	258 (3,010)	1991
fenpyroximate	349 (2,708)	1991
bifenthrin	233 (1,536)	1992
tebfenpyrad	223 (1,585)	1993
flufenoxuron	148 (2,149)	1994
halfenprox	39 (266)	1995
pyrimidifen	49 (527)	1995
acrinathrin	85 (551)	1995
chlorfenapyr	184 (3,204)	1996
diafenthiuron	18 (147)	1997
emamectin benzoate	220 (4,027)	1998
etoxazole	149 (2,216)	1998
acequinocyl	240 (1,724)	1999
bifenazate	170 (1,231)	2000
fluacrypyrim		2001
spirodiclofen		2003

図 5.1 主要殺ダニ剤の出荷量の推移

囲み数字は登録年，数字は最大出荷量（kl），かっこ内の数字は最大出荷時の売上高（100万円）を示す．各殺ダニ剤の最大出荷量を1とした場合の相対値表示（日本植物防疫協会：農薬要覧より作図）．

劣にかかわらず抵抗性遺伝子が選抜される，④繁殖力（内的自然増加率，$r_m = 0.292$ では50日後に1雌が219万匹になる）が強い，そして，⑤分散先で産卵して兄妹交配（近親交配）を行うため，ハダニにとって有利な遺伝子頻度が高まり，逆に不利な遺伝子は

5.1 殺ダニ剤

表 5.1 主要な殺ダニ剤

種類名，一般名，商品名	構 造 式	適用ダニ，その他
ケルセン dicofol ケルセン	Cl-C₆H₄-C(OH)(CCl₃)-C₆H₄-Cl	ハダニ類 ミカンサビダニ
酸化フェンブタスズ fenbutatin oxide オサダン	[(C₆H₅-C(CH₃)₂-CH₂)₃Sn]₂O	ハダニ類 ミカンサビダニ
ヘキシチアゾクス hexythiazox ニッソラン	(4-Cl-C₆H₄)-チアゾリジノン-N-C(=O)-NH-シクロヘキシル, H₃C trans	ハダニ類
ピリダベン pyridaben サンマイト	(CH₃)₃C-N-ピリダジノン(Cl)-SCH₂-C₆H₄-C(CH₃)₃	ハダニ類 ミカンサビダニ ニセナシサビダニ
フェンピロキシメート fenpyroximate ダニトロン	CH₃-ピラゾール(1-CH₃, 5-OC₆H₅)-C(H)=N-OCH₂-C₆H₄-COOC(CH₃)₃	ハダニ類 ミカンサビダニ ホコリダニ
ミルベメクチン milbemectin ミルベノック	(マクロライド構造) MA 3：R=CH₃　MA 4：R=C₂H₅	ハダニ類
クロルフェナピル chlorfenapyr コテツ	Br, CN, F₃C-ピロール(N-CH₂OC₂H₅)-C₆H₄-Cl	ハダニ類 チャノホコリダニ フシダニ
エトキサゾール etoxazole バロック	(CH₃)₃C-C₆H₃(OC₂H₅)-オキサゾリン-C₆H₃(F)₂	カンザワハダニ サビダニ

アセキノシル acequinocyl カネマイト		ハダニ類 サビダニ ホコリダニ
ビフェナゼート bifenazate マイトコーネ		ハダニ類 サビダニ
フルアクリピリム fluacrypyrim タイタロン		ハダニ類
スピロジクロフェン spirodiclofen ダニエモン		ハダニ類

除去されやすくなり，抵抗性発達が速いことが挙げられている（真梶，1970；井上，1989）．

これまでに開発されてきた主な殺ダニ剤の作用特性を解説する．

ジコホル（dicofol） DDTの類縁化合物であるが，殺虫性はなく，各種ハダニ類の卵，幼虫，成虫に有効で，速効性で残効性もある．

酸化フェンブタスズ（fenbutatiaoxide, fenbutatin oxide） 有機スズ化合物であり，エネルギー生成系における酸化的リン酸化を阻害する．幼虫と脱皮直後の成虫によく効き，残効性は高いがやや遅効的．

ヘキシチアゾクス（hexythiazox） 各種のハダニに有効であるが，殺成虫力はなく，殺卵および産下卵の孵化阻害作用を低濃度で発揮する．遅効的．

ピリダベン（pyridaben） ピリダジノン骨格をもつ殺ダニ剤で，ハダニの全ステージ，特に幼若虫に活性を持ち，残効性にも優れる．フシダニやホコリダニにも有効．

フェンピロキシメート（fenpyroximate） フェノキシピラゾール系で，ハダニの全ステージに活性を示す．実用濃度では即効性を，低濃度では孵化直後の幼虫死亡や静止期の脱皮阻害を誘起する．サビダニやホコリダニにも有効．

ミルベメクチン（milbemectin） Streptomyces属の土壌放線菌が産生する16員環マクロライド系化合物を有効成分とし，各種ハダニの全ステージに有効．GABA（γ-

アミノ酪酸）が支配している神経筋接合部位に作用し，ダニの活動を抑制する．

クロルフェナピル（chlorfenapyr） ピロール環構造をもつ殺虫・殺ダニ剤．プロ・ドラック骨格をもち，代謝物が酸化的リン酸化による呼吸系の脱共役作用を示す．*Tetranychus* 属ハダニの全ステージに特効的に作用する一方，*Panonychus* と *Oligonychus* 属への効果はきわめて弱い（高橋ら，1997；Gotoh *et al*., 2001）．チャノホコリダニやフシダニ類にも有効．

エトキサゾール（etoxazole） オキサゾリン環をもつ殺虫・殺ダニ剤で，卵に対する孵化阻止作用，幼若虫に対する脱皮阻害作用をもつ．成虫活性はないが，雌成虫に散布すると産下卵が孵化しない．サビダニにも有効．

アセキノシル（acequinocyl） ナフトキノン骨格をもつ殺ダニ剤で，ミトコンドリア内の電子伝達系酵素複合体Ⅲに作用して，エネルギー生成を阻害する．各種ハダニの全ステージに高い効果をもち，即効性と長い残効性がある．サビダニやホコリダニにも有効．

ビフェナゼート（bifenazate） ビフェニルヒドラジン構造をもち，各種ハダニの全ステージに活性がある．処理個体が苦悶様症状を示すので，神経系に作用しているらしい．サビダニにも有効．

フルアクリピリム（fluacrypyrim） ピリミジニルオキシ構造をもつ．各種ハダニの全ステージ，特に幼若虫に高い活性を示す．即効性があり，十分な残効性を有する．ミトコンドリアにおける電子伝達系の阻害による呼吸阻害作用を起こす．

スピロジクロフェン（spirodiclofen） テトロン酸系の殺ダニ剤で，2003年に登録・上市予定．各種ハダニの全ステージに高い活性を示す．やや遅効的であるが，残効性は十分．ハダニの成長・変態の生育調整系を司る内分泌制御系（脂質生合成）を阻害する機構をもつと予測されている．

この他に2003年4月現在，4種の新規殺ダニ剤が新農薬実用化試験に入っている．

ハダニ類の薬剤抵抗性は，単一遺伝子座支配が圧倒的であり，一部のハダニでのみ複数遺伝子座（polygene）支配である（井上，1989）．一般に，抵抗性遺伝子が優性の時は劣性の場合に比べ，薬剤淘汰でより早く大きな抵抗性集団になりやすく，優性度の解明は抵抗性発達を防ぐ意味で重要である．

同一の薬剤で昆虫を累代処理したとき，2剤以上の薬剤に同時に抵抗性を示すようになることを交差抵抗性（cross resistance）といい，散布経歴のない薬剤が最初から全く効果を示さない現象から発見される例が多い一方，最近では全く独立に開発された薬剤間に交差抵抗性があり，後発の薬剤が回収を余儀なくされた例（pyrimidifen）もある（図5.1，表5.2）．一方，etoxazole と hexythiazox のように同じ作用性をもちながら，交差抵抗性関係にないものもある（高橋ら，1997）．これらのことから，殺ダニ剤の開発に当たっては，新規作用機作化合物の探索に加え，交差抵抗性回避の方策をとっ

表 5.2 殺ダニ剤の交差抵抗性

ハダニ	交差抵抗性を示す薬剤	報告者
リンゴハダニ	hexythiazox–flucycloxuron	Grosscurt et al. (1994)
ミカンハダニ	pyridaben–fenpyroximate–tebfenpyrad–fenazaquin	Wage and Leonard (1994)
ミカンハダニ	pyridaben–fenpyroximate–tebfenpyrad	古橋ら (1995), 池内ら (1995)
ミカンハダニ	pyridaben–fenpyroximate–tebfenpyrad–pyrimidifen	古橋ら (1995), 池内ら (1995)
ミカンハダニ	halfenprox–fenpropathrin	池内ら (1995)
ミカンハダニ	hexythiazox–clofentezine	Yamamoto et al. (1995)
ミカンハダニ	hexythiazox–flufenoxuron	Yamamoto et al. (1995)
ミカンハダニ	hexythiazox–flucycloxuron	Yamamoto et al. (1995)
ナミハダニ	milbemectin–dicofol	山本・西田 (1979)
ナミハダニ	milbemectin–chlorobenzilate	山本・西田 (1979)
ナミハダニ	dicofol–chlrpyrifos (負相関)	Hatano et al. (1992)
ナミハダニ	hexythiazox–clofentezine	Herron et al. (1993)
ナミハダニ	methidathion–tebufenpyrad (負相関)	葭谷・福地 (1996)
ナミハダニ	pyridaben–fenpyroximate–tebfenpyrad–pyrimidifen	五箇 (1998)
ナミハダニ	chlorfenapyr–etoxazole (見かけ上)*	Uesugi et al. (2002)
カンザワハダニ	bromopropylate–dicofol	刑部 (1973)
T. pacificus**	cyhexatin–fenbutathiaoxide	Hoy et al. (1988)

*染色体上の距離（交叉価）が小さいため，いったん同じ染色体上にのると，2つの抵抗性遺伝子は交叉による分離が難しくなり，したがって，一方の薬剤で淘汰されると見かけ上2つの抵抗性遺伝子が交差しているように挙動する．**T. = Tetranychus.

ておくことがますます重要になっている．

5.2 線虫防除剤

線虫（Nematode）は，深海から高山まで広く分布する線形動物（Nematoda）で，生活様式は多様である．植物に寄生して生活する線虫は，ティンクス目（Tylenchida），アフェレンクス目（Aphelenchida）およびドスリライムス目（Dorylaimida）に限られ，栄養を摂取するための口針をもつ．野菜類，果樹類，特用作物，穀類などを加害する．防除対象となる主要な土壌線虫は，ネコブセンチュウ，シストセンチュウ，ネグサレセンチュウである．

線虫防除剤は，くん蒸剤（ガス剤）と非くん蒸剤（接触剤）に大別される（表 5.3）．ほとんどの薬剤は，体表のリン脂質の膜を介して線虫体内に入る．

a. くん蒸剤

くん蒸剤の多くは比較的低分子のハロゲン化炭化水素で，反応性に富んだハライドが酵素の塩基性求核中心（–SH, –NH$_2$, –OH など）と反応して酵素活性を阻害する．蒸気圧は高く，水にやや溶ける．土壌中でガス化した薬剤は，土壌水に溶けて線虫に到達する．ガス拡散は，薬剤の蒸気圧，水に対する溶解度，土壌の気相・液相・固相の割合および媒体内の濃度差に依存する．主なくん蒸剤の 20℃ における空気に対する Fick の拡

表5.3 主な線虫防除剤

くん蒸剤		非くん蒸剤*	
一般名（商品名）	構造式	一般名（商品名）	構造式
D–D 1,3-dichloropropen (D–D, テロン92)	$CHCl=CH-CH_2Cl$ $CH_2ClCHClCH_3$	ピラクロホス pyraclofos （ボルテージ）	(構造式)
メチルイソシアネート metyl isothianate （トラペックサイド）	CH_3NCS	ホスチアゼート fosthiazate （ネマトリン）	(構造式)
DCIP （ネマモール）	$CH_2ClCHOCHCH_2Cl$ $\quad\quad CH_3\ \ CH_3$	エトプロホス ethoprophos （モーキャップ）	(構造式)
臭化メチル methyl bromide （メチルブロマイド）	CH_3Br	オキサミル oxamyl （バイデート）	(構造式)
クロルピクリン chloropicrin （ドロクロール）	CCl_3NO_2	カルボスルファン carbosulfan （アドバンテージ）	(構造式)

* 上の3剤が有機リン剤，下の2剤がカーバメート剤である．

散係数（拡散物質と媒体との組み合わせで決まる定数）は0.07～0.1 cm/秒である．

くん蒸剤は，薬害を起こすため，播種前または定植前に施用する．施用後ただちにプラスチックフィルムなどで被覆するか散水（水封）し，土壌表面からのガスの散逸を防ぐ．処理期間は，夏で約1週間，春および秋で約2週間である．処理後，十分に耕起して，ガスを抜く．

D–Dは，1,3-ジクロロプロペン（1,3-D）と1,2-ジクロロプロペン（1,2-D）の混合物である．殺線虫作用は，1,3-Dによる．1,3-Dの含有率は，テロン92で92％である．メチルイソシアネートは，トラペックスなどが土壌中で加水分解されて生じる．加水分解には，地温，土壌水分，土壌構造などが影響する．DCIPは，ハロゲン化エーテルで，ガス抜きの必要はない．臭化メチルは，蒸気圧が1,400 mmHg（20℃）と高く，地温5℃以上で使用できる．クロルピクリンは，蒸気圧が18 mmHg（20℃）で，地温15℃以上で効果がある．ウリ科で薬害が出やすい．

b. 非くん蒸剤

非くん蒸剤は，有機リン剤とカーバメート剤に大別される．主作用は，神経末端のシナプスにおけるアセチルコリンエステラーゼ阻害である．多くは，浸透移行性を示す．実用濃度では薬害がない．原体の人畜に対する急性毒性はかなり高いが，経皮毒性は低

い．粒剤として使用される．土壌水に溶けて移動し，線虫に到達する．乾燥土壌中では，薬剤が溶解しにくいだけでなく，線虫が耐無水生存（anhydrobiosis）に入り耐性が高まるため，施用効果が低下する．

非くん蒸剤の作用は，薬剤濃度で異なる．高濃度では致死的（nematicidal）に，低濃度では制線虫的（nemastatic）に作用する．無作用量と致死量の間では，孵化，運動，根への誘引，侵入，摂食，発育，脱皮，成熟，交尾，産卵などが抑制される．この制線虫作用はかなり可逆的で，薬剤が無作用量以下に低下すると，線虫の活動性は回復する．

有機リン系の非くん蒸剤は親油性で水に溶けにくいため，土壌とよく混和する必要がある．ピラクロホスは，ピラゾール系の非対称型の化合物である．ホスチアゼートは，有機リン酸アミド化合物で，水に対する溶解度が高い（9.58/l, 20℃）．マイクロカプセル化したエトプロホスは徐々に溶け出すため，残効性に優れる．

カーバメート系の線虫防除剤は親水性で，有機リン剤より適用土壌の範囲が広い．アルディカーブは，急性毒性が最も高い．国外では，綿花地帯やジャガイモ畑，柑橘果樹園，バナナのプランテーションなどで使用される．オキサミルは，殺虫剤メソミルと似た化学構造をもつ．土壌から吸収され，篩部を移行する．ジャガイモシストセンチュウの防除に利用される．カルボフランは，日本では農薬登録されていないが，その分解代謝物であるカルボスルファンが登録されている．

c． その他の線虫防除剤

マツノザイセンチュウの感染前にマツの樹幹内に注入する線虫防除剤として，メスルフェンホス，酒石酸モランテル，塩酸レバミゾールがある．イネシンガレセンチュウの防除には，MEP，MPPなどの薬液に種籾を浸漬処理する．

5.3 殺 鼠 剤

ネズミ（rat, mouse）は分類学上，脊椎動物門（Vertebrata），哺乳類綱（Mammalia），げっ歯目（Rodentia），ネズミ科（Muridae）を構成し，農耕地で加害するおもな種には，ハタネズミ，ドブネズミ，アカネズミ，ハツカネズミ，クマネズミ，造林地で加害するおもなものには，エゾヤチネズミ（北海道），ハタネズミ（本州，九州），スミスネズミ（本州，四国，九州）などがある．

殺鼠剤は文字から判断するとネズミのみを対象とするように考えられるが，rodenticideという語は野ウサギ，モグラなどげっ歯目に属するものを防除する薬剤を意味する．

人類のネズミ退治には長い歴史がある．地中海沿岸に自生するユリ科植物，赤色海葱（red squill）の球根の粉砕物は紀元前から殺鼠剤として利用されていた．この有効成分

5.3 殺鼠剤

は強心配糖体であるシリロシドである．また，古くから使用されているものには，黄リン，亜ヒ酸などがあり，ついで，リン化亜鉛，硫酸タリウムなどの無機殺鼠剤が，モノフルオル酢酸，チオセミカルバジド，クマリン系のワルファリンやクマテトラリルなどの有機合成殺鼠剤が開発され，使用されるようになったが，現在使用されていないものもある．

現在使用されている主な殺鼠剤を表5.4に示す．

リン化亜鉛は胃酸により加水分解され，強力な毒性をもつリン化水素を発生し，中枢神経系をおかすことが知られている．

硫酸タリウムは神経系の障害による運動機能の低下をもたらし，下痢，食欲減退，体重の減少をともなって動物を死亡させる．タリウムの作用はカリウムに類似した動きにより細胞内に入り，排出されにくいことから慢性中毒と関係づけられている．

モノフルオル酢酸ナトリウムは現在わが国で用いられている殺鼠剤中で最も毒性が高く，特定毒物に指定されている．本剤の主成分モノフルオル酢酸から生ずるモノフルオルクエン酸が体内の物質代謝に大きな役割を果たしている酵素アコニターゼを阻害し，主要代謝経路であるTCAサイクルを攪乱し，ネズミを死亡させる．

ワルファリンやクマテトラリルのようなクマリン系化合物は，ビタミンKの代謝拮

表5.4 おもな殺鼠剤

種類名，一般名*，商品名	構　造　式	適用害獣，その他
リン化亜鉛 zinc phosphide* テラミン，リンカネコ	Zn_3P_2	各種ネズミ
硫酸タリウム thallium sulfate* タリウム	Tl_2SO_4	各種ネズミ
モノフルオル酢酸ナトリウム sodium fluoroacetate* テンエイティ	$CH_2FCOONa$	各種ネズミ 特定毒物
ワルファリン warfarin* クマリン，デスモア	(構造式)	ドブネズミ クマネズミ ハツカネズミ 抗血液凝固作用
クマテトラリル coumatetralyl* エンドックス	(構造式)	ドブネズミ クマネズミ ハツカネズミ 抗血液凝固作用
ダイファシノン diphacinone* ヤソジオン	(構造式) $COCH(C_6H_5)_2$	野ネズミ 抗血液凝固作用

抗物と考えられ，肝臓に作用してプロトロンビン合成を抑制することにより血液凝固を阻害する．したがって，動物がこれらを数日間摂食すると血液凝固性の喪失にともなう自発的内出血が起こり，死亡する．

6. 除草剤

　日本は気候が温暖・湿潤なために雑草の種類，発生・成長量とも莫大であり，世界的にまれに見る「雑草の国」といわれる．農耕地および非農耕地においてそれを抑えることが栽培管理の最大の役割である．雑草は作物の利用すべき栄養，水，光，空間を奪って，成長を抑え，子実収穫量を減少させるだけでなく，農作業効率を低下させ，病害虫の発生をも助長するなど作物栽培に大きな障害になる．農耕地における雑草管理は化学的（除草剤），耕種的，生態的，生物的および物理的・機械的方法の適切な体系化，総合化（雑草の総合管理，IPM）によってなされるべきものであるが，除草剤の使用は最も効率的，効果的である．農耕地以外の道路や鉄道の法面，空港，河川堤防，工場敷地，住宅敷地や公園・競技場などの雑草管理においても除草剤の果たす役割が大きい．

6.1　除草剤の分類

　除草剤は以下のようにいくつかのカテゴリーによって分類される．一般的には化学構造にもとづいて分類される．それらは物性が似ており，作用機構や除草作用特性も類似する場合が多いからである．

1）化学構造による分類

　除草剤は化学構造から表 6.2～6.25 に示すように分類される．主な除草剤の化学構造式と作用特性も後で詳述する．

2）作用機構による分類

　除草剤は，作用機構によっても表 6.1 に示すように大別されるが，植物特有の機能を阻害するものが大部分である．それぞれの作用機構と主な除草剤については，後で詳述する．

3）処理法による分類

　処理法は以下の 2 つに分類される．また，除草剤には，植物の接触した組織にのみ除草作用を示す接触型のものと，そこから他の組織へと移行して植物全体に除草効果を示す移行型のものがあるが，一般的には後者は茎葉から吸収されて植物体全体に移行する茎葉処理剤を指す場合が多い．

　　①土壌処理
　　②茎葉処理

4) 選択性による分類

除草活性が特定の植物種には大きいが，他のものには小さいか，影響のないものがあり，選択性除草剤と呼ばれる．また，どの種類の植物種にも同じ位に除草活性をを示すものがあり，非選択性除草剤と呼ばれる．

①選択性除草剤
　広葉雑草対象選択性除草剤　　2,4-D, MCPA, ベンタゾン，アイオキシニルなど．
　イネ科雑草対象選択性除草剤　　DPA, テトラピオン，セトキシジムなど．

②非選択性除草剤
　グリホサート，グルホシネート，パラコートなど．

5) 製剤の剤型による分類

単独（単剤），または混合剤が水溶剤，液剤，乳剤，水和剤，微粒剤，粒剤，フロアブル剤（顆粒水和剤）やジャンボ剤（タブレット，水面浮遊パック剤）などとして製剤されている．

6) 作用発現の速度からの分類

①速効性　パラコート，プロパニル，アイオキシニルなど．
②遅効性　グリホサート，スルフォニルウレア類，アシュラムなど．

6.2　除草剤の施用方法

除草剤によって雑草を抑制あるいは枯殺する方法は，大きく2つに分けられる．1つは土壌に処理する方法で，他は成長中の雑草の茎葉に処理する方法である（図6.1）．

a．土壌処理

この目的で使用される除草剤は土壌処理除草剤，または単に土壌処理剤と呼ばれる．乾燥する国では，土壌表層に混和処理される．土壌処理によって除草剤は発芽時の雑草の発芽と成長を抑制，あるいは枯殺するが，一定の大きさに成長した雑草の茎葉に処理しても除草効果を現さない．雑草の発芽時は除草剤に最も感受性であり，効率的に防除される．

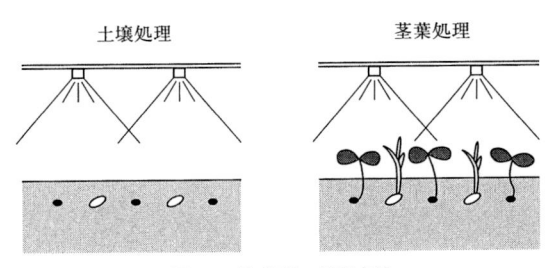

図 6.1　除草剤の処理方法

埋土雑草種子のなかで，発芽，出芽できるものは酸素，光が十分に保障される表層の 1～1.5 cm 位に存在するものである．土壌処理除草剤は，この雑草発芽層を含む土壌表層の 0～2 cm 位のところに分布するので，効率的にそれらの成長を抑制，あるいは枯殺できる．一方，作物は土壌中 2～3 cm の深さに播種，または移植されるので根は除草剤の影響を受けにくい．

b. 茎葉処理

この目的で使用される除草剤は茎葉処理除草剤，または単に茎葉処理剤と呼ばれ，茎葉のワックス層を通過して作用点の細胞にまで到達するものが多い．茎葉処理除草剤の効果は幼少期の雑草に最も大きい．そして最大の付着と取り込みを可能にする至適界面活性剤，濃度と最適水量の選択が重要である．全植物（雑草，作物）に除草作用を現す非選択性除草剤もあるが，特定の植物（特に，作物）には全く影響を与えない選択性除草剤もある．選択性（抵抗性）は，その作物の除草剤が付着しにくい形態，付着・吸収しても移行しにくさ，あるいは分解や作用点（除草剤結合部位）の異常などにもとづく．茎葉処理除草剤の多くは土壌に落下した後，比較的短期間で分解，あるいは土壌に吸着され，土壌処理効果（除草効果）を現さないが，なかには長く土壌処理効果を発揮するものがあり，それらは茎葉兼土壌処理剤とも呼ばれる．茎葉処理剤の散布後間もなくの降雨は除草効果を低下させる．除草剤は実際には以下のようにさまざまな方法によって使用される．一般的には圃場全体に散布されるが，作物の畦間に散布したり，局部的に発生した雑草に直接散布する場合もある．

除草剤の施用方法（処理法）
 ①土壌処理………土壌くん蒸処理，播種（植え付け）前処理，播種（植え付け）後処理，土壌混和処理，湛水（土壌）処理，水口処理，土壌灌注処理
 ②茎葉処理………播種（植え付け）前処理，作物出芽前処理，生育期処理，落水処理，茎葉兼土壌処理
 ③立木処理………塗布処理，切り株処理，樹幹注入
 ④その他…………木針処理

6.3 除草剤の選択性

除草剤の活性が植物間で大きく異なる場合に選択性，選択作用性があるという．選択性にかかわる要因について以下に述べる．作物は通常，除草剤を吸収しないが，たとえ吸収しても解毒する能力を有する．

a. 形態的選択性

イネ科植物は生長点が生育中期まで幼鞘に包まれて土中に位置しており，葉は直立し，しかもその表面にはワックス層が発達していて除草剤の付着，浸透を受けにくいが，広葉植物は生長点が地上に露出しており，さらに葉は直立せず，茎葉処理除草剤の影響を受けやすい．

b. 物理的選択性

土壌処理では，選択性にかかわる要因として，①播種・出芽深度の差や，②出芽形態の差などが挙げられる．作物の種子は一般的に除草剤処理層より深い 2～3 cm の深さに播種されるが，広葉作物は出芽時に子葉，種皮によって保護され，しかも除草剤処理層（土壌表層，0～2 cm 位の除草剤分布層）を反転するので，除草剤の影響を受けにくい．

c. 生理的選択性

プロパニルの茎葉処理による除草活性は，雑草とイネの間で 10 倍以上の差がある．その差は主として植物体内での分解，解毒力の差にもとづくものであり，その選択性は生理的選択性，あるいは生化学的選択性と呼ばれる．プロパニルはイネの植物体内では，酵素のアシルアミダーゼによる加水分解を受け，不活性化される（図 6.2）．シマジンやアトラジンの土壌処理では，雑草とトウモロコシの間で除草活性に大きな差がある．トウモロコシ種子がこれらの除草剤の処理層より下に位置しているために影響を受けないだけではない．トウモロコシの体内で不活性化されるからである．シマジンやアトラジンがトウモロコシ体内で不活性型に変わるのは，酵素の働きによるものではなく，トウモロコシ中にグルコシドとして存在する 2,4-dihydroxy-7-methoxy-1,4-benzoxazin-3-one（DIMBOA）によって触媒されることによる．これらの光合成阻害剤の除草剤の連用によって生ずる抵抗性雑草種（バイオタイプ）の出現は，結合部位の D_1 タンパク質のアミノ酸の変異による除草剤結合部位への親和性，結合力の低下による．除草剤のなかには，グルコース，アミノ酸，グルタチオンなどの低分子化合物やタンパク質，リグニン，多糖類などの高分子化合物と結合して不活性化されるものもある．ベンタゾンはイネ植物体内でグルコース抱合体が形成される．スルホニルウレア系除草剤

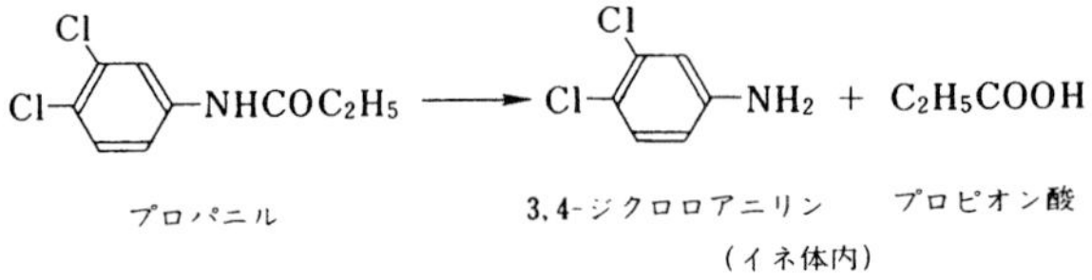

プロパニル $\longrightarrow$ 3,4-ジクロロアニリン ＋ プロピオン酸
（イネ体内）

図 **6.2** アシルアミダーゼによるプロパニルの加水分解

6.3 除草剤の選択性

表 6.1 主な除草剤の作用機構による分類

作用機構		系統	主な除草剤
オーキシン作用阻害・攪乱		フェノキシ-カルボン酸(酢酸)系	メコプロップ 2,4-D, MCPA MCPP
		安息香酸系	ダイカンバ
		ピリジン-カルボン酸系	ピクロラム トリクロピル
光合成に関与	光化学系IIの阻害	トリアジン系	アメトリン, シアナジン, ジメタメトリン プロメトリン, シマジン アトラジン, シメトリン
		トリアジノン系 (1,2,4-)	メトリブジン
		ウラシル系	ブロマシル, レナシル ターバシル
		ピリダジノン系	クロリダゾン
		フェニル-カーバメイト系	デスメディファム フェンメディファム
		ウレア系	ジウロン, エチジムロン, イソウロン リニュロン, シデュロン, テブチウロン
		アミド系	プロパニル
		ヒドロキシニトリル系	アイオキシニル
		ベンゾチアジアジノン系	ベンタゾン
	光化学系Iに関与	ビピリジリウム系	ダイコート, パラコート
重要成分合成阻害	分枝アミノ酸生合成阻害[アセトラクテート合成酵素(ALS)阻害]	スルホニルウレア系	アジムスルフロン, ペンスルフロンメチル シノスルフロン イマゾスルフロン, ピラゾフルフロンエチル リムスルフロン, ハロスルフロンメチル フラザスルフロン シクロスルファムロン, エトキシスルフロン メトスルフロンメチル,
		イミダゾリノン系	イマザモックス, イマザピル, イマザキン
		トリアゾロピリミジン系	フロラスラム
		ピリミジニル(チオ)サリチル酸系	ビスピリバック-ナトリウム ピリミノバック-メチル
	芳香族アミノ酸生合成阻害（EPSP生合成阻害)	グリシン系	グリホサート
	グルタミン生合成阻害	リン酸系	グルホシネート ビアラホス

6. 除　草　剤

重要成分合成阻害	クロロフィル生合成阻害 [プロトポルフィリンノーゲン酸化酵素 (Protox) 阻害]	フェニルピラゾール系	ピラフルフエンエチル
		ジフェニルエーテル系	ビフェノックス, クロルナイトロフェン
		N-フェニルフタルイミド系	クロルフタリム, フルミオキサジン
		オキサジアゾール系	オキサジアゾン
		トリアジリノン系	カルフェントラゾンエチル
		オキサゾリジンジオン系	ペントキサゾン
	カロチノイド生合成阻害 [フィトエンデサチュラーゼ (PDS) 阻害]	ピリダジノン系	ノルフルラゾン
		ピリジンカルボキサミド系	ジフルフェニカン
		他	フルリドン
	カロチノイド生合成阻害 [4-ハイドロキシフェニルピルベートジオキシゲネース (HPPD) 阻害]	ピラゾール系	ベンゾフェナップ, ピラゾキシレート ピラゾキシフェン
		ビシクロオクタン系	ベンゾビシクロン
	脂質生合成阻害	チオカーバメート系	ジメピペレート, エスプロカルブ モリネート, オルソベンカーブ ベンチオカーブ
		ホスホロジチオエート系	ベンスライド
		ハロゲン化カルボン酸系	DPA
		アリロキシフェノキシプロピオン酸系	シハロホップブチル フェノキサプロップエチル フルアジホップ キザロホップエチル
		シクロヘキサンジオン系	クレトジム, セトキシジム
		ベンゾフラン系	ベンフレセート
その他の生合成阻害	細胞壁 (セルロース) 合成阻害	ニトリル系	ジクロベニル, クロルチアミド
		ベンツアミド系	イソキサベン
	葉酸生合成阻害	カーバメート系	アシュラム

細胞分裂阻害	微小管集合阻害	ジニトロアニリン系	ベンフルラリン，オリザリン ペンディメタリン，トリフルラリン
		ホスホロアミデート系	アミプロホスメチル，ブタミホス
		ピリジン系	ジチオピル
		ベンズアミド系	プロピザミド
		安息香酸系	クロルタール
	有糸分裂/微小管形成の阻害	カーバメイト系	クロルプロファム
	細胞分裂阻害（長鎖脂肪酸生合成阻害）	クロロアセトアミド系	アラクロール，ブタクロール ジメタナミド，プレチラクロール テニルクロール
		アセトアミド系	ナプロパミド，ナプロアニリド，クロメプロップ
		オキシアセトアミド系	メフェナセット
		他	カフェンストロール， インダノファン，ピペロホス，フェントラザミド
エネルギー代謝阻害	アンカップリング（膜破壊）	フェノール系	アイオキシル
作用機構不明		その他	シンメチリン，クミルロン，ダイムロン エトベンザニド，オキサジクロメホン ペラルゴン酸，ピリブチカルブ ブロモブチド

とイミダゾリノン系除草剤は抵抗性の植物体内では酵素により代謝される．スルホニルウレア系除草剤に対する作物の選択性（抵抗性）は代謝とそれに続く抱合による不活性化に基づく．代謝にはチトクローム P 450 モノオキシゲナーゼがかかわっている．チオカーバメイト系やクロロアセトアミド系除草剤は抵抗性作物のイネ，トウモロコシおよびダイズなどの植物体内でグルタチオン抱合体が形成される．

d. 生育ステージによる反応差

作物と雑草の生育時期によっても除草剤に対する感受性に差がある．たとえば，イネとタイヌビエともベンチオカーブに生育初期は感受性であるが，イネは生育の進展にともない，抵抗性を示すようになる．両植物間の選択性の幅は，2 葉期で 16 倍，3 葉期では 12 倍と大きい．

e. 製剤処方および施用法

生育中の作物に直接，薬液を散布すると薬害が発生する可能性のある除草剤でも，粒剤化することにより作物への接触が避けられて薬害が発生しない．また，特殊な装置の利用によって非選択性除草剤を雑草だけに散布，あるいは塗布することができる技術もある．

6.4 除草剤の作用機構

除草剤は基本的には植物特有の重要な生理機能を阻害することによって成長抑制や致死に至らしめるものである．除草剤は1つの植物に対していくつもの生理機能を阻害するが，最も低い濃度で阻害作用を与える生理機能を作用機構として扱っている．圃場で観察される除草作用にはいくつかの生理機能の阻害がかかわっているので，必ずしも第一次作用点のみを反映しているとはいえない（表6.1）．

a. 植物ホルモン作用の阻害，攪乱型除草剤

植物ホルモンのオーキシン（インドール酢酸）は細胞分裂・伸長，光屈性，重力屈性なのど生理作用を有するが，他のホルモンとのバランスによって特定の生理反応を現わす．植物体内ではオーキシンは適切な濃度に保たれているが，2,4-D などの代謝されにくい合成オーキシンが多量に与えられるとホルモンのバランスが大きく攪乱され，細胞の異常分裂，異常伸長や植物体のねん転，屈曲，呼吸昂進，エチレン発生，多量の ABA の蓄積などによって植物は次第に衰滅，枯死に至る．最近ではオーキシン系除草剤による除草作用にはエチレン発生と同時に生産される青酸(HCN)の関わりが，大きいと考えらている．

b. 光合成系に作用する除草剤

光合成は光を必要とする明反応と光を必要としない暗反応から成る．明反応では，葉緑素（クロロフィル）の触媒反応により，水が加水分解されて，そこで生産された電子(e^-)が活性化される．その電子(e^-)がプラストキノンに達してからプラストキノン $PQ_A \to PQ_B$，さらにチトクローム系を経て，光化学系IIから光化学系Iに移る．さらに

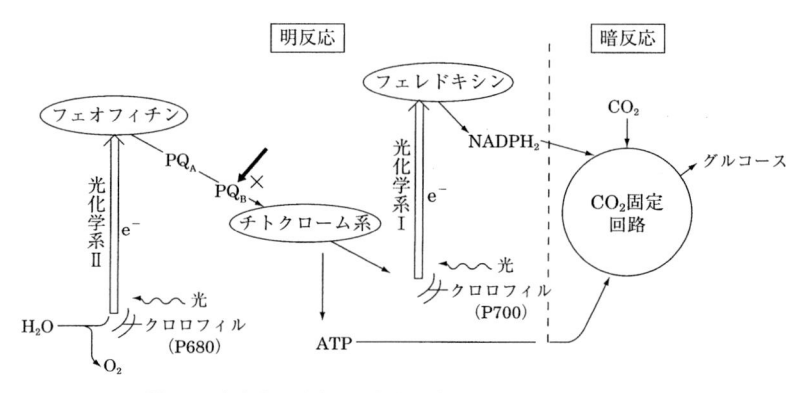

図 6.3 光合成の模式図と光化学系II阻害除草剤の阻害部位

電子伝達系を通して低エネルギー物質に移る過程でATPとNADPH$_2$が生産される．光化学系Ⅰでは，電子がフェレドキシンを経て，最終的には，NADP（助酵素）を還元し，NADPH$_2$が生産される．

1) 光化学系Ⅱを阻害する除草剤

尿素（ウレア）系，トリアジン系，ウラシル系などに属する除草剤が光化学系ⅡにおいてO$_1$タンパク質に結合し，電子伝達系を阻害する．その結果，電子の流れが停止して活性酸素（反応性の高い一重項酸素 ^{1}O$_2$）が発生し，膜の破壊，葉緑体機能の喪失が起こり，きわめて遅効的に衰滅，致死に至る（図6.3）．

2) 光合成電子伝達系（光化学系Ⅰ）から電子を受け取る除草剤

ビピリジウム系のパラコートやジクワットは光化学系Ⅰの電子伝達系から電子を奪い取って，安定なラジカルになり，さらに自動酸化によって元の分子に戻る．この時に活性酸素（スーパーオキシドアニオンラジカル，・O$_2^-$）を生成し，さらに過酸化水素（H$_2$O$_2$）を生ずる．植物体内では，過酸化水素はパーオキシダーゼにより代謝されるが，代謝量を越えた過酸化水素が細胞破壊作用を引き起こし，雑草を数時間で致死に至らしめる．ビピリジウム系除草剤は光合成以外の電子伝達系からも電子を奪うので動物にたいする毒性が高い．

c. 重要成分合成阻害剤

1) アミノ酸生合成阻害剤

これらの除草剤は，動物にとって必須のアミノ酸である分枝（分岐鎖）アミノ酸，芳香族アミノ酸およびグルタミンの生合成を阻害する．その生合成系は動物に存在しないので動物毒性がきわめて低い．

ⅰ) 分枝アミノ酸生合成阻害剤 分枝アミノ酸のバリン，ロイシン，イソロイシンの生合成の最初の段階がアセトラクテート（アセト乳酸）合成酵素（ALS）によっ

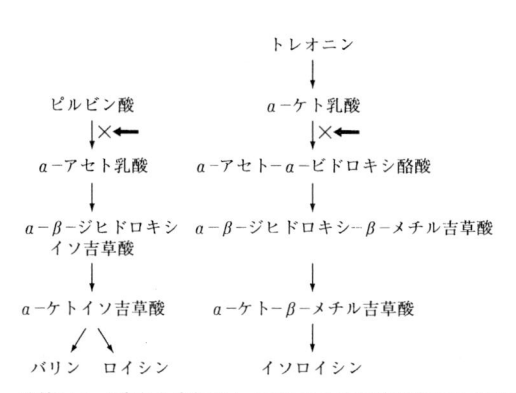

```
                        トレオニン
                           │
     ピルビン酸            α-ケト乳酸
        │×←                 │×←
     α-アセト乳酸        α-アセト-α-ヒドロキシ酪酸
        │                   │
     α-β-ジヒドロキシ     α-β-ジヒドロキシ-β-メチル吉草酸
     イソ吉草酸
        │                   │
     α-ケトイソ吉草酸      α-ケト-β-メチル吉草酸
        ↙  ↘                │
     バリン  ロイシン        イソロイシン
```

図6.4 分枝アミノ酸生合成経路とALS生合成阻害除草剤の阻害部位

```
グルコース
   ↓
 シキミ酸
   ↓
シキミ酸3-リン酸
   │×←
   ↓
5-エノールピルボイル
シキミ酸3-リン酸
   (EPSP)
   ↓
 コリスミン酸
  ╱  │  ╲
トリプトファン
     チロシン  フェニル
              アラニン
```

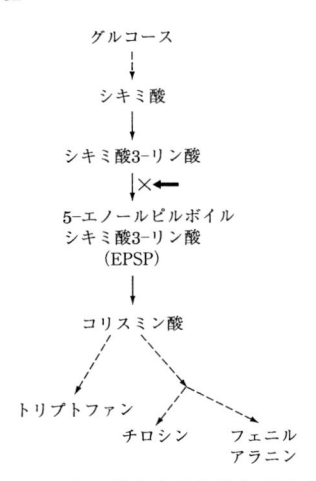

図 6.5 シキミ酸生合成経路とグリホサートの阻害部位

て触媒されるが,その酵素はスルホニルウレア系(クロルスルフロン,ベンスルフロンメチルなど),イミダゾリノン系(イマザピル,イマザキン)およびトリアゾロピリミジン酸系(フロラスラム)やピリミジニルサリチル酸系(ピリミノバックなど)の除草剤によって阻害を受ける(図6.4).スルホニルウレア系除草剤は $10^{-8} \sim 10^{-9}$ M ときわめて低濃度で ALS を阻害し,圃場での使用薬量も少ない.

ii) 芳香族アミノ酸生合成阻害剤 芳香族アミノ酸のフェニルアラニン,チロシンおよびトリプトファンはシキミ酸経路を経て生合成され,リグニン,フェノールなどの二次代謝産物の原料ともなる.グリホサートはフェニルアラニンなどのアミノ酸生合成に至るシキミ酸経路の5-エノールピルボイルシキミ酸3-リン酸合成酵素(EPSPS)を阻害して芳香族アミノ酸およびそれに由来するインドール酢酸や二次代謝系の重要な物質の減少をもたらす(図6.5).それに伴うシキミ酸の含量の増大は,光合成炭素還元サイクルの停止も引き起こす.グリホサートは植物体内ではほとんど代謝されないので植物間で選択作用性を示さない.

iii) グルタミン生合成阻害除草剤 植物体内では亜硝酸還元や光呼吸,あるいはアミノ基転移反応によって生成されたアンモニアがグルタミン酸に取り込まれ,グルタミンが生成する.グルホシネートはアンモニア同化酵素のグルタミン合成酵素を阻害して,グルタミン酸へのアンモニアの取り込みを阻害し,グルタミン合成とそれに続くアミノ酸代謝を阻害,攪乱する(図6.6).さらに,光呼吸にから生じるグリオキシル酸による光合成の停止,グルタミンおよびグルタミン酸の欠乏による光呼吸の阻害やアンモニアの蓄積などを引き起こす.ビアラホスはそれ自身は除草活性を有しないが,植物体内でグルホシネートに代謝されて除草活性を現す.これらの除草剤はほとんどの植物体内では代謝されないので選択作用性を示さない.

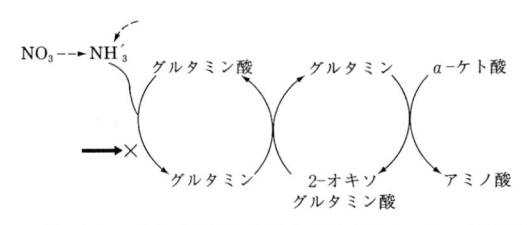

```
NO₃ → NH₃
       ╲    グルタミン酸      グルタミン      α-ケト酸
        ╲  ╱          ╲    ╱        ╲    ╱
         ╳            ╳              ╳
        ╱  ╲          ╱    ╲        ╱    ╲
    →  グルタミン      2-オキソ         アミノ酸
                    グルタミン酸
```

図 6.6 グルタミン生合成経路におけるグルホシネートの阻害部位

2) 色素生合成阻害除草剤

ⅰ) クロロフィル生合成阻害除草剤（光要求型，光白化型除草剤） これらの除草剤は，クロロフィル生合成過程の経路で，プロトポルフィリノーゲン酸化酵素（プロトックス，Protox）を阻害する．その結果，蓄積したプロトポルフィリノーゲンIXは自動酸化されてプロトポルフィリンIX（ProtoIX）が大量に蓄積する．光増感作用を有するプロトポルフィンIXの働きにより，光の存在下で活性酸素（一重項酸素，$^1O_2$）を発生し，膜脂質や細胞膜の過酸化を引き起こして，植物を致死に至らしめる（図6.7）．ジフェニルエーテル系（クロルニトロフェン），フタルイミド系（クロルフタリム），ペントキサゾン，ピラフルフェンエチル，フルミオキサジンやカルフェントラゾンエチルなどもこの作用機構を有する．これらの除草剤は活性発現に光が必要なことから，光活性化型，または光要求型除草剤とも呼ばれる．

ⅱ) カロチノイド生合成阻害除草剤 ノルフルラゾン，フルリドンなどの除草剤はカロチノイド生合成経路においてフィトエン以降の脱水素反応，あるいは環化反応を阻害する．カロチノイド生合成阻害を受けた植物はクロロフィルの光酸化によって白化，枯死する．ピラゾール系（ピラゾレート）やビシクロオクタン系除草剤（ベンゾビシクロン）も植物を白化，枯死させるが，作用機構は前述の除草剤とは異なり，フィトエン脱水素酵素（フィトエンデサチュラーゼ）が要求する電子受容体のキノン類（プラストキノン）の生合成を阻害して二次的にカロチノイド生合成を妨げる（図6.8）．これらは p-ヒドロキシフェニルピルビン酸ジオキシゲナーゼ（HPPD）阻害除草剤と呼ばれる．

ⅲ) 脂肪酸（脂質）生合成阻害除草剤 脂肪酸は膜の構成成分として，また表皮細胞を保護するクチクラワックスの合成原料としても重要な機能を果たしている．酢酸などを出発化合物として生合成されるが，アセチルCoAからマロニルCoAへの反応がアリロキシプロピオン酸系除草剤（ジクロホップメチル，ハロキシホップ，キザロホップエチルなど）やシクロヘキサジオン系除草剤（セトキシジム，アロキシジムなど）に

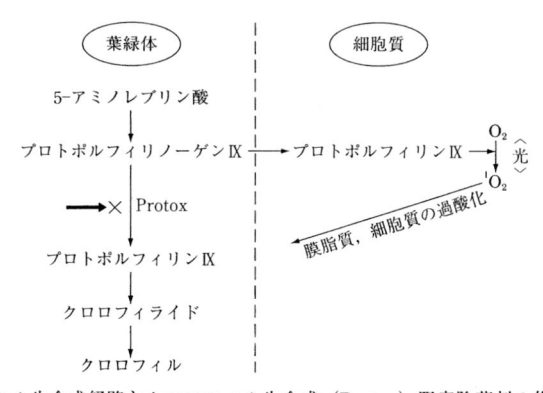

図6.7 クロロフィル生合成経路とクロロフィル生合成（Protox）阻害除草剤の作用部位と作用機構

よって阻害を受ける（図6.9）．これらの阻害はイネ科植物のみに現れ，広葉植物には影響を与えない．アセチルCoAカルボキシラーゼは真核型と原核型の2種類が存在するが，広葉植物には両方が，イネ科植物には真核型のみが存在する．これらの除草剤は真核型酵素のみを阻害するために，イネ科植物では成長抑制，萎凋および分裂組織のネクロシスなどの症状を現わし，徐々に致死に至る．アリロキシプロピオン酸系除草剤とシクロヘキサジオン系除草剤に交差抵抗性を示す雑草種が多い．チオカーバメート系（ベンチオカーブ，ジメピペレート，EPTCなど），クロロアセトアミド系（アラクロール，メトラクロール，プレチラクロールなど）の除草剤や酸アミド系のカフェンストロールも脂肪酸の生合成を阻害する．ベンチオカーブは脂肪酸の主鎖のマロニルCoA由来の

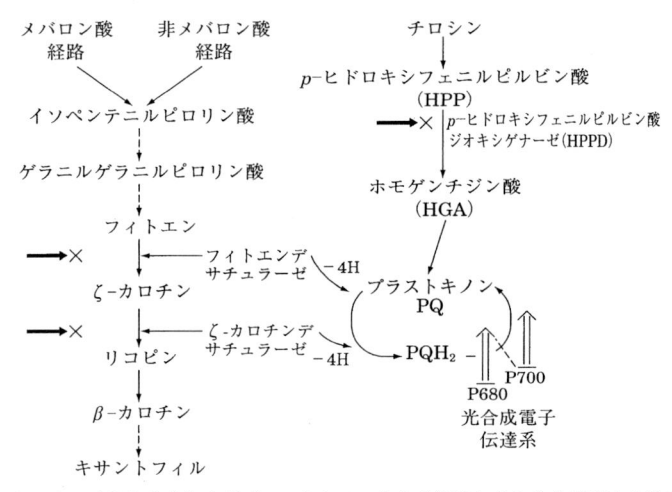

図6.8 カロチノイド生合成およびプラストキノン生合成経路とそれらを阻害する除草剤

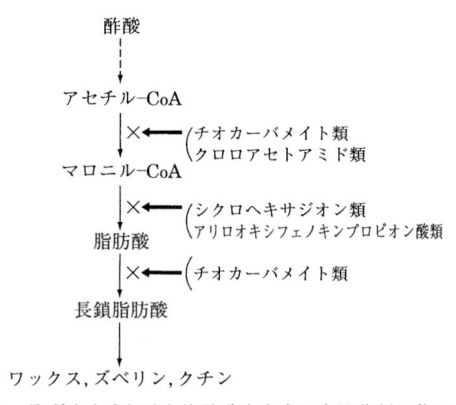

図6.9 脂質生合成経路と脂肪酸生合成阻害除草剤の作用部位

C_2単位を付加するアシル CoA エロンゲース（acyl-CoA elongase）を阻害することによって主鎖伸長を阻害する．EPTC も同様の作用を示し，ともにワックスの生合成量を減少させる．

iv） その他の生合成阻害除草剤　ジクロルベニル，イソキサベンおよびトリアジフラムは，セルロースの生合成を阻害する．アシュラムは葉酸の生合成を阻害する．

d. 細胞分裂阻害除草剤

有糸分裂ではまず，細胞の核内でDNAの複製が起こり，一対の染色体が形成される．次いで染色体は赤道面上に配列され，その後対をなした染色体がそれぞれ両極に微小管から形成された紡錘糸に沿って移動し，引き続いて細胞膜，細胞壁が形成され，2つの独立した細胞が完成する．ジニトロアニリン系（トリフルラリン，ペンディメタリンなど），有機リン系除草剤（アミプロホスメチル）やジチオピルなどは微小管の形成を阻害し，カーバメート系除草剤（CIPC）は微小管の正常な機能を阻害する．これらの除草剤は植物細胞のみに作用し，動物細胞には作用しない．

e. エネルギー代謝阻害除草剤（酸化的リン酸化阻害除草剤）

呼吸鎖電子伝達系から生じたエネルギーは酸化的リン酸化の機構を通じて ATP の形で捕えられる．しかし，PCP などのフェノール類は電子の流れを阻害しないが，それと共役している ATP 生成系のみを阻害する．生体内では，ATP が消費されると ADP の濃度が高まり，呼吸が促進される．PCP などの脱共役剤（アンカップラー）によって ADP→ATP の反応が阻害されて ADP の濃度が高まり，呼吸が昂進される．そのため呼吸基質は消費されるが，ATP が生産されないために急速に致死に至る．フェノール系のアイオキシニルやブロモキシニルは，酸化的リン酸化阻害作用のほかに光合成電子伝達阻害作用も示す．本作用機構を有する除草剤は動物の呼吸系にも大きな阻害作用を示す．

f. その他の作用機構

タンパク質生合成阻害除草剤　クロロアセトアミド系，アセトアミド系，チオカーバメート系や有機リン酸系などの除草剤はタンパク質生合成阻害剤として分類されることがあるが，鎖脂肪酸生合成阻害作用も示し，それらの第一次作用点については不明な点が多い．

6.5　主な除草剤の作用特性

ここでは日本で使用されている除草剤を中心に化学構造別に作用特性について述べる．

表6.2 フェノキシ酢酸系除草剤

種類名* ISO名	構造式	処理方法 (適用作物)	対象雑草
2,4-PA 2,4-D エチル 2,4-D ジメチルアミン塩 2,4-D ナトリウム塩-水化物 単剤, 混合剤	(2,4-ジクロロフェノキシ酢酸構造) 誘導体 ナトリウム塩 ジメチルアミン塩 エチルエステル	茎葉処理 (水稲, 日本芝, 非農耕地)	一年生および 多年生広葉雑草
MCP MCPA ナトリウム塩 MCPA ナトリウム塩-水化物 MCPA エチル MCPA ブチル 単剤, 混合剤	(MCPA構造) 誘導体 ナトリウム塩 エチル, ブチル, アリルエステル	茎葉処理 (水稲, 麦類, トウモロコシ, 日本芝, 林業地, 非農耕)	一年生および 多年生広葉雑草 雑かん木
MCPP メコプロップカリウム塩 メコプロップジメチルアミン塩 単剤, 混合剤	(MCPP構造)	茎葉処理 (日本芝)	一年生および多年生広葉雑草
トリクロピル トリクロピルトリエチルアミン塩 トリクロピルブトキシエチル 単剤, 混合剤	(トリクロピル構造)	茎葉処理 (日本芝, 非農耕地, 林業地)	一年生および 多年生広葉雑草
MCPB MCPB エチル 混合剤	(MCPB構造)	茎葉処理 (水稲)	一年生および 多年生広葉雑草

a. フェノキシ酢酸系除草剤

第二次大戦後間もなく, 多数の合成オーキシン活性物質の中から2,4-D が第1号の有機除草剤として実用化された. 茎葉処理により使用されるが, 土壌に落下した場合, 一定期間除草活性を示す. 土壌中では下方にやや移動するが, エステル体は移動の程度が小さい. エステル体は水田では湛水のまま, 生育中の広葉雑草防除に使用される. 茎葉処理により一年生および多年生の広葉雑草が防除される. これらの除草剤の適用作物はイネ科の作物および芝生である. トリクロピルは植物体内で安定であり, 除草活性が高く, 特に多年生雑草防除に使用される (表6.2).

b. 安息香酸系除草剤

MDBAとピクロラムはオーキシン活性を示す. 茎葉処理により広葉雑草防除に使用されるが, 特に多年生雑草防除効果に優れる. 植物体中及び土壌中で代謝, 分解を受け

にくい．イネ科の作物と芝地で使用される．土壌に落下したものは比較的長期間，効果を持続する．クロルタールはオーキシン活性を示さない．芝地で土壌処理により使用され，主に一年生イネ科雑草の発芽，成長を阻害する．土壌中では下方移動は小さく，長期間，効果を持続する（表 6.3）．

c． ハロゲン化カルボン酸除草剤

低級脂肪酸のハロゲン化合物であるこれらの除草剤は土壌処理，または茎葉処理により使用される．植物体内を移行しやすく，一年生および多年生のイネ科雑草の成長を阻害して，衰滅・枯死に至らしめる．林業地や非農耕地で特にススキやササ類の防除に使用される．土壌中および植物体内では安定であり，比較的長期間，効果を持続する．土壌中の下方移動の程度は比較的大きい．DPAとテトラピオンの組み合わせはクズの防除にも卓効を示す（表 6.4）．

表 6.3 安息香酸およびピリジン-カルボン酸系除草剤

種類名＊ ISO名	構造式	処理方法（適用作物）	対象雑草
＊MDBA ジカンバ ジカンバジメチルアミン塩 ジカンバイソプロピルアミン塩 ジカンバナトリウム塩 単剤，混合剤	(構造式: ジクロロ-メトキシ安息香酸) 誘導体　ジメチルアミン塩 　　　　イソプロピルアミン塩 　　　　ナトリウム塩	茎葉処理 （日本芝，ブルーグラス，牧草地）	一年生および多年生広葉雑草
＊ピクロラム ピクロラムカリウム塩 単剤	(構造式: アミノ-トリクロロピリジンカルボン酸)	木針処理 （林業地）	クズ
＊TCTP クロルタール 単剤	CH_3O_2C-(テトラクロロベンゼン)-$COOCH_3$	土壌処理 （日本芝）	一年生イネ科雑草

表 6.4 ハロゲン化カルボン酸系除草剤

種類名＊ ISO名	構造式	処理方法（適用作物）	対象雑草
＊DPA 単剤，混合剤	$CH_3CCl_2COOH(-Na)$	土壌処理 茎葉処理	一年生および多年生イネ科雑草
テトラピオン ＊フルプロパネートナトリウム塩 単剤，混合剤	$CF_2 \cdot CF_2 \cdot COOH(-Na)$	土壌処理 茎葉処理 （林業地，非農耕地）	一年生および多年生イネ科雑草

表 6.5 カーバメート系除草剤

種類名* ISO名	構 造 式	処理方法 (適用作物)	対象雑草
*フェンメディファム フェンメディファム 単剤, 混合剤	CH₃-C₆H₄-NH-C(=O)-O-C₆H₄-NH-C(=O)-OCH₃	茎葉処理 (テンサイ)	一年生雑草
*デスメディファム デスメディファム 混合剤	C₂H₅O-C(=O)-NH-C₆H₄-O-C(=O)-NH-C₆H₅	茎葉処理 (テンサイ)	一年生広葉雑草
*IPC クロロプロファム 単剤, 混合剤	Cl-C₆H₄-NH-C(=O)-OCH(CH₃)₂	土壌処理 (麦類, 野菜)	一年生雑草
*ベンチオカーブ チオベンカーブ 単剤, 混合剤	Cl-C₆H₄-CH₂-S-C(=O)-N(C₂H₅)₂	土壌処理 茎葉処理 (畑作物, 水稲)	一年生雑草 マツバイ
*オルソベンカーブ オルソベンカーブ 単剤, 混合剤	(2-Cl)C₆H₄-CH₂-S-C(=O)-N(C₂H₅)₂	土壌処理 (日本芝)	一年生イネ科雑草
*ピリブチカルブ ピリブチカルブ 単剤, 混合剤	(CH₃)₃C-C₆H₄-O-C(=S)-N(CH₃)-(2-ピリジル-6-OCH₃)	土壌処理 (日本芝, ベントグラス, ブルーグラス, 水稲)	一年生雑草
*ジメピペレート ジメピペレート 混合剤	C₆H₅-C(CH₃)₂-S-C(=O)-N(ピペリジル)	土壌処理 (水稲)	一年生イネ科雑草
*エスプロカルブ エスプロカルブ 混合剤	C₆H₅-CH₂-S-C(=O)-N(C₂H₅)(CH(CH₃)₂)	土壌処理 (水稲)	一年生イネ科雑草
*モリネート モリネート 単剤, 混合剤	C₂H₅-S-C(=O)-N(ヘキサメチレンイミノ)	土壌処理 (水稲)	一年生雑草 マツバイ
*アシュラム アシュラムナトリウム塩 単剤	H₂N-C₆H₄-SO₂NH-C(=O)-OCH₃	茎葉処理 土壌処理 (日本芝, サトウキビ, ホウレンソウ, リンゴ, 牧草地)	一年生雑草 ギシギシなどの多年生雑草

d. カーバメートおよびチオカーバメイト系除草剤

カーバメイト系除草剤は，カルバミン酸(NH_2COOH)の誘導体である．フェンメディファムとデスメディファムは光合成の光化学系 II を阻害する．茎葉処理により使用され，アカザ科雑草を含む広葉雑草を防除するが，同科のテンサイには薬害を示さない．大部分は土壌処理により使用され，発芽，または発芽直後の主にイネ科雑草の幼芽および幼根から吸収され，細胞分裂を阻害する．しかし，これらの除草剤の作用機構は多岐にわたり，ベンチオカーブなどのチオカーバメイト系除草剤は脂肪酸の生合成も阻害する．モリネートとベンチオカーブは生育ステージのやや進んだヒエ類の防除にも有効である．CIPC は畑作物で，オルベンカーブは芝地でも使用されるが，大部分の除草剤は水田で使用される．いずれも土壌中での下方移動の程度は小さく，ほぼ 1 カ月程度除草効果を持続する．

アシュラムは，茎葉処理によりイネ科雑草の生育を停止させ，徐々に枯死に至らしめる．多年生雑草のギシギシ防除に特に有効である．土壌中での下方移動はやや大きく，除草効果の持続期間は比較的短い．日本芝の芝地でメヒシバやスズメノカタビラの選択的防除に広範に使用される（表 6.5）．

e. ウレア（尿素）系除草剤

尿素はカルバミン酸のアミド体である．ダイムロン，メチルダイムロンおよびクミルロンを除いて，いずれも光合成の光化学系 II を阻害する．ダイムロンとクミルロンは水田で，メチルダイムロンは芝地でいずれもカヤツリグサ科雑草防除に使用される．これらは発芽時の雑草の幼芽，幼根の細胞分裂を阻害する．土壌中での下方移動は小さく，効果の持続期間はそれほど長くない．ダイムロンとクミルロンはスルホニルウレア系除草剤やカーバメイト系除草剤による水稲の薬害を軽減する．ジウロン，リニュロンは畑作物で，シデュロンは芝地で土壌処理により使用される．カルブチレート，エチジムロン，テブチウロン，イソウロンは非農耕地，または林業地で一年生雑草，多年生雑草や雑かん木の防除に使用される．土壌中での下方移動が大きく，長期間除草効果を持続する．さらにテトラピオンとの組み合わせにより大きな相乗効果と殺草スペクトルの拡大が見られる．なお，カーブチレートはフェニルカーバメイトとして分類されることもある（表 6.6）．

f. スルホニルウレア系除草剤

$X–SO_2–NH–CO–NH–Y$ の一般式で示されるこれらの除草剤はバリン，ロイシン，イソロイシンなどの分枝アミノ酸の生合成の阻害により，雑草を成長停止，茎葉の退色，ネクロシスなどをもたらし，致死に至らしめる．除草剤の種類により，水田，畑，非農耕地で，土壌処理，茎葉処理，または茎葉兼土壌処理により，使用される．多くの場合，

表 6.6 ウレア（尿素）系除草剤

種類名* ISO名	構造式	処理方法（適用作物）	対象雑草
*DCMU ジウロン 単剤, 混合剤	Cl-C₆H₃(Cl)-NH-CO-N(CH₃)₂	土壌処理 (麦類, 畑作物, 果樹園) 非農耕地	一年生雑草
*リニュロン リニュロン 単剤, 混合剤	Cl-C₆H₃(Cl)-NH-CO-N(CH₃)(OCH₃)	土壌処理 (麦類, 畑作物, 野菜, 果樹園) 非農耕地	一年生雑草
*カルブチレート カルブチレート 単剤, 混合剤	(CH₃)₃C-NH-CO-O-C₆H₄-NH-CO-N(CH₃)₂	土壌処理 茎葉処理	一年生および多年生雑草
*エチジムロン エチジムロン 混合剤	C₂H₅SO₂-(チアジアゾール)-N(CH₃)-CO-NH-CH₃	土壌処理 非農耕地	一年生および多年生雑草
*テブチウロン テブチウロン 混合剤	CH₃-C(CH₃)₂-(チアジアゾール)-N(CH₃)-CO-NH-CH₃	土壌処理	一年生および多年生雑草
*イソウロン イソウロン 単剤, 混合剤	H₃C-C(CH₃)₂-(イソオキサゾール,CH₃)-NH-CON(CH₃)₂	土壌処理 (サトウキビ, 日本芝)	一年生および多年生雑草
*ダイムロン ダイムロン 混合剤	C₆H₅-C(CH₃)₂-NH-CO-NH-C₆H₄-CH₃	土壌処理 (水稲)	ホタルイ マツバイ
メチルダイムロン 単剤, 混合剤	C₆H₅-C(CH₃)₂-NH-CO-N(CH₃)-C₆H₅	土壌処理 (日本芝)	カヤツリグサ科雑草(ハマスゲ, ヒメクグ)
クミルロン 単剤, 混合剤	Cl-C₆H₄-CH₂-NH-CO-NH-C(CH₃)₂-C₆H₅	土壌処理 (水稲)	ホタルイ マツバイ
*シデュロン シデュロン 単剤	C₆H₅-NH-CO-NH-C₆H₉(CH₃)	土壌処理 (日本芝, 西洋芝, タバコ)	一年生イネ科雑草

広葉雑草とカヤツリグサ科雑草に卓効があるが，イネ科雑草に有効なものもある．土壌中での下方移動は中程度であり，効力の持続期間は短期間から長期間に及ぶものまでさまざまである．日本の水田ではイネ科防除用の除草剤と混合され，広範に使用されている．諸外国ではスルホニルウレア系除草剤にたいする抵抗性雑草の出現が多い（表6.7）．

6.5 主な除草剤の作用特性

表 6.7 スルホニルウレア系除草剤

種類名＊ ISO 名	構 造 式	処理方法 (適用作物)	対象雑草
＊ベンスルフロンメチル ベンスルフロンメチル 混合剤	COOCH₃ / CH₂SO₂-NH-C(O)-NH-ピリミジン(OCH₃)₂	土壌処理 (水稲)	一年生および 多年生広葉雑草 カヤツリグサ科 雑草
＊エトキシスルフロン エトキシスルフロン 単剤,混合剤	OC₂H₅ / O-SO₂-NH-C(O)-NH-ピリミジン(OCH₃)₂	土壌処理 茎葉処理 (日本芝,ベント グラス,ブルー グラス,水稲)	一年生および 多年生広葉雑草 ヒメクグ ハマスゲ
＊メトスルフロンメチル メトスルフロンメチル 単剤	COOCH₃ / SO₂-NH-C(O)-NH-トリアジン(OCH₃)(CH₃)	茎葉処理 (日本芝)	一年生および 多年生広葉雑草
＊シクロスルファムロン シクロスルファムロン 単剤,混合剤	シクロプロピルCO- / NHSO₂-NH-C(O)-NH-ピリミジン(OCH₃)₂	土壌処理 (水稲)	一年生広葉雑草 マツバイ ホタルイ ヒルムシロ等
＊シノスルフロン シノスルフロン 単剤,混合剤	OCH₂CH₂OCH₃ / SO₂-NH-C(O)-NH-トリアジン(OCH₃)₂	土壌処理 茎葉処理 (日本芝)	一年生広葉雑草 カヤツリグサ科 雑草
＊フラザスルフロン フラザスルフロン 単剤,混合剤	CF₃-ピリジン-SO₂-NH-C(O)-NH-ピリミジン(OCH₃)₂	土壌処理 茎葉処理 (ミカン,ブド ウ,桑,日本芝)	一年生および多 年生広葉雑草 ヒメクグ ハマスゲ
＊リムスルフロン リムスルフロン 単剤	SO₂C₂H₅-ピリジン-SO₂-NH-C(O)-NH-ピリミジン(OCH₃)₂	土壌処理 茎葉処理 (日本芝)	一年生雑草
＊ニコスルフロン ニコスルフロン 単剤	O=C(N(CH₃)₂)-ピリジン-SO₂-NH-C(O)-NH-ピリミジン(OCH₃)₂	茎葉処理 (トウモロコシ)	一年生雑草 シバムギ
＊チフェンスルフロンメ チル チフェンスルフロンメ チル 単剤	S(チオフェン)-COOCH₃ / SO₂-NH-C(O)-NH-トリアジン(OCH₃)(CH₃)	土壌処理 茎葉処理 (オオムギ,コ ムギ牧野等)	一年生雑草

172 6. 除 草 剤

種類名* ISO名	構 造 式	処理方法 (適用作物)	対象雑草
*アジムスルフロン アジムスルフロン 混合剤	(構造式)	土壌処理 (水稲)	一年生および 多年生広葉雑草 カヤツリ科雑草
*ハロスルフロンメチル ハロスルフロンメチル 単剤, 混合剤	(構造式)	茎葉処理 (トウモロコシ, サトウキビ, 日 本芝)	一年生広葉雑草 ヒメクグ ハマスゲ
*ピラゾスルフロンエチル ピラゾスルフロンエチル 単剤, 混合剤	(構造式)	茎葉処理 (日本芝, ベン トグラス, ブ ルーグラス, 水 稲)	ヒメクグ ハマスゲ
*イマゾスルフロン イマゾスルフロン 単剤, 混合剤	(構造式)	土壌処理 茎葉処理 (日本芝, ベント グラス, ブル ーグラス, 水稲)	一年生広葉雑草 ヒメクグ ハマスゲ

表 6.8 酸アミド系除草剤

種類名* ISO名	構 造 式	処理方法 (適用作物)	対象雑草
*DCPA プロパニル 単剤, 混合剤	(構造式)	茎葉処理 (イネ, バレイ ショ, 果樹, 日 本芝)	一年生雑草
*ナプロパミド ナプロパミド 単剤	(構造式)	土壌処理 (日本芝, 非農 耕地)	一年生雑草
*プロピザミド プロピザミド 単剤, 混合剤	(構造式)	土壌処理 (日本芝, レタ スなど野菜類)	一年生雑草
*イソキザベン イソキサベン 単剤, 混合剤	(構造式)	土壌処理 (日本芝, ベン トグラス, ブ ルーグラス)	一年生広葉雑草
*メフェナセット メフェナセット 単剤, 混合剤	(構造式)	土壌処理 (水稲)	一年生雑草 マツバイ
*ブロモブチド ブロモブチド 混合剤	(構造式)	土壌処理 (水稲)	一年生雑草 カヤツリグサ科 の多年生雑草

6.5 主な除草剤の作用特性

名称	構造	用途	対象雑草
*エトベンザミド エトベンザミド 単剤，混合剤	2,3-ジクロロ-N-フェニル-4-(エトキシメトキシ)ベンズアミド構造	土壌処理 (水稲, 直播・移植)	一年生イネ科 (ノビエ)雑草
*ジフルフェニカン ジフルフェニカン 混合剤	2-[3-(トリフルオロメチル)フェノキシ]-N-(2,4-ジフルオロフェニル)ニコチンアミド構造	土壌処理 (コムギ, オオムギ)	一年生雑草
*ナプロアニリド 単剤，混合剤	2-(2-ナフチルオキシ)プロピオンアニリド構造	土壌処理 (水稲)	一年生広葉雑草 マツバイ ホタルイ ウリカワ
*クロメプロップ クロメプロップ 混合剤	2-(2,3-ジクロロ-4-メチルフェノキシ)プロピオンアニリド構造	土壌処理 (水稲)	一年生広葉雑草 マツバイ ホタルイ ウリカワ
*アラクロール アラクロール 単剤	2-クロロ-N-(メトキシメチル)-2',6'-ジエチルアセトアニリド構造	土壌処理 (トウモロコシ, ダイズ, 野菜類)	一年生雑草
*ブタクロール ブタクロール 単剤	2-クロロ-N-(ブトキシメチル)-2',6'-ジエチルアセトアニリド構造	土壌処理 (水稲)	一年生雑草 ホタルイ マツバイ ミズカヤツリ
*プレチラクロール プレチラクロール 単剤，混合剤	2-クロロ-N-(2-プロポキシエチル)-2',6'-ジエチルアセトアニリド構造	土壌処理 (水稲)	一年生雑草 ホタルイ マツバイ ミズカヤツリ
*テニルクロール テニルクロール 単剤，混合剤	2-クロロ-N-(2,6-ジメチルフェニル)-N-[(3-メトキシ-2-チエニル)メチル]アセトアミド構造	土壌処理 (水稲)	一年生雑草 マツバイ
*ジメテナミド ジメテナミド 単剤，混合剤	2-クロロ-N-(2,4-ジメチル-3-チエニル)-N-(1-メチル-2-メトキシエチル)アセトアミド構造	土壌処理 (ダイズ, トウモロコシ, キャベツ)	一年生雑草
*メトラクロール メトラクロール 単剤，混合剤	2-クロロ-N-(2-エチル-6-メチルフェニル)-N-(1-メチル-2-メトキシエチル)アセトアミド構造	土壌処理 (トウモロコシ, ダイズ, ラッカセイ, 野菜等)	一年生雑草
フェントラザミド フェントラザミド 混合剤	4-(2-クロロフェニル)-N-シクロヘキシル-N-エチル-4,5-ジヒドロ-5-オキソ-1H-テトラゾール-1-カルボキサミド構造	土壌処理 (水稲)	一年生雑草

g. 酸アミド（クロロアセトアミド，アセトアミド，オキシアミド）系除草剤

アシルアミドおよびクロロアセトアミド型のこれらの除草剤はプロパニルを除いて土壌処理により使用され，雑草の幼芽，幼根の細胞の分裂，伸長を阻害する．土壌中では比較的長期間効果を持続する．プロパニルは茎葉処理で光合成の光化学系IIを阻害するが，土壌中では微生物分解により数日で除草活性を失う．メフェナセット，エトベンザニド，ナプロアニリド，ブタクロール，プレチラクロール，テニルクロールなどは水田で使用され，主に一年生イネ科雑草に効果を示すが，ナプロアニリドとクロメプロップは広葉雑草防除に有効である．ジフルフェニカンはムギ類に使用される．その他は畑作物や芝地で使用される．これらの除草剤は土壌中では下方移動性が小さく，1～2カ月程度除草効果を持続する．ナプロアニリド，クロメプロップはカルボン酸に代謝された後，フェノキシ酢酸と同様の作用機構により除草作用を発揮する（表6.8）．

h. ジニトロアニリン系除草剤

これらの除草剤は化学構造が酷似するが，物理化学的性質が若干異なるため，作用特性と適用作物もやや異なる．土壌中では下方移動が小さく，効果の持続期間が長い．日本ではトリフルラリンが数種の畑作物に使用されるが，その他は主に芝地で使用され，

表6.9 ジニトロアニリン系除草剤

種類名* ISO名	構造式	処理方法 （適用作物）	対象雑草
*トリフルラリン トリフルラリン 単剤，混合剤	F_3C-C₆H₂(NO₂)₂-N(C₃H₇)₂	土壌処理 （水稲，畑作物，野菜類，果樹）	一年生雑草
*ベスロジン ベンフルラリン 単剤，混合剤	F_3C-C₆H₂(NO₂)₂-N(C₂H₅)(C₄H₉)	土壌処理 （タバコ，日本芝，非農耕地）	一年生雑草
*プロジアミン プロジアミン 単剤，混合剤	$(n\text{-}C_3H_7)_2N$-C₆H(NO₂)₂(NH₂)(CF₃)	土壌処理 （日本芝，ベントグラス，ブルーグラス，バミューダグラス，非農耕地）	一年生雑草
*オリザリン オリザリン 単剤	$(n\text{-}C_3H_7)_2N$-C₆H₂(NO₂)₂-S(O)₂-NH₂	土壌処理 （日本芝）	一年生雑草
*ペンディメタリン ペンディメタリン 単剤，混合剤	CH₃,CH₃-C₆H(NO₂)₂-NH-CH(C₂H₅)₂	土壌処理 （ムギ類，畑作物，野菜類，日本芝）	一年生雑草

イネ科雑草に卓効を示す．トリフルラリンは蒸気圧が大きく（10^{-4} mmHg，シマジンは 10^{-9} mmHg），揮発しやすいので乾燥する国では土壌混和処理される．ベスロジンの効果は高温時には低下する（表6.9）．

i. 有機リン酸系除草剤

これらは，土壌処理剤により，一年生イネ科，カヤツリグサ科雑草の発芽時の幼芽，幼根の細胞分裂，伸長を阻害する．SAP，アミプロホスメチル，ブタミホスは主に芝

表6.10 有機リン酸エステル系除草剤

種類名＊　ISO名	構　造　式	処理方法 （適用作物）	対象雑草
＊SAP ベンスリド 単剤，混合剤	$\text{C}_6\text{H}_5-\text{SO}_2\text{NHCH}_2\text{CH}_2\text{S}-\overset{\text{S}}{\underset{}{\text{P}}}\begin{matrix}\text{OCH(CH}_3)_2\\\text{OCH(CH}_3)_2\end{matrix}$	土壌処理 （日本芝）	一年生イネ科雑草
＊アミプロホスメチル アミプロホスメチル 単剤	$\text{CH}_3-\bigcirc(\text{NO}_2)-\text{O}-\overset{\text{S}}{\underset{}{\text{P}}}\begin{matrix}\text{OCH}_3\\\text{NHCH(CH}_3)_2\end{matrix}$	土壌処理 （日本芝，ティフトン芝）	一年生イネ科雑草
＊ブタミホス ブタミホス 単剤，混合剤	$\text{H}_3\text{C}-\bigcirc(\text{NO}_2)-\text{O}-\overset{\text{S}}{\underset{}{\text{P}}}\begin{matrix}\text{OC}_2\text{H}_5\\\text{NHCH}-\text{C}_2\text{H}_5\\\phantom{\text{NHCH}-}\text{CH}_3\end{matrix}$	土壌処理 （水稲，野菜類，日本芝）	一年生イネ科雑草
＊ピペロホス ピペロホス 混合剤	$\text{N}(\text{CH}_3)-\overset{\text{O}}{\underset{}{\text{C}}}-\text{CH}_2\text{S}-\overset{\text{S}}{\underset{}{\text{P}}}\begin{matrix}\text{OC}_3\text{H}_7\\\text{OC}_3\text{H}_7\end{matrix}$	土壌処理 （水稲）	一年生イネ科雑草

表6.11 含リン酸アミノ酸系除草剤

種類名＊　ISO名	構　造　式	処理方法 （適用作物）	対象雑草
＊グリホサート アンモニウム塩 イソプロピルアミン塩 ナトリウム塩 トリメシウム塩 単剤，混合剤	$\begin{matrix}\text{HO}\\\text{HO}\end{matrix}\overset{\text{O}}{\underset{}{\text{P}}}-\text{CH}_2\text{NHCH}_2\text{CO}_2\text{H}$	茎葉処理 （麦類，ダイズ，水稲，野菜，果樹園，牧草地） （非選択性）	一年生および多年生雑草
＊グルホシネート グルホシネートアンモニウム塩 単剤，混合剤	$\text{CH}_3-\overset{\text{O}}{\underset{\text{NH}_4^+\cdot\text{O}^-}{\text{P}}}-\text{CH}_2-\text{CH}_2-\underset{\text{NH}_2}{\text{CH}}-\text{COOH}$	茎葉処理 （麦類，ダイズ，野菜類，果樹園，日本芝） （非選択性）	一年生および多年生雑草
＊ビアラホス ビアラホスナトリウム塩 単剤，混合剤	$\text{CH}_3-\overset{\text{O}}{\underset{\text{O}^-}{\text{P}}}-\text{CH}_2-\text{CH}_2-\underset{\text{NH}_2}{\text{CH}}-\text{CONH}-\underset{\text{CH}_3}{\text{CH}}-$ $\text{CONH}-\underset{\text{CH}_3}{\text{CH}}-\text{COOH}\cdot\text{Na}^+$	茎葉処理 （畑作物，野菜類，日本芝） （非選択性）	一年生および多年生雑草

地で，ピペロホスは水田で使用される．土壌中の移動は SAP ではかなり大きいが，他では小さい．除草効果の持続期間はいずれも比較的長い（表 6.10）．

j. 含リン酸アミノ酸（グリシン，リン酸）系除草剤

グリホサート，グルホシネートとビアラホスは茎葉処理により一年生雑草と多年生雑草の防除に使用される．ほとんどの植物体内をよく移行し，非選択的に作用する．多年生雑草には特にグリホサートが卓効を示す．いずれも土壌中では微生物分解により急速に除草活性を失う．果樹園，農耕地および非農耕地で広く使用される．南北アメリカではグリホサート抵抗性作物が広く栽培されている（表 6.11）．

k. アリロキシフェノキシプロピオン酸系およびシクロヘキサンジオン系除草剤

これらの除草剤は茎葉処理により広葉作物のダイズやテンサイには影響を与えずに一年生と多年生のイネ科雑草を選択的に防除する．しかし，イネ科のスズメノカタビラには除草活性を示さない．土壌中では速やかに代謝され，土壌処理活性を示さないが，テプラロキシジムとクレトジムは土壌処理活性を示す．両系統とも作用特性，使用方法が

表 6.12 アリロキシフェノキシプロピオン酸系およびシクロヘキサンジオン系除草剤

種類名* ISO 名	構 造 式	処理方法 （適用作物）	対象雑草
*フルアジホップ フルアジホップブチル *フルアジホップ P フルアジホップ 単剤	F_3C-ピリジン-O-$\bigcirc$-O-CH-$COOC_4H_9$ 　　　　　　　　　　　$\mid$ 　　　　　　　　　　CH_3	茎葉処理 （畑広葉作物，野菜，テンサイ）	一年生および多年生イネ科雑草
*キザロホップエチル キザロホップエチル 単剤	Cl-キノキサリン-O-$\bigcirc$-O-CH-$COOCH_2$-テトラヒドロフラン　［R体］ 　　　　　　　　　　　$\mid$ 　　　　　　　　　　CH_3	茎葉処理 （畑広葉作物，野菜，テンサイ）	一年生イネ科雑草
*シハロホップブチル シハロホップ 単剤，混合剤	NC-$\bigcirc$(F)-O-$\bigcirc$-O-CH-COO-n-C_4H_9　［R体］ 　　　　　　　　　　　$\mid$ 　　　　　　　　　　CH_3	土壌処理 茎葉処理 （水稲）	一年生イネ科雑草
*フェノキサプロップエチル フェノキサプロップエチル 単剤	Cl-ベンゾオキサゾール-O-$\bigcirc$-O-CH-$COOC_2H_5$　［R体］ 　　　　　　　　　　　$\mid$ 　　　　　　　　　　CH_3	茎葉処理 （豆類，テンサイ，ニンジン，サツマイモ）	一年生イネ科雑草
*セトキシジム セトキシジム 単剤	CH_3　　　　　　　OH　　N-OC_2H_5 　$\mid$　　　　　　　　　　　$\mid$ C_2H_5S-$CHCH_2$-シクロヘキセノン-C_3H_7	茎葉処理 （畑広葉作物，野菜，テンサイ，菊，花木，スギ）	一年生イネ科雑草

6.5 主な除草剤の作用特性

種類名* ISO名	構造式	処理方法（適用作物）	対象雑草
*クレトジム 単剤	$C_2H_5-S-CH(CH_3)-CH_2$ 置換シクロヘキサノン環 OH, C_2H_5, $N-O-CH_2-CH=CHCl$	茎葉処理（豆類，ニンジン，テンサイ，タマネギ）	一年生イネ科雑草
*テプラロキシジム テプラロキシジム 単剤	テトラヒドロピラン置換シクロヘキサノン環 OH, C_2H_5, $N-O-CH_2-CH_2=CHCl$	茎葉処理（豆類，ニンジン，テンサイ，タマネギ）	一年生イネ科雑草

表 6.13 フェノール系除草剤

種類名* ISO名	構造式	処理方法（適用作物）	対象雑草
*アイオキシル アイオキシニルオクタノエート 単剤	$NC-$ベンゼン環$(I,I)-O-C(=O)(CH_2)_6\cdot CH_3$	茎葉処理（麦類，タマネギ，リンゴ，日本芝）	一年生広葉雑草
PCP （現在使用されていない）	ペンタクロロフェノール（OH, $Cl \times 5$）	土壌処理（水稲，畑作物）	一年生雑草

酷似している．これらの除草剤は主に畑作物で使用され，作用特性，使用法とも大きな違いがない．シハロホップブチルはイネ体内で分解されるので水田で使用される（表 6.12）．

l. フェノール系除草剤

PCP（pentachlorophenol）は水田の土壌処理剤として昭和30年代に広範に使用された．土壌表層に堅固な処理層を形成するために移植イネの根に影響がない．魚介類に対する毒性が大きく，長年は使用されなかったが，水田の土壌処理剤のさきがけとしての重要な役割を果たした．アイオキシニルは茎葉処理によりイネ科作物のムギ類や芝地で使用され，広葉雑草を選択的，速効的に防除する．これらの除草剤は土壌中の下方移動は小さく，光分解などにより急速に除草活性を失う（表 6.13）．

m. ジフェニルエーテル系除草剤

かつて日本の水田で土壌処理剤として広範に使用され，機械による稚苗移植栽培の定着に大きく貢献した．土壌のごく表層に形成された処理層に雑草の幼芽が接触し，光の存在下で褐変，枯死に至る．アメリカでは，茎葉処理により，広葉雑草防除の目的でも使用されている（表 6.14）．

表 6.14 ジフェニルエーテル系除草剤

種類名＊　ISO名	構造式	処理方法 (適用作物)	対象雑草
クロルニトロフェン (現在使用されていない)	Cl-C₆H₂(Cl)(Cl)-O-C₆H₄-NO₂	土壌処理 (水稲)	一年生雑草
＊ビフェノックス 　ビフュノックス 単剤，混合剤	Cl-C₆H₃(Cl)-O-C₆H₃(NO₂)-C(=O)-OCH₃	土壌処理 (水稲，日本芝， ベントグラス)	一年生雑草

表 6.15 ビピリジウム系除草剤

種類名＊　ISO名	構造式	処理方法 (適用作物)	対象雑草
＊ジクワット 　ジクワットブロミド 混合剤	[ビピリジニウム-CH₂-CH₂]·2Br⁻	茎葉処理 (麦，バレイショ 桑) (非選択性)	一年生雑草
＊パラコート 　パラコートジクロリド 単剤，混合剤	[CH₃-N⁺=ピリジン-ピリジン=N⁺-CH₃] ·2Cl⁻ または 2CH₃SO₄⁻	茎葉処理 (水稲，麦類，バ レイショ，畑作 物，野菜類，果 樹，牧草地) (非選択性)	一年生雑草

n. ビピリジリウム系除草剤

　茎葉処理により非選択的に数時間で雑草を枯殺する．植物体内の移行性が乏しく，多年生雑草の地下部栄養繁殖器官まで枯殺できない．日本ではジクワットとパラコートの混合製剤として使用されている．土壌と電気的に強く結合して土壌処理活性を失うので，圃場に散布後，数時間で作物を栽培することができる．経口毒性が大きいので注意が必要である（表6.15）．

o. 複素環系除草剤

1) トリアジン類

　トリアジフラムを除く，これらの除草剤は光合成の光化学系 II を阻害する．土壌処理，または茎葉処理により一年生雑草を防除する．シメトリン，プロメトリンおよびジメタメトリンは水田で生育のやや進んだ雑草の防除に有効である．アメトリンは果樹園で茎葉処理剤として使われる．そのほかは，畑または，芝地で土壌処理により使用される．土壌中では下方移動は小さい．世界的にはトリアジン系除草剤に抵抗性の雑草が多い．トリアジフラムは芝地で土壌処理により使用され，雑草の幼芽，幼根の細胞分裂，伸長

6.5 主な除草剤の作用特性

表 6.16 トリアジン系除草剤

種類名＊　ISO名	構造式	処理方法（適用作物）	対象雑草
＊CAT シマジン 単剤，混合剤	$C_2H_5HN-\underset{\substack{\|\\Cl}}{\text{triazine}}-NHC_2H_5$	土壌処理（トウモロコシ，ダイズ，果樹，日本芝，ティフトン）	一年生雑草
＊アトラジン アトラジン 単剤，混合剤	$C_2H_5HN-\underset{\substack{\|\\Cl}}{\text{triazine}}-NHCH(CH_3)_2$	土壌処理（トウモロコシ，サトウキビ，非農耕地）	一年生雑草
＊シアナジン シアナジン 単剤，混合剤	$C_2H_5NH-\underset{\substack{\|\\Cl}}{\text{triazine}}-NHC(CH_3)_2CN$	土壌処理（バレイショ，タマネギ，アスパラガス，日本芝）	一年生雑草
＊シメトリン シメトリン 単剤，混合剤	$C_2H_5HN-\underset{\substack{\|\\SCH_3}}{\text{triazine}}-NHC_2H_5$	土壌処理（水稲）	一年生雑草
＊アメトリン アメトリン 単剤	$C_2H_5HN-\underset{\substack{\|\\SCH_3}}{\text{triazine}}-NHCH(CH_3)_2$	茎葉処理（カンキツ，桑）	一年生雑草
＊プロメトリン プロメトリン 単剤，混合剤	$(CH_3)_2HCHN-\underset{\substack{\|\\SCH_3}}{\text{triazine}}-NHCH(CH_3)_2$	土壌処理 茎葉処理（トウモロコシ，麦類，水稲）	一年生雑草
＊ジメタメトリン ジメタメトリン 混合剤	$C_2H_5HN-\underset{\substack{\|\\SCH_3}}{\text{triazine}}-NHCH(CH_3)CH(CH_3)_2$	土壌処理 茎葉処理（水稲，直播・移植）	一年生雑草
＊メトリブジン メトリブジン 単剤	メトリブジン構造（$(CH_3)_3C$, SCH_3, NH_2）	土壌処理 茎葉処理（バレイショ，アスパラガス，サトウキビ，非農耕地）	一年生雑草
＊トリアジフラム トリアジフラム 単剤，混合剤	$\text{CH}_3\text{-C}_6\text{H}_3(\text{CH}_3)\text{-OCH}_2\text{CH}(\text{CH}_3)\text{-NH-triazine}(NH_2)(CF(CH_3)_2)$	土壌処理（日本芝）	一年生雑草

を阻害する．効果の持続期間が長い（表6.16）．

2) ジアゾール類

　これらは，5員環に2個の窒素原子をもつことを基本構造としている．ピラゾレートを始め水田で土壌処理により使用される．イネに対する影響がきわめて小さい．雑草は白化症状を示し，衰滅・枯死する．オキサジアゾリン環をもつオキサジアゾンは，雑草の幼芽，幼根から吸収されて光の存在下で褐変，枯死に至らしめる．かつて日本で広範

表6.17 ジアゾール系除草剤

種類名＊ ISO名	構 造 式	処理方法 (適用作物)	対象雑草
＊ピラゾキシフェン ピラゾキシフェン 単剤,混合剤	(構造式)	土壌処理 (水稲)	水田一年生雑草 および,多年生 雑草 (ホタルイ,ウ リカワ,ミズガ ヤツリ)
＊ベンゾフェナップ ベンゾフェナップ 単剤,混合剤	(構造式)	土壌処理 (水稲)	同上
＊ピラフルフェンエチル ピラフルフェンエチル 単剤	(構造式)	土壌処理 (水稲)	同上
＊ピラゾレート ピラゾレート 単剤,混合剤	(構造式)	土壌処理 (水稲)	同上
オキサジアゾン (現在使用されていない)	(構造式)	土壌処理 (水稲)	一年生雑草

表6.18 ピリダシンおよびピリダジノン系除草剤

種類名＊ ISO名	構 造 式	処理方法 (適用作物)	対象雑草
マレイン酸ヒドラジド (現在,日本では使用さ れていない)	(構造式)	茎葉処理 (牧草地,非農 耕地)	ギシギシなど 多年生雑草
＊ピリデート ピリデート 単剤	(構造式)	茎葉処理 (コムギ,タマ ネギ,アスパラ ガス,日本芝)	広葉雑草
＊PAC クロリダゾン 単剤,混合剤	(構造式)	土壌処理 (サンティ)	一年生雑草
ノルフルラゾン (日本では使用されてい ない)	(構造式)	土壌処理 (ラッカセイ, ワタ,ダイズ)	一年生雑草

3) ピリダジンおよびピリダジノン類

マレイン酸ヒドラジドは本来，タバコのわき芽抑制やジャガイモの萌芽抑制の目的で使用されたが，雑草の草丈抑制，あるいは多年生雑草の地下部栄養繁殖器官の休眠深化にも使用された．ピリデートとクロリダゾンは光合成の光化学系IIを阻害する．それぞれ茎葉処理および土壌処理活性を示す．化学構造が類似するノルフルラゾンはワタ，ラッカセイ，ダイズなどを対象に土壌処理剤として海外で使用される（表6.18）．

4) ウラシル類

ターバシル，ブロマシルおよびレナシルは土壌処理および茎葉処理の活性を有する．畑地，果樹園や非農耕地で使用される．土壌中で下方移動はやや大きく，効果の持続期間が長い（表6.19）．

5) イミダゾリノン類

これらの除草剤は土壌処理と茎葉処理の活性を有する．畑地，または芝地で使用される．作物の選択性は代謝，不活性化による（表6.20）．

6) ピリミジニルサリチル酸類

これらの除草剤は水稲に対する影響が小さく，直播水稲でも使用できる．ビスピリバックナトリウムは非農耕地で草丈抑制剤としても使用される（表6.21）．

7) その他の複素環類

カフェンストロール（トリアゾール系），オキサジクロメホン，およびペントキサゾンは移植水稲を対象に単独，あるいは他の除草剤と混合して使用される．ベンタゾンは水田の直播および移植水稲，畑作で茎葉処理により使用される．ダゾメットは土壌混和処理によりメチルイソシアネートを発生して，さまざまの病害や雑草種子を枯殺するが，ガス抜きしてから作物を栽培する．カルフェントラジンエチル（トリアゾリノン系），フルミオキサジンおよびクロルフタリムとフロラスラムは芝地や畑地で使用される（表6.22）．

p. その他の有機除草剤

ベンフレセート（ベンゾフラン系），シンメチリン（シネオール系），ベンゾビシクロン（ビシクロオクタン系）とインダノファン（インダジオン系）は移植水稲を対象に使用される．シンメチリンは天然物のシネオールから誘導された除草剤である．フタル酸系類のエンドタール二ナトリウムは茎葉処理により生育中の雑草を枯殺するが，動物毒性も大きい．ナフトキノン系化合物のACNは，藻類，水田のヒルムシロ防除に有効である．ベンゾニトリル系のDBN，DCBNは麦類や非農耕地を対象に土壌処理により，使用される．脂肪酸のペラルゴン酸は茎葉処理により速効的に雑草を枯殺する（表6.23）．

6. 除草剤

表 6.19 ウラシル系除草剤

種類名* ISO名	構造式	処理方法 (適用作物)	対象雑草
*ターバシル ターバシル 単剤, 混合剤		土壌処理 茎葉処理 (ミカン類, リンゴ)	一年生広葉雑草
*ブロマシル ブロマシル 単剤, 混合剤		土壌処理 茎葉処理 (ミカン類, 非農耕地)	一年生および 多年生雑草
*レナシル レナシル 単剤, 混合剤		土壌処理 (日本芝, テンサイ, ホウレンソウ, イチゴ)	一年生雑草

表 6.20 イミダゾリノン系除草剤

種類名* ISO名	構造式	処理方法 (適用作物)	対象雑草
イマザピル *イマザピルイソプロピルアミン塩 単剤, 混合剤		茎葉処理 (非農耕地)	一年生および 多年生雑草
*イマザキン イマザキン 単剤, 混合剤		茎葉処理 (日本芝)	一年生広葉雑草
イマザモックスアンモニウム *イマザモックスアンモニウム塩 単剤		茎葉兼土壌処理 (畑作物, マメ類)	一年生広葉雑草

表 6.21 ピリミジニルサリチル酸系除草剤

種類名* ISO名	構造式	処理方法 (適用作物)	対象雑草
*ピリミノバックメチル ピリミノバック 混合剤		土壌処理 茎葉処理 (水稲)	イネ科雑草
*ビスピリバックナトリウム塩 ビスピリバック 単剤		茎葉処理 (水稲, 非農耕地)	一年生, 多年生雑草

6.5 主な除草剤の作用特性

表 6.22 その他のヘテロ環をもつ除草剤

種類名*　ISO 名	構　造　式	処理方法 (適用作物)	対象雑草
*カフェンストロール カフェンストロール 単剤, 混合剤	(構造式)	土壌処理 (水稲, 日本芝)	一年生イネ科雑草
*オキサジクロメホン オキサジクロメホン 混合剤	(構造式)	土壌処理 (水稲, 日本芝)	一年生イネ科雑草
*ペントキサゾン ペントキサゾン 単剤, 混合剤	(構造式)	土壌処理 (水稲)	一年生雑草 マツバイ
*クロルフタリム 単剤	(構造式)	土壌処理 (日本芝, タバコ, 林木, 苗圃)	一年生雑草
*フルミオキサジン フルミオキサジン 混合剤	(構造式)	茎葉処理 (リンゴ, カンキツ, 非農耕地)	一年生雑草
*フロラスラム フロラスラム	(構造式)	茎葉処理 (日本芝, ブルーグラス)	一年生および多年生広葉雑草
*ベンタゾン ベンタゾン 単剤, 混合剤	(構造式)	茎葉処理 (水稲, タマネギ, インゲンマメ, 麦類)	一年生広葉雑草 多年生カヤツリグサ科雑草 オモダカ類
*ダゾメット ダゾメット	(構造式)	土壌混和処理 (野菜, カンショ, タバコ, 花卉)	一年生雑草 諸病害虫
*カルフェントラゾンエチル カルフェントラゾンエチル 単剤	(構造式)	茎葉処理 (日本芝)	一年生広葉雑草

6. 除草剤

種類名* ISO名	構造式	処理方法 (適用作物)	対象雑草
*ジチオピル ジチオピル 単剤, 混合剤	(構造式)	土壌処理 (水稲)	一年生雑草

表 6.23 その他の有機除草剤

種類名* ISO名	構 造 式	処理方法 (適用作物)	対象雑草
*エンドタールニナトリウム塩 エンドタールニナトリウム塩 単剤	(構造式)	茎葉処理 (日本芝, ブルーグラス, フェスク)	スズメノカタビラ
*インダノファン インダノファン 単剤, 混合剤	(構造式)	土壌処理 (水稲, 日本芝)	一年生雑草
*ベンフレセート ベンフレセート 単剤, 混合剤	(構造式)	土壌処理 (移植水稲)	一年生イネ科雑草, 多年生カヤツリグサ科雑草
*シンメチリン シンメチリン 単剤, 混合剤	(構造式)	土壌処理 (日本芝, 移植水稲)	一年生雑草
*ベンゾビシクロン ベンゾビシクロン 単剤, 混合剤	(構造式)	土壌処理 (移植水稲)	一年生雑草 マツバイ ホタルイ
ペラルゴン酸 単剤	$CH_3(CH_2)_7COOH$	茎葉処理 (バレイショ, ラッカセイ, 日本芝)(非選択性)	一年生雑草
*DBN ジクロベニル 単剤, 混合剤	(構造式)	土壌処理 (麦類, 非農耕地)	一年生雑草 ヨモギ スギナ
*DCBN クロルチアミド 単剤, 混合剤	(構造式)	土壌処理 (クワ, 非農耕地, 日本芝)	一年生雑草 ヒメクグ スギナ
ACN 単剤, 混合剤	(構造式)	土壌処理 (サツキ, ツツジ, 水稲, 直播・移植, 日本芝)	ウキクサ アオミドロ 藻類 ゼニゴケ

表 6.24 無機除草剤

種類名	構造式	処理方法（適用作物）	対象雑草
塩素酸塩 単剤	NaClO₃	茎葉処理 (スギ, ヒノキ, カラマツ, エゾ マツ)	一年生雑草 ササ, ススキ 雑かん木
シアン酸塩 単剤, 混合剤	NaOCN	茎葉処理 (花木, 非農耕 地)	一年生雑草

表 6.25 生物農薬

種類名	処理方法（適用作物）	対象雑草
ザントモナスキャンペストリス	茎葉処理 (日本芝, ベントグラス, ブルーグラス)	スズメノカタビラ

q. 無機除草剤

塩素酸塩（塩素酸ナトリウム）は非農耕地，林業地で茎葉処理により使用され，ススキなどの大形の雑草にも効果があるが，スギなどの造林木には影響が小さい．可燃性であり，特に火気に厳重な注意を必要とするが，土壌中では短期間で食塩に変わる．

シアン酸ナトリウムは非農耕地で茎葉処理により使用される．土壌中では短期間で尿素に変わる．植物体内の移行は小さく，イネ科や大形化した雑草には効果が小さい（表6.24）．

r. 生物農薬

ザントモナス（$Xanthomonas\ campestris$）は芝地で春から初夏に刈り込み直後に使用される．スズメノカタビラの茎葉の切り口から侵入して増殖し，通導組織を塞ぎ，水分の移動を阻害して衰滅，枯死に至らしめる．致死は代謝毒性産物によるものではない．同属のケンタッキーブルーグラスには全く影響を与えない（表6.25）．

6.6 除草剤抵抗性雑草と除草剤抵抗性作物

除草剤抵抗性雑草の出現は連続的に淘汰圧を受けるなかで，もともと存在していた抵抗性種が顕在化したものである．除草剤抵抗性の機構は，①作用点における親和性の低下によるか，②吸収・代謝の過程における変異（分解力の向上）によるものに分けられる．除草剤抵抗性の遺伝様式については，多くは優性遺伝であることが報告されている．除草剤抵抗性は異なる薬剤と交差抵抗性を示すものがある．抵抗性雑草の出現を抑えるためには，同一作用機構を有する除草剤の連用を避けること，除草剤以外の防除法との

併用による雑草制御（総合管理，IM）の取り組みが重要である．

除草剤抵抗性作物は抵抗性雑草と同様の機構によって除草剤の影響を受けない．抵抗性形質の導入，選抜や突然変異の誘導によって除草剤抵抗性作物の作出が可能になった．遺伝子組み換えによる除草剤抵抗性作物は現在，ブロモオキシニルに対するワタ，グルホシネートに対するナタネ，ダイズ，トウモロコシ，グリホサートに対するダイズ，ナタネ，ワタがある．グリホサート耐性作物の場合は *Agrobacterium* 由来のグリホサート耐性遺伝子（エノールピルビルシキミ酸-3-リン酸合成酵素（EPSP）遺伝子）を導入したものである．グルホシネート耐性作物は *Streptomyces* 属由来のホスフェノトリシンアセチルフェラーゼ（PAT）遺伝子の組換え体で分解酵素遺伝子を導入したものである．これらはアメリカなどで広範に利用されている．非選択性茎葉処理除草剤のグリグホサートやグルホシネートとそれらにたいする抵抗性作物の利用によって除草剤使用回数の減少や不耕起栽培の普及が一層容易になった．一方で，その利用による抵抗性遺伝子の拡散や人畜にたいする影響の懸念も根強く残されている．

6.7 土壌中における除草剤の挙動と殺草活性

除草剤の殺草活性は，直接的には雑草と除草剤との接触により発現するが，実際に圃場などで使用される際には，土壌に処理される場合が多く，土壌中において諸過程（図6.10）を経た後に雑草に接触して殺草活性を発現する．土壌に処理された除草剤は，土壌表面に到達し，土壌との吸着，土壌からの脱着，土壌中での水の移動に伴った移動（溶脱），揮散，化学的形態変化（分解・代謝）といった挙動を示し，この過程において一部が雑草あるいは作物に接触，吸収されて，最終的に消失あるいは流亡する．こうした挙動は，土壌の性質ならびに除草剤の理化学的特性によって支配される．また，雑草の

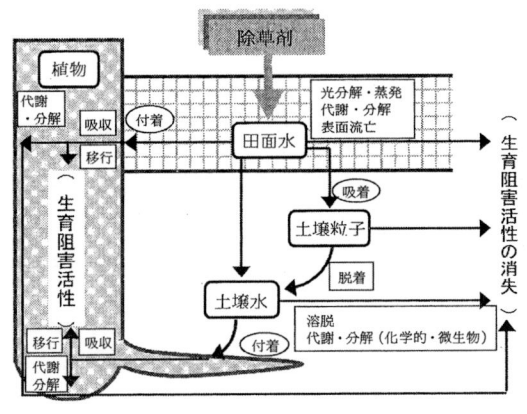

図 6.10 土壌中における除草剤の挙動と生育阻害活性発現の模式図（水田の場合）

発生時期，発生パターンあるいは作物の発芽や移植時期など雑草，作物の生育も土壌条件に依存しているので殺草活性あるいは選択作用性は土壌間で異なることが多く，場合によっては作物に薬害を発生させることがある．

a. 土壌吸着と移動性

除草剤の土壌への吸着は，粘土鉱物や土壌有機物（主として腐植物質）を吸着媒とした物理化学的性質に起因するが，土壌ならびに除草剤の性質は多様であり，吸着機構はきわめて複雑である．除草剤は水に溶けにくい（脂溶性）ものが多く，パラコートのようにイオン化しているものを除き，一般的には脂溶性の高いものほど吸着されやすい．この場合には土壌有機物への疎水結合が主要な吸着様式となっているが，吸着は，量，質とも土壌の性質（有機物含量，粘土の質と量，pHなど）によって大きな影響を受ける．また，土壌有機物含量が多いほど吸着量が大きくなる傾向がある．一方，土壌水分の増加や土壌水の移動によって，吸着表面から離脱（脱着）した除草剤は，吸着されることなく，すでに土壌水中に溶存していた除草剤とともに土壌中を移動（水の下方への移動に伴う除草剤などの移動を「溶脱」という）し，吸着の大小と移動程度は，ほぼ逆の関係にある．

b. 分解・代謝

除草剤をはじめ農薬の多くは，土壌中において分解・代謝され，活性の変動あるいは残留性を支配する主要因となっている．分解・代謝は，主として土壌表層あるいは田面水において太陽光によって引き起こされる光分解，土壌のpHや酸化還元などの化学的要因による化学的分解および土壌微生物を主とする生物的分解（生分解）とに大別されるが，分解の大部分は生分解による除草剤が多い．土壌微生物（細菌，糸状菌，放線菌など）の多くが分解能をもっており，除草剤を分解することによりエネルギーを得る場合（異化作用）と得ない場合（共役代謝）とに分けられる．分解・代謝の反応様式は，植物体内の場合と類似しており，酸化，還元，加水分解などに大別される．なお，ナプロアニリド，クロメプロップやピラゾレートなど除草剤の一部には，分解により活性が増加するものもあるが，分解・代謝によって殺草活性が低下（不活性化）されるものがほとんどである．

c. 存在形態と活性発現

土壌中における除草剤の殺草活性は，上述のように，植物（雑草）に接触し，吸収されなければならないので，基本的には土壌水中に溶存しているもの（溶存態）の濃度によって支配されている．また，土壌に吸着しているもの（吸着態）は，植物にはほとんど吸収されないが，溶存態濃度が低下した際に，これを補填する形で，土壌の吸着表面

から脱着して溶存態へと変化することによって，間接的に活性発現に関与する．したがって，吸着性が高く，一度吸着するとほとんど脱着しないような除草剤（パラコートなど）は，土壌中に多量に存在していても溶存態濃度はきわめて低く，ほとんど殺草活性を示さないので，処理直後であっても，その圃場での作物の作付け，栽培を可能にしている．

d. 処理層と選択性

除草剤による雑草制御には選択作用性が要求される場合が多い．土壌処理型除草剤の中で，植物の生理生化学的性質に基づいた選択作用性をもたないものは，除草剤の高い土壌吸着性および作物と雑草との間における生育時期の差，種子の存在位置の差などを利用した選択作用性をもっているものが多い．このような除草剤の多くは，図 6.11 に示されるように，土壌表層の土壌粒子に吸着し，そこ（表層 1～2 cm 程度）に局在する（この層は「処理層」と称される）．処理層から発生した雑草や，そこに根あるいは茎葉基部が存在する雑草は，除草剤を吸収することとなり枯殺されるが，その下層に移植された作物は，処理層に吸収器官が存在しないので害を受けず，作物‒雑草間に選択性が成立する．このような選択作用性は，土壌条件，作物の播種や移植深度，雑草の発生深度などにより選択性の幅が変動し，作物に害が生じる場合がある．

e. 土壌処理除草剤の特性

土壌に処理された除草剤は，処理直後を最大として，ある期間中は土壌中に残留するが，分解・代謝あるいは系外への移動によって残留量は経時的に減少し，最終的には消失する．一般的に分解微生物の生育が活発で有機物含量の多い土壌では消失が速く，また，土壌粒子に吸着されたものは分解されにくく，パラコートのように土壌に到達する

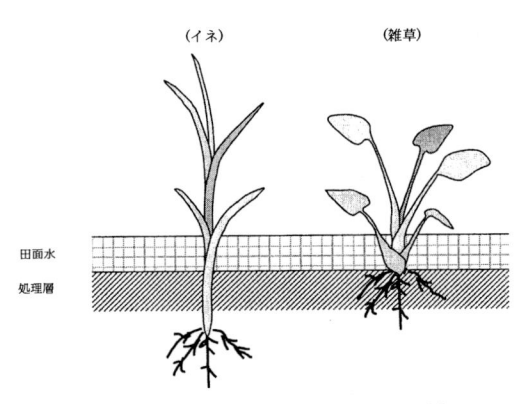

図 6.11 除草剤処理層と選択性（水田の場合）

とただちに吸着されてほとんど分解されず半永久的に残留するものもある．一方，土壌に処理された除草剤の中には，処理後一定期間（通常は数日から数週間）にわたって殺草効果（残効性）を発現するものも少なくないが，残効性は，土壌の性質や雑草の特性（発生の時期・消長，発生深度・形態など）などによっても支配される．雑草制御の視点から考えると残効性は長いほど望ましいが，環境負荷の点から考えれば残留期間は短いほど良く，両者は相反することとなる．現在では製剤(実際に市販されている剤型で，除草剤の有効成分と補助成分より成っている．詳細については，6.5節を参照）技術の発展により，製剤中から徐々に有効成分を放出させ，ある期間内における土壌中での存在量を一定量に保持することによって残効性を発現させる一方で，それ以後には土壌中での分解速度を速めることにより，こうした問題を解決しようとすることも試みられている．

7. 植物生育調節剤

　植物生理活性物質は，生命現象の解析に役立てる一方，栽培植物の形態形成を効率的に制御したり，不良環境耐性機能を付与して，生産・生理機能を最大限に発揮させて増収や品質向上を狙うとともに，低コスト化などの経済効果に結びつけることを支援する化学的な道具である．こうした特異な生理活性を発揮する新規活性物質を農薬として農業上の効能をうたうためには，所定のルールに則った室内・温室・圃場試験を繰り返し，効果の再現性を確認して，一方では動物・魚毒試験，残留検査などを経て一定の安全性を確認して農林水産省の農薬登録を受けることが大変重要である．こうして登録された農薬の1グループが植物生育調節剤で，殺菌剤・殺虫剤・除草剤などとともに農薬を構成するが，後3者が作物保護剤であるのに対して，生育調節剤は作物自身の生育を制御する薬剤という特徴をもつ．その適用場面は，イネ，畑作物，野菜・花卉，果樹，茶・桑・林木が中心であるが，近年は公園，駐車場，堤防のり面などの非農耕地の雑草・野草の成長抑制などへも対象を広げている．

　現在，農薬登録された植物生育調節剤の種類数は約150で，有効成分でみた50余種の3倍余となっている．農薬登録は，有効成分が同じでも投与対象植物が違ったり，適用する際の植物の生育時期の違い，投与薬量の違いや剤型（粉剤，粒剤，水和剤，乳剤，フロアブル剤など）の違い，あるいは他の植物成長調節剤などとの混合化などによって別々に行う必要があり，薬剤の種類数が有効成分のそれよりもはるかに多いのはそのためである．

植物ホルモンに由来する植物生育調節剤
　作物の成長・分化を化学的に制御するとの発想は，1930年代に天然物質として相次いで発見・同定された植物ホルモンのオーキシンとジベレリン（GA）が，微量で特異な植物生理作用を発現することが判明したことにはじまる．なかでもインタクトな植物体に投与すると濃度に依存して顕著な伸長促進作用を示すGAが注目され，第二次世界大戦以降，その生理・生化学機構の解明とともに農業への利用研究が始まった．わが国では，1960年には早くもGA処理による種なしブドウ（品種デラウエア）が東京市場に出荷され評判になったが，本格的に植物生育調節剤が登場することになったのは，1970年以降である．

　植物ホルモンは，現在，先述の2種を含めて7種類（オーキシン，ジベレリン，サイ

7.1 オーキシンとジベレリン

トカイニン,アブシジン酸,エチレン,ブラシノステロイド,ジャスモン酸)が認知されている(図7.1).特異な生理活性を発揮するサリチル酸などは将来のホルモン候補といえる."開花ホルモン"は常に話題になるものの,いまだに確定していない.

植物生育調節剤は,これら7種類のホルモン,およびそれらをベースにした誘導物質・類似物質,さらにシグナル伝達系や生合成経路を阻害・促進する生理活性物質の中から選別・実用化したものが大部分である.しかし,これ以外にも植物ホルモンとはまったく無関係な生体活性物質も実用化している(表7.1中の「その他」を参照).すなわち,過酸化カルシウム(イネ種子の湛水土中での発芽率向上剤として),炭酸カルシウム(果実の表皮薬害防止剤),二酸化ケイ素(錆果の防止剤),ワックス・パラフィン(植え痛み防止剤)であり,また MCPA チオエチル(除草剤だが,カンキツのへた落ち防止剤として),MCPB(同,低濃度で収穫前の落果防止剤),ペンディメタリン(同,腋芽抑制剤),NAC(殺虫剤だが,果樹の摘果剤),イソプロチオラン(殺菌・殺虫・忌避剤だが,ムレ苗防止・根の成長促進剤),ストレプトマイシン(殺菌剤だが,ブドウの

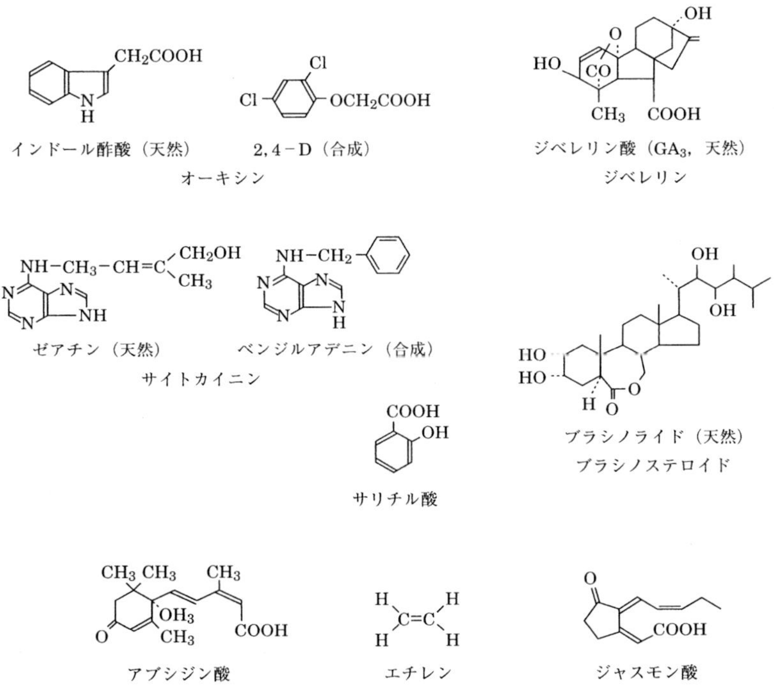

インドール酢酸(天然)　　2,4-D(合成)　　　ジベレリン酸(GA₃,天然)
　　　　オーキシン　　　　　　　　　　　　　　　　　ジベレリン

ゼアチン(天然)　　ベンジルアデニン(合成)　　　ブラシノライド(天然)
　　　　サイトカイニン　　　　　　　　　　　　　　　ブラシノステロイド

サリチル酸

アブシジン酸　　　　エチレン　　　　ジャスモン酸

図7.1 7種類の植物ホルモンとサリチル酸およびそれらの構造式

各ホルモン種は,アブシジン酸,エチレンを除いて,多数の天然型,合成型化合物があり,それぞれに多様で,特徴的な生理生化学作用を発揮する.ここには,代表的な物質を上げた.将来の植物ホルモンの候補としてサリチル酸,アミノレブリン酸などが上げられている.

GA処理適期拡大剤）などほかの農薬から転用された拡大登録薬剤もある．いずれも農業の現場では重要な役割を担っている．

7.1 オーキシンとジベレリン

オーキシンには，植物体内で生成する天然型インドール酢酸（IAA）と2,4-D（2,4-ジクロロフェノキシ酢酸）などの合成オーキシンとに分けられる．天然型にはIAA以外に4-クロロインドール-3-酢酸やIBA（広範囲の樹木，草花などの挿し木・挿し芽の発根促進，生育を促進）がある．いずれもインドール環を有する．一方，合成オーキシンには，まずフェノキシ系で，1942年にP. W. ティンマーマンが初めてその生理作用を報告した2,4-D（イネ用の双子葉雑草の選択性除草剤），MCPB（前述），ジクロルプロップ（オーキシン作用によるリンゴ，ナシの落下を防止），4-CPA（トマト，ナスの着果・果実肥大促進），クロキシホナック（ナス・トマトの着果・果実肥大促進）などがある．ナフタレン酢酸系の1-ナフチルアセトアミドも農薬登録されている（スギ，マサキ，キクなどの挿し木の発根促進）．またインダゾール酢酸誘導体のエチクロゼート（商品名ルチエースとして挿し木の活着を促進し，商品名フィガロンとしてはミカン樹でのエチレン生成促進による摘果や熟期の促進など）がある．このようにオーキシンは類似な生理作用を発現するが，化学構造上は著しく多様である．一方オーキシン作用を拮抗阻害したり極性移動を阻害する抗オーキシンのマレイン酸ヒドラジド（萌芽防止，増糖作用，つるぼけ防止など），ジケグラック（摘果，新梢の伸長抑制など）もある．

ジベレリン（GA）は，イネ馬鹿苗病菌から単離されたジベレリンA_3（GA_3）を筆頭にして，高・下等植物から次々に発見・同定され，現在，グルコース抱合したものも含めて150余種が知られている．ほとんど全てがジベレラン骨格をもつ天然型で有機合成品はない．しかし天然型ジテルペノイドでGA作用を示すステビオールはジベレラン骨

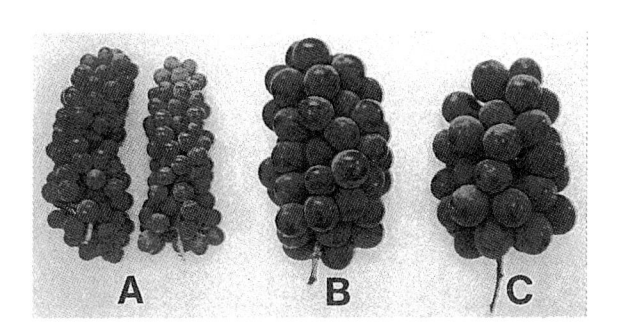

図7.2 GA_3処理で無核化した種無しブドウの品種
A：デラウエア（粒長は1.4〜1.6 cm），B：巨峰，C：ピオーネ（粒長はBと同様で2.8〜3.4 cm）．AとB,Cとでは無核化するためのGA_3処理時期は異なるが，いずれも2回に分けて行う．近年は，省力化・結実安定を目指し1回処理で済ます技術開発が試みられている．

7.1 オーキシンとジベレリン

表7.1 登録農薬された植物生育調節剤の作用特性別の分類（2002年現在）

作用特性別に分類した農薬の一般名と英名	作用特性別に分類した農薬の一般名と英名
オーキシン活性物質	アブシジン酸
インドール酪酸（indolebutyric acid）	アブシジン酸（abscisic acid）
エチクロゼート（ethychlozate）	エチレン活性物質
MCPA チオエチル（MCPA thioethyl）	エテホン（ethephon）
MCPB	ジャスモン酸活性物質
クロキシホナック（cloxyfonac）	プロヒドロジャスモン（prohydrojasmon）
4-CPA	その他の植物生育調整物質**
ジクロルプロップ（dichlorprop）	アルキルベンゼンスルホン酸塩（alkylbenzensulfonate）
1-ナフチルアセトアミド〔2-(1-naphtyl) acetamide〕	イソプロチオラン（isoprothiolane）
抗オーキシン活性物質	イマザピル（imazapyr）
マレイン酸ヒドラジド（maleic hydrazide）*	オキシエチレンドコサノール（oxyethylene docosanol）
ジケグラック（dikegulac）	オキシン硫酸塩（oxine sulfate）
ジベレリン	過酸化カルシウム（clcium peroxide）
ジベレリン（gibberellic acid, GA$_3$）	クロレラ抽出物（chlorella extract）
ジベレリン生合成阻害剤	混合生薬抽出物
アンシミドール（ancymidole）	コリン（choline chloride）
イナベンフィド（inabenfide）	シイタケ菌糸体抽出物
ウニコナゾール P（uniconazole-P）	ストレプトマイシン（streptomicin）
クロルメコート（CCC, chlormequat）	炭酸カルシウム（calcium carbonate）
トリネキサパックエチル（trinexapac ethyl）	チオファネートメチル（thiophanate-methyl）
パクロブトラゾール（paclobutrazole）	デシルアルコール（decylalcohol）
プロヘキサジオンカルシウム塩（prohexadione-calcium）	ヒドロキシイソキサゾール（hydroxyisoxazol）
フルプリミドール（flurprimidole）	NAC（カルバリル, carbaryl）
メピコートクロリド（mepiquat chloride）	二酸化ケイ素（silicon dioxide）
生育抑制物質	パラフィン（paraffin）
イマザピル（imazapyr）	ピペロニルブトキシド（piperonyl butoxide）
ダミノジッド（SADH, daminozide）	ポリオキシン（polyoxin）
デシルアルコール（decyl alcohol）	メタスルホカルブ（methasulfocarb）
ペンディメタリン（pendimethalin）	ワックス（wax）
メフルイジド（mefluidide）	
サイトカイニン	
ベンジルアミノプリン（benzyl aminopurine）	
ホルクロルフェニュロン（forchlorfenuron）	

*本剤は，現在コリン塩でなく，ポタシウム塩（O-MH）が主に農業利用されている．
**2003年6月現在，さらに以下の薬剤も登録農薬として利用されている．石灰硫黄合剤（calcium polysulfide．りんごの摘果），キノキサリン・DEP（chinomethionate trichlorfon，りんご，品種ふじの摘葉），シアナミド液剤（cyanamide．おうとうの休眠打破），ジクワット（diquat）・シアン酸塩（sodium cyanaide）・石灰窒素（calcium cyanamide）・ピラフルフェンエチル（pyraflufen-ethyl）（いずれも茎葉枯凋），シュードモナス・フルオレッセンス（Pseudomonas fluorecens．トマト育苗期の伸長抑制）．

格をもたない．GAの生合成経路における直接の前駆体はグリセルアルデヒドリン酸とピルビン酸であるが，イネではGA$_{12}$アルデヒド以降は茎葉部での経路と生殖成長期の薬などに付加的に発現する回路とに二分される．GAは，基本的には細胞分裂・細胞伸

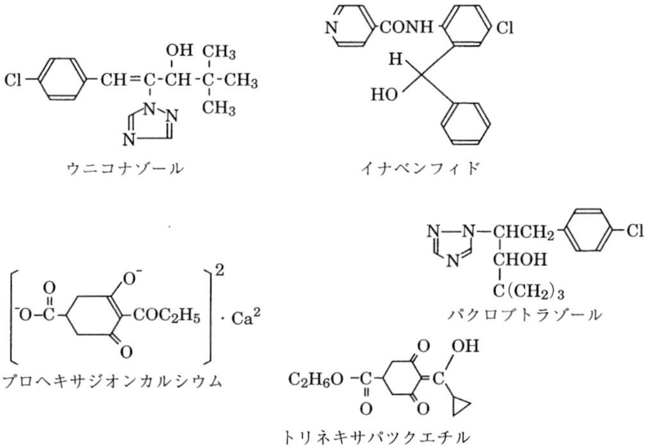

図7.3 広い活性スペクトラムを有する植物生長抑制剤

長の促進を通して茎葉・果実の肥大促進，開花促進，熟期促進などの作用を発現する．農業上は，ブドウの無種子化（近年は品種デラウエアだけでなく，巨峰，ピオーネにも適用できる．図7.2）をはじめ，イチゴの着果数増加・熟期促進，チューリップ，シクラメンの開花促進，スギ，ヒノキの花芽分化促進に利用する登録生育調節剤である．しかし，実用化以来長年月を経ているにもかかわらずそれらの作用機構は十分解明されていない．

なお，このGAについてはその生合成経路を触媒するチトクロムP-450種や$GA_{20}\rightarrow GA_1$変換等を抑制する多くの化合物が知られている．アンシミドールを始め，ウニコナゾール，パクロブトラゾールなどのトリアゾール系矮化剤，あるいはイナベンフィド，プロヘキサジオンカルシウム塩，トリネキサパックエチルなどの矮化剤，あるいはその他の生育抑制剤である（図7.3，表7.1）．これらは，節間伸長抑制作用を利用したイネの倒伏軽減や登熟向上，果樹・草花の矮化栽培あるいは芝生の成長抑制などに利用される．

7.2 サイトカイニン，アブシジン酸およびエチレン

サイトカイニンは植物の細胞分裂を促し，培養組織のカルスではオーキシンの存在下で茎葉・根の再分化を制御し，葉緑素の分解抑止・老化抑制作用・気孔開放（ABAと拮抗して気孔閉鎖を解除），シクラメンなどの開花促進など多様な植物生理活性作用を発揮する．天然サイトカイニンには，トウモロコシやイネなどからのゼアチンやイソペンテニルアデノシンがある．合成型には6-ベンジルアミノプリン（登録商品名はビーエー，ベアニン，ヘルポス．ブドウの花ぶるい防止やスイカ・メロンなどの着果促進，

バラの萌芽促進）などがあり，尿素系のホルクロルフェニュロン（登録商品名はフルメット．ブドウなどの花ぶるい防止，着花促進）の用途は広い．

ワタの果実などから単離・同定されたアブシジン酸（ABA）は，天然には大部分が(+)-2-シス型で存在しており，通常これを ABA と呼ぶが，光に不安定で容易にトランス型に変化して生理活性が急減する．ABA は高等植物からはもとより，シダ類，セン類などの下等植物，さらには病原菌からも単離されている．タイ類には ABA に似たルヌラリン酸が内生している．ABA は，種子の休眠・気孔の開閉にかかわり，オーキシンやジベレリン依存の細胞伸長を抑制する．また，ABA は温度・水などの環境ストレスに応答して，内生量が時間単位で増減する．実際，ABA はイネ種子の発芽・苗立率を向上させる剤として登録されている．

植物ホルモンの中で唯一気体で存在するエチレンは，比較的水に溶けやすいので，容易に植物組織に出入りする．植物生育調節剤のエチレン発生剤のエテホン（麦類の倒伏軽減剤）水溶液は，酸性 pH の植物に吸収させると速やかに分解されてエチレンに変換してホルモン機能を発揮する．アミノ酸の一種のメチオニンから生合成されるエチレンの生体内での生成量は植物種・品種，組織，器官によって異なり，また光強度に依存して変動する．果樹・野菜では，バナナ・リンゴ・カンキツなどのように生成量の多い種とキュウリなどのように少ない種がある．エチレンは，リンゴ果実がカーネーションの花の眠り病を引き起こす他感物質であるが，一方ではバナナなどの成熟調製に利用されている．

7.3 ブラシノステロイドとジャスモン酸

1970 年代にセイヨウアブラナの花粉中の活性物質として特定されたブラシノライド（BL．ブラシノステロイドの 1 つ）は初めての植物ステロイドホルモンで，イネ幼苗のラミナジョイント組織に単独で作用し，葉身を屈曲させる．その活性はオーキシンの数千倍に達する．低温や薬害を回避する生理機能を発揮する．この BL は誘導体が直播水稲の苗立率向上剤として，またオウトウの着果安定剤として農薬登録されている．ジャスモン酸は，ジャスモン酸メチルエステルに次いで 1970 年代に植物病原菌から単離されたが，その一種ツベロン酸もやがて単離され，植物界に普遍的に存在することが判明した．ジャスモン酸はジャガイモの塊茎形成，果実の成熟促進などの生理生産制御機能をはじめ，ストレス防御応答にかかわっていることから，近年第 7 番目のホルモンとして認知された．この化合物は，プロヒドロジャスモン酸がリンゴなどの着色促進剤として農薬登録されている．

7.4 その他の生育調節剤

先述したように，植物ホルモンに由来する生育調節剤以外に，数多くの生理活性物質

が農薬登録されている（表7.1）．しかし，これらの薬剤の作用機構の解明は進んでいるとはいえず，一般に知られている常識的な作用とはかなりかけ離れてた作用生理が，現場での実用化に活かされていることがわかる．

　今後新たな調節剤の発見と栽培植物の生産・品質向上や環境保全に向けた利用技術の開発のためには，これら既存の植物生育調節剤の植物応答様式とそれから導き出される作用機構のいっそうの解明とが重要な課題といえる．

8. バイテク農薬

　バイオテクノロジーは，生物のもっているさまざまな機能や潜在的能力を開発し，それを食料，環境，医療などに活用する技術である．食料生産においても，人間は古くから作物の交雑による優良品種の育種，微生物の機能を利用した発酵・醸造などにおける微生物の改良など，生物の機能を目的に合うように改善して利用してきた．これらの技術も広い意味でのバイオテクノロジーである．しかし，20世紀末になって細胞融合や遺伝子組換えなどの新しい技術が現れて，従来の経験や偶然に頼る生物改良から生物の機能を人為的に変革して利用する分子レベルの改良技術が発展し，バイオテクノロジーという言葉が一躍脚光を浴びるようになった．植物保護の分野においても，バイオテクノロジーは病害虫抵抗性や除草剤耐性植物の育種，生物農薬，農薬の製造および分析などの広い領域で応用されつつあり，今後ますます発展が期待される技術である．本書では，「バイオテクノロジーの応用により開発された農薬」を定義する言葉として，「バイテク農薬 biotechnologically developed agrochemicals」という用語を用いた．

8.1　バイテク農薬とは

　バイオテクノロジーには，
① 細胞融合技術：2つの異なった生物体の細胞同士を人工的に融合し，1つの新しい雑種細胞，あるいは生物体を作出する技術
② 遺伝子組換え技術：目的遺伝子を直接異種生物の染色体に導入して，新しい形質をもつ生物を作出する技術
③ 組織・細胞大量培養技術：植物の有望な組織，あるいは細胞融合や遺伝子組換えで作出した生物を大量に増殖培養する技術
④ バイオリアクター：微生物，酵素などを利用して物質を大量に製造あるいは合成する技術

などがある．なかでも，遺伝子組換え技術は動物，植物，微生物などの生物の境界を越えて遺伝子を交換することができる画期的な技術であり，バイオテクノロジーの中心技術である．これらの技術を用いて開発された農薬が「バイテク農薬」といえる．したがって，バイテク農薬としては，病害虫の防除に利用される遺伝子や雑草防除において作物に導入する除草剤耐性遺伝子，植物の遺伝子の発現制御を利用して開発された植物アクチベーターのような化学農薬，遺伝子を改良して開発された微生物農薬などがある．

8.2 遺伝子農薬

遺伝子農薬という言葉は一般には使われていないが，遺伝子が糖，リン酸，塩基の組合せからなる化学物質である限り，遺伝子を病害虫や雑草防除などの植物保護に用いた場合，その遺伝子は一種の農薬「遺伝子農薬（gene agrochemicals）」として考えることができる．もちろん，遺伝子農薬はこれまでの農薬のように植物に散布あるいは土壌に処理することはできないが，種子や植物の中に前もって特定の遺伝子を組み入れておくことで，効果が発揮される．つまり，遺伝子農薬とは病害虫や雑草防除，植物成長調節などの目的で植物へ新たに導入される遺伝子であり，その目的を達するためには，これら遺伝子を導入した遺伝子組換え植物を作出する必要がある．以下に遺伝子組換え植物の作出法を述べる．

a. 遺伝子組換え法

全ての生物において，遺伝情報は細胞のDNA中に蓄えられており，その情報はDNAの複製によって子孫に伝えられる．そしてDNA上の遺伝情報はmRNAに転写され，このmRNAに刻まれた遺伝暗号が翻訳されてタンパク質が合成される（図8.1）．この際，遺伝暗号は全ての生物でが共通しているので，異なる生物からのDNAを別の生物のDNAへ組み入れても生成されるタンパク質は同一となる．これが遺伝子組換え法（genetic engineering）の背景である．

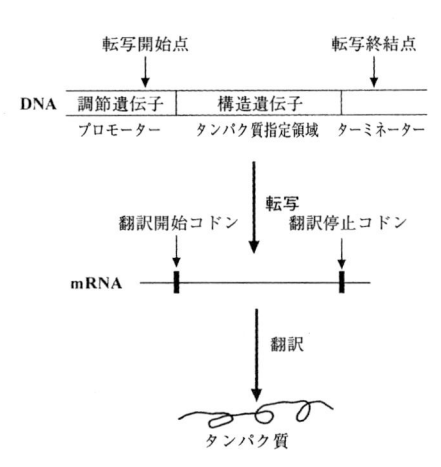

図8.1 遺伝子から転写・翻訳までの過程

b. 遺伝子組換え技術の基礎

遺伝子DNAを操作するには，DNAを切断し，再度DNAを結合する酵素が必要である．DNA上の特別の塩基配列を認識して切断する酵素を制限酵素（restriction enzyme）と呼び，またDNAを連結する酵素をDNAリガーゼ（DNA ligase）と呼ぶ．これらの酵素を用いることで，異種生物のDNAから目的の形質を有する遺伝子DNAを切り出し，遺伝子の運び屋である「ベクター（vector）」と呼ばれる特殊なDNAへ連結させて生物の細胞に導入すると，その細胞内で目的遺伝子の産物であるタンパク質を作らせることができる．これが「遺伝子組換え技術」であり，この技術を用いて生まれた生物が「遺伝子組換え生物（genetically modified organism, transgenic organism）」

である．

c. 遺伝子組換え植物の作出

遺伝子組換え植物（transgenic plants）の作出には目的とする形質の遺伝子，つまり遺伝子DNAがわかっていることが必要である．目的形質が1遺伝子で支配されるものもあれば，2つ以上の遺伝子の相互作用で決められるものもある．現在遺伝子組換え植物として実用化の進んでいる作物は，ほとんどが1遺伝子を改良することによって得られたものである．

植物体内で遺伝子を発現させるには，図8.1に示すように目的遺伝子（構造遺伝子）の上流にmRNAの転写開始を決定している植物プロモーター（promoter），下流にはターミネーター（terminator）と呼ばれる転写終了シグナルが必要である．プロモーターは微生物，動物，植物で異なるとともに，その種類によって，ある組織で特異的に発現するもの，どの組織でも発現するもの，常時発現するもの，光刺激で発現するものなどがあり，目的に応じて選択する必要がある．たとえば，全組織で常時発現させるには，カリフラワーモザイクウイルス35Sプロモーターなどがよく用いられる．目的遺伝子と選抜マーカー遺伝子をそれぞれプロモーターとターミネーター間に結合し，所定の大腸菌ベクターに挿入する．このベクターを大腸菌で増やした後，植物の遺伝子組換えに用いる．

植物へ遺伝子を導入する代表的な方法には，

① アグロバクテリウム法：目的遺伝子を植物病原細菌の一種であるアグロバクテリウムに組み込み，アグロバクテリウムが植物へ遺伝子を組み込む機能を利用して目的遺伝子を導入する方法
② エレクトロポレーション法：植物の細胞壁を取り除いたプロトプラスト細胞に電圧パルスを瞬間的に与えて，細胞膜に形成される小孔を通して目的DNAを細胞内に導入する方法
③ パーティクルガン法：目的遺伝子DNAを金やタングステン微粒子に付着させて空気銃の原理で植物細胞に打ち込み導入する方法

などがある．これらの方法で植物の組織片，カルス，あるいはプロトプラストに目的遺伝子を導入する．この際，選抜マーカー遺伝子として薬剤耐性遺伝子が同時に導入されているので，薬剤の存在下で増殖させると目的の遺伝子が導入されている細胞だけを選択的に増殖することができる．さらに増殖した細胞から芽や根を出させ植物体を再生させる．再度，目的とする遺伝子の形質が発現している植物体を選抜し，遺伝子組換え植物を作出する．しかし，近年薬剤耐性遺伝子の他生物への拡散が問題となり，実用化植物では薬剤選抜マーカー遺伝子を除去するような方法が開発されている．

8.3 遺伝子組換え植物

これまでに病害抵抗性遺伝子，害虫抵抗性遺伝子，除草剤耐性遺伝子，花・果実成熟制御遺伝子など，多くの遺伝子が遺伝子農薬の目的で植物体へ導入されている（表8.1）．たとえば，タバコ野火病菌の毒素に対する解毒酵素遺伝子を導入した細菌病抵抗性植物（図8.2），BT剤の成分であるBT菌が産出する殺虫性タンパク質毒素（BT毒素）の遺伝子を植物に導入した害虫抵抗性作物，除草剤グリホサートに対する耐性作用を与える遺伝子を植物細胞に組み込んだ除草剤耐性作物などがある．

遺伝子組換え植物における最初の実用化の例は，1994年に米国カルジーン社が開発

表8.1 遺伝子農薬として実用あるいは有望視されている主な遺伝子

遺伝子機能	遺伝子の種類
病害抵抗性遺伝子	
ウイルス病抵抗性	ウイルス外被タンパク質遺伝子 アンチセンス RNA 遺伝子 サテライト RNA 遺伝子など
糸状菌病抵抗性	キチナーゼ遺伝子 グルカナーゼ遺伝子 植物の病害抵抗性遺伝子など
細菌病抵抗性	病原毒素の解毒酵素あるいは耐性標的酵素遺伝子 昆虫の抗菌性ペプチド遺伝子 リゾチーム遺伝子 植物の病害抵抗性遺伝子など
害虫抵抗性遺伝子	*Bacillus thuringiensis* 細菌の殺虫性毒素（BT毒素） 植物のプロテアーゼ阻害タンパク質遺伝子 植物のアグルチニンタンパク質遺伝子など
除草剤耐性遺伝子	除草剤の分解・解毒酵素遺伝子 除草剤耐性の標的酵素遺伝子 人工改変標的酵素遺伝子など
花・果実の成熟制御遺伝子	エチレン合成遺伝子のアンチセンス遺伝子 ペクチン分解酵素遺伝子のアンチセンス遺伝子など

図8.2 タバコ野火病菌毒素タブトキシンの解毒酵素遺伝子を導入した遺伝子組換えタバコ
タバコ野火病菌を人工接種した場合，通常タバコ（左）では病徴を示すが，遺伝子組換えタバコ（右）では病徴が現れない．

8.4 病害抵抗性を誘導する化学農薬

表 8.2 わが国で安全性が確認された遺伝子組換え食品（2002 年 7 月 14 日現在）

作物名	性　質	遺　伝　子	開　発　国
ジャガイモ	害虫抵抗性（コロラドハムシなど）	BT 毒素遺伝子	米国
ジャガイモ	ジャガイモ葉巻ウイルス抵抗性	ウイルス複製酵素遺伝子	米国
ダイズ	除草剤耐性	グリホサート耐性遺伝子	米国
テンサイ	除草剤耐性	グリホシネート耐性遺伝子	ドイツ
トウモロコシ	除草剤耐性	グリホサート耐性遺伝子	米国
		グリホシネート耐性遺伝子	米国，ドイツ
トウモロコシ	害虫抵抗性（アワノメイガなど）	BT 毒素遺伝子	米国
ナタネ	除草剤耐性	グリホシネート耐性遺伝子	カナダ，ベルギー，ドイツ
		グリホサート耐性遺伝子	米国
		ブロモキシニル耐性遺伝子	カナダ
ワタ	除草剤耐性	グリホサート耐性遺伝子	米国
		ブロモキシニル耐性遺伝子	米国
ワタ	害虫抵抗性（オオタバコガ）	BT 毒素遺伝子	米国

した日持ちのよいトマト「フレーバーセイバー」である．その後，除草剤耐性のダイズ，トウモロコシ，ナタネ，ワタやテンサイ，さらに害虫抵抗性のトウモロコシ，ジャガイモやワタなどが開発され，実用化された．組換え作物の実用栽培については現在わが国では行われていないが，これらの多くの組換え作物については，わが国においても環境に対する安全性や食品あるいは飼料としての安全性が確認されている（表 8.2）．世界的にみると，組換え作物の栽培国は年々増大し，1998 年に米国，カナダ，中国，アルゼンチン，オーストラリア，メキシコ，スペイン，南アフリカなどの国々で実用栽培が行われている．たとえば，1998 年における除草剤耐性ダイズの栽培面積は，米国においては作付面積の約 36%，アルゼンチンでは約 55% に達した．またカナダにおけるナタネ栽培では作付面積の約 45% で除草剤耐性ナタネが栽培されていると報告されている．これら組換え作物の栽培面積の急激な増大は，除草剤や殺虫剤の散布回数が減少するとともに，より効果的に雑草や害虫の防除を行えるため収量の増加にもつながり，栽培農家に広く支持されている結果であるといえる．一方，残念ながら消費者には，わが国や多くのヨーロッパ諸国において，組換え食品に対するコンセンサスが得られていないのが実情である．

除草剤耐性や害虫抵抗性以外にも，植物ウイルス抵抗性ジャガイモやイネ，高オレイン酸形質をもつダイズなどの新たな特性を付与した組換え作物が次々と開発されつつあり，すでに海外において実用化されている作物や開発段階の作物が多々ある．

8.4　病害抵抗性を誘導する化学農薬

植物が病原菌や害虫の攻撃を受けると，外敵に対抗する種々の抵抗反応が誘導される．この植物の抵抗反応を動的抵抗性（dynamic resistance），あるいは誘導抵抗性（induced resistance）と呼ぶ．動的抵抗性には，植物体の一部に誘導される局部的誘導抵抗性（local induced resistance) と植物全体に誘導される全身獲得抵抗性 (systemic acquired resistance ; SAR) がある．SAR が誘導されると，植物体には PR タンパク質 (pathogenesis-related proteins) と呼ばれる β-1,3-グルカナーゼ，キチナーゼ，タウマチン，プロテアーゼインヒビターなどのタンパク質が新たに生成される．近年，SAR の誘導機構に関する情報伝達の研究が進展し，植物が病原菌，害虫，傷などの外的刺激を受けた場合，その情報がサリチル酸，ジャスモン酸などのシグナル分子を介して植物全体に伝わり，PR タンパク質遺伝子の発現が誘導されることが明らかになった．図 8.3 に植物-病原菌相互作用によるサリチル酸をシグナルとする PR タンパク質の誘導経路を示す．サリチル酸やジャスモン酸のような植物に全身獲得抵抗性を誘導する物質を植物アクチベータ (plant activator) と呼び，同様の作用を示す化合物が植物病害制御剤として開発・利用されている（図 8.4）．これら薬剤は病原菌に対する抗菌性をほとんど示さず，植物に作用して病害防除効果を発揮するのが特徴である．この中でプロベナゾールはイネ幼苗検定法で開発された農薬であるが，わが国で開発された世界最初の植物アク

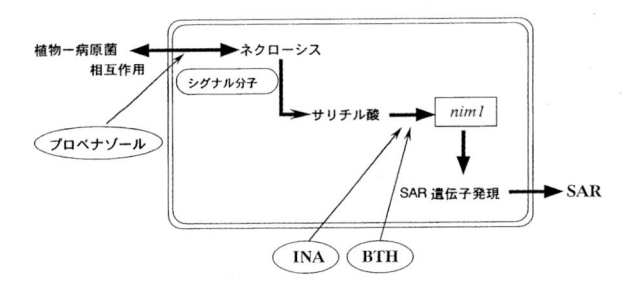

図 8.3 SAR 誘導経路と植物アクチベータの作用部位
nim1：シロイヌナズナの SAR 誘導欠損変異体
INA, BTH：図 8.4 を参照．

図 8.4 SAR 誘導活性を示す主な化合物
（I）サリチル酸（SA），（II）2,6-ジクロロイソニコチン酸（INA），（III）2,6-ジクロロイソニコチン酸メチルエステル（メチル INA），（IV）ベンゾチアジアゾール-7-カルボチオン酸 S-メチルエステル（BTH），（V）プロベナゾール（PBZ），（VI）*N*-シアノメチル-2-クロロイソニコチンアミド（NCI）

チベーターである．本剤をイネに処理するとイネいもち病菌の感染初期に抵抗性を誘導し，すぐれた防除効果を発揮する．一方，ベンゾチアジアゾールの誘導体である BTH は植物の誘導抵抗性に関わる PR タンパク質遺伝子の発現を基準に選抜・開発された農薬で，まさしくバイテク農薬といえる．BTH 剤は図 8.3 に示すように，植物の SAR 誘導経路におけるサリチル酸以降のシグナル伝達系に作用する薬剤で，糸状菌病だけでなく細菌病にも防除効果を示すといわれている．このように特定の遺伝子の発現制御をターゲットとした農薬開発が今後の一つの流れになるものといえる．

8.5 遺伝子を改良した微生物農薬

微生物農薬（microbial pesticide）とは，生きた状態のウイルス，細菌，糸状菌，線虫などを有効成分とする農薬で，天敵，抗生物質，死菌を用いた BT 剤などは含まれない．現在，わが国で実用化されている微生物農薬には，スズメノカタビラ防除に有効な *Xanthomonas* 属細菌を用いた微生物除草剤，マツカレハに効果を示す多角体ウイルス，鱗翅目害虫に有効な BT 細菌，害虫寄生性を利用した糸状菌や線虫などの微生物殺虫剤，根頭がんしゅ病に有効な *Agrobacterium* 属細菌，軟腐病防除における非病原性 *Erwinia* 属細菌，灰色かび病防除用 *Bacillus* 属細菌，白絹病防除用 *Trichoderma* 属糸状菌などの微生物殺菌剤，その他農薬登録されていないが植物ウイルスの防除に有効な弱毒ウイルスなどがある．これら微生物農薬はいずれも自然界からの選抜や突然変異により作出した微生物や線虫であり，遺伝子に改良を加えた組換え微生物ではない．微生物農薬は化学農薬に比べて，増殖して作用する，宿主特異性が高い，安全性が高いなどの特性がある反面，防除効果が弱い，環境の影響を受けやすい，流通や保存性に乏しいなどの問題点がある．これらの問題を解決するために，弱毒ウイルス，昆虫ウイルス，拮抗細菌，BT 毒素などにおいて遺伝子レベルの研究が進展している．現在のところ遺伝子を改良した微生物を農薬として実際に用いることは遺伝子の拡散の面から許可されていないが，今後遺伝子組換え技術を応用して，さらに安全で効果の高い微生物農薬の開発が期待される．

9. 農薬の製剤と施用

9.1 農薬製剤の補助剤

　農薬,すなわち生理活性をもつ化合物がそのまま実用場面に供されることはなく,農薬製剤として使用される.製剤には種々の物質が加えられる.これらは少量の有効成分(原体,主剤)を広範な面積に均一に散布したり,作物や病害虫,雑草に対する薬剤の固着性や付着の状態を改善したり,効力を維持,増進するなど,有効成分を能率よく散布し薬効を確保するためのものである.

1) 界面活性剤

　界面活性剤とは,同一分子内に親水基と疎水基とをもつ化合物,すなわち水および有機溶媒にいくぶんか可溶性で,界面(おもに,気-液,液-液,液-固)の性質を変える効果の大きい物質の総称である.農薬製剤には,乳化剤,分散剤,展着剤,可溶化剤,湿潤・浸透剤などとして使用され,製剤の物理化学的性質を左右する役目をもっている.分類すると,アニオン性,カチオン性,両性,非イオン性の4種となるが,カチオン性,両性のものは農薬製剤にあまり使用されない.

　i) アニオン性界面活性剤　親水基として,カルボン酸塩-COONa,硫酸塩-O-SO_3Na,スルホン酸塩-SO_3Na,リン酸塩-$OPO(ONa)_2$,-$PO(ONa)_2$など水溶中で解離して陰イオンとなるものがあり,これがアルキル基やアルキルアリル基などの疎水基と結合して界面活性剤を形成している.

　ii) 非イオン性界面活性剤　親水基としてはおもにエーテル結合の酸素原子とアルコール性の水酸基があり,親水基の種類によって分類すれば,ポリエチレングリコール型と多価アルコール型に分類される.ポリエチレングリコール型非イオン界面活性剤は,反応しやすい水素原子をもった疎水基原料にエチレンオキサイドを付加させてつくられる.疎水基としては高級アルコールとアルキルフェノールが重要な原料となっており,農薬製剤にもよく使われているポリオキシエチレンノニルフェニルエーテル

$$C_9H_{19}-\!\!\left\langle\!\!\bigcirc\!\!\right\rangle\!\!-O-(CH_2CH_2O)_nH$$

などがその代表例である.多価アルコール型非イオン界面活性剤は,グリセノールやソルビットなどのような多価アルコールに高級脂肪酸のような疎水基をつけたもので,疎水基に水酸基-OHがたくさんついており,これが親水性を与える役目をしている.

9.1 農薬製剤の補助剤

2) 溶　剤

有効成分や他の補助剤をよく溶かし，有効成分を分解せず，作物に薬害を起こさない溶媒類で，炭化水素類，ハロゲン化炭化水素類，アルコール類，ケトン類，エーテル類，エステル類，アミド類などがある．おもに乳剤，油剤，エアゾールに使用される．

3) 固体希釈剤（担体，基剤）

粉剤，粒剤などの固形剤の調製に用いられる無機鉱物性粉末で，有効成分を適当な濃度に薄め，散布しやすくするためのものである．硅藻土，タルク，クレー，酸性白土，石灰粉末，カオリン，ベントナイトなどがある．

4) その他の補助剤

i) 固着剤　散布時に有効成分が作物によく付着したり，風や雨による流失を防止するために用いられる物質である．カゼイン，ゼラチン，ニカワ，ゴム質樹脂，ポリビニルアルコールなどがある．

ii) 安定剤　農薬の貯蔵中あるいは散布後に有効成分が分解することを防止する

表9.1　農薬の主な剤型とその特徴

剤　型	特　徴
粉　剤	農薬原体を担体（クレーなど）に混合した粉末状（粒径が40 μm以下）の剤．散布中の漂流飛散が多いので，微粉部分を除き漂流飛散を少なくしたDL（drift-less）粉剤が普及している．
粒　剤	農薬原体をタルクなどの固体希釈剤に混合造粒したもの，または芯剤（固体希釈剤）に有効成分を吸着あるいは含浸させ製造される粒状の固形剤で，粒径は300〜1,700 μmである．
水和剤	農薬原体（固体）を4〜5 μm程度に微粉砕し，補助剤（湿潤剤，分散剤など）および微粉クレー（5 μm以下）などと混合したもの．農薬原体が液体の場合は，高級油性担体に吸着させる．
顆粒水和剤（ドライフロアブル）	農薬原体（固体）を微粉砕し，補助剤（湿潤剤，分散剤など）と混合してスラリー状とし，これを乾燥顆粒化したもの．農薬原体が液体の場合は，高級油性担体に吸着させる．水和剤と異なり，水希釈時に粉塵を生じない．
フロアブル剤（懸濁剤）	農薬原体（水不溶性固体）を湿式微粉砕し，補助剤（湿潤剤，分散剤，凍結防止剤，増粘剤，防腐剤など）を加えて水に分散させたスラリー状の剤．希釈液は白濁し不透明である．
乳　剤	水に溶けにくい農薬原体を適当な溶剤に溶かし，乳化剤を加えたもの．水に希釈すると白濁，不透明なエマルション（乳化液）となり，2〜3時間は安定である．
EW剤	農薬原体（水不溶性または溶液）を補助剤（乳化剤，凍結防止剤，増粘剤，防腐剤など）および水と混合した剤．乳剤と異なり有機溶媒の欠点（危険物指定）がない．
マイクロカプセル剤	農薬原体を高分子物質の薄膜で覆った微粒子を水に懸濁させた剤．膜の性質や厚さを変えることにより持続性を高めたり，有効成分の放出を制御できる．
くん蒸剤	有効成分を加熱して煙霧化し，くん煙に用いられるようにした剤．発熱剤，助燃剤を含んだ自然式の剤（くん煙筒など）と外部熱源で加熱する方式の剤（錠剤，顆粒剤など）とがある．

ための物質である．芳香族アミン類，高級脂肪酸などがある．

iii) 噴射剤　エアゾル製剤において，噴霧の圧力を与えるための物質でハロゲン化炭化水素類 CCl_3F，CCl_2F_2，$CClF_2 \cdot CClF_2$ などがある．

iv) 共力剤　有効成分を混合して用いることにより，その効力を増大する物質で，ピペロニルブトキサイドなどがある．

9.2　農薬製剤の種類

農薬は有効成分をもとに，その使用目的，化学組成，物理化学性，生理作用，安全性，施用方法などを総合的に検討したうえで最適の製剤化が試みられ，実用に供される．したがって，製剤形態（剤型）は多種多様であるが，主なものは表 9.1 のようである．

9.3　農薬製剤の性質

製剤の性質は補助剤，有効成分が作用する場（作物，病害虫，雑草など），環境，施用器具・方法などと密接な関連がある．すべての製剤の必須条件は安全性と簡便である．

i) 粒径　製剤をそのまま施用する固形剤（粉剤，微粒剤，粒剤など）では，粒径が有効成分の効果を発揮する基本的性質である．すなわち，吐出，分散，飛散，農作物に対する付着，固着性などの要因となる．

製剤の粒径はある範囲に分布している．一般粉剤，DL 粉剤の分布を図 9.1 に示す．施設栽培用に開発された FD 剤（Flo-Dust 剤，フローダスト）は平均粒径 $2\,\mu m$ の微粒子からなっている．その他の固形剤については，微粒剤で $0.1\sim0.3\,mm$，粒剤では $0.3\sim1.7\,mm$ の粒径である（図 9.2）．

ii) 見かけ比重　いわゆる"かさ"である．単位重量の固型剤の容積をあらわす．製剤を散布する際の飛散性や製剤を保存，包装，輸送する際の容積を左右する．一般粉剤で $0.5\sim0.7$，DL 粉剤で $0.7\sim1.1$，粉剤では $0.8\sim1.3\,g/ml$ である．

iii) 凝集力　粉剤の各粒子が集団（粒子群）をつくるときの力で，大きすぎると粉剤がブロック状になったり，散布機から吐出しなかったりするが，小さすぎるとサラ

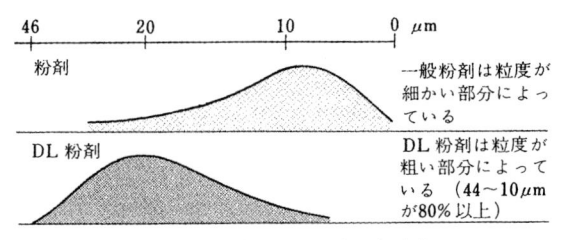

図 9.1　一般粉剤および粒子径分布
（農薬グラフ No.78, 1981 より一部改写）

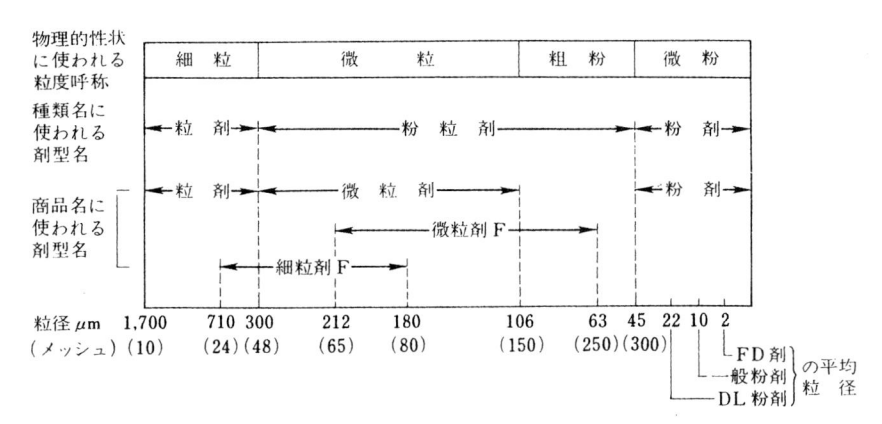

物理的性状に使われる粒度呼称	細粒	微粒	粗粉	微粉
種類名に使われる剤型名	←粒　剤→	←―――粉　粒　剤―――→		←粉　剤→
商品名に使われる剤型名	←粒　剤→	←微　粒　剤→		←粉　剤→
		←微粒剤 F→		
	←細粒剤 F→			

粒径 μm　1,700　　710 300　　212　180　　　106　　63 45 22 10 2
（メッシュ）（10）　（24）（48）（65）（80）　（150）（250）（300）
　　　　　　　　　　　　　　　　　　　　　　　　　　└FD 剤
　　　　　　　　　　　　　　　　　　　　　　　　　　├一般粉剤 ┐の平均
　　　　　　　　　　　　　　　　　　　　　　　　　　└DL 粉剤 ┘粒径

図 9.2　固形剤の種類と粒径

サラして飛散は良好になる反面，付着したものが離れやすくなる．一般に粒子径が小になるほど凝集力は大になる．

iv) 分散性　粉剤の散布に際し，粉剤が広く均一に分散する性質で，粒子間の凝集力の大きさによって決まる．粉剤は流体と固体との中間に位置し，流体に近い性質を有するときは流動性があり分散しやすいが，固体に近い性質を有するときは流動性がなく分散も不良になる．

v) 付着性　一定の条件の下で製剤を散布後，製剤が作物の葉や茎などに付着する性質．粒子径が小になるほど付着性が良好となるが，作物の種類，大きさ，生育状態などにより異なる．

vi) 固着性　作物などに付着した製剤が風や雨により流失しにくい性質．製剤には必要に応じて固着剤が添加されている．

vii) 懸垂性　水和剤粒子の水中における安定性を示す性質であり，粒子径が小になるほど沈降が遅くなり，懸垂性が良好となる．界面活性剤，分散型などの補助剤により懸垂性が異なる．

viii) 表面張力　空気と接する界面における界面張力のことである．散布液の表面張力が小の場合散布しやすい．適当量の界面活性剤を添加することにより表面張力は小になる．

ix) 接触角　固体の表面張力と，液滴と固体面との界面張力のあらわれである（図 9.3）．水に界面活性剤を加えて水の表面張力を小にした液に親油性の面が接すると，液と面との界面張力は小となり，接触角 θ は小になる．界面活性剤の種類と濃度，作物の種類や部位により液滴の接触面は異なる．

x) 拡展性　固体表面（作物の葉や茎など）に散布された薬液が拡がる性質．表面張力が小であるほど拡展性は大になる．

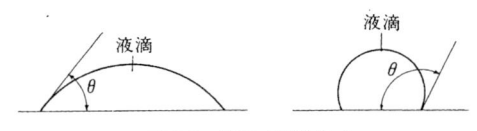

図 9.3 液滴の接触角 θ

xi) 拡散性　FD 剤，くん煙剤などの微粒子が所定空間に施用された後拡散する性質．効率よく均一に拡散することが望まれる．

xii) 水中崩壊性　土壌，水面に施用された粒剤が土壌表面あるいは水底で徐々に崩壊し，有効成分を放出，溶出する性質で，水に対する溶解度の低い有効成分に要求される．

xiii) 安定性　製剤中の有効成分に変化，分解を起こさせない性質．

9.4　農薬の施用法

農薬製剤中の有効成分を作用力を十分に発揮させるには，製剤形態や有効成分に応じた適正な施用法を使うことが肝要である．その際，作物の栽培環境，栽培様式，生育状態，病害虫，雑草の発生状況などを考慮し，同時に人畜，有用動植物などに対する危被害の防止および食品衛生，生活環境の保全などの観点から農薬安全使用基準を守り，製品の容器などに示されている使用上の注意にしたがって作業を行うことが重要である．

施用法には種々の分類方法や名称があるが，現在用いられている主なものを取りまとめると図 9.4 のようである．

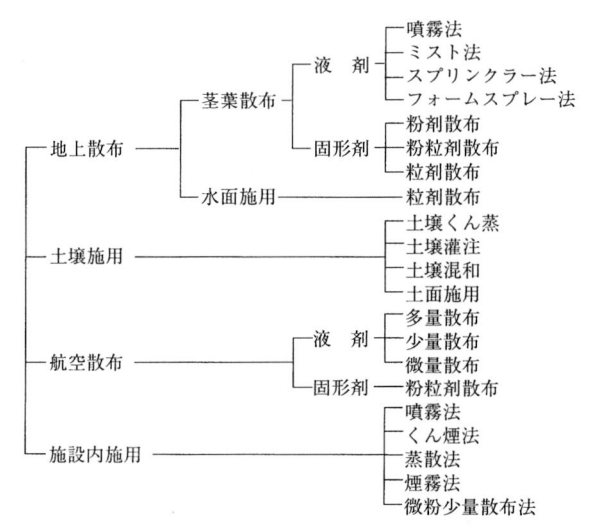

```
            ┌─茎葉散布─┬─液　剤─┬─噴霧法
            │          │         ├─ミスト法
            │          │         ├─スプリンクラー法
            │          │         └─フォームスプレー法
   ┌─地上散布┤          │
   │        │          └─固形剤─┬─粉剤散布
   │        │                    ├─粉粒剤散布
   │        │                    └─粒剤散布
   │        └─水面施用──────────────粒剤散布
   │
   │        ┌─土壌くん蒸
   │        ├─土壌灌注
   ├─土壌施用┤
   │        ├─土壌混和
   │        └─土面施用
   │
   │        ┌─液　剤─┬─多量散布
   ├─航空散布┤        ├─少量散布
   │        │        └─微量散布
   │        └─固形剤───粉粒剤散布
   │
   │         ┌─噴霧法
   │         ├─くん煙法
   └─施設内施用┼─蒸散法
             ├─煙霧法
             └─微粉少量散布法
```

図 9.4　農薬の施用法

i) 地上液剤散布　　乳剤，液剤，水和剤，水溶剤などを適当な濃度に希釈して散布液を調製し，人力散布機，背負式動力散布機，可搬型動力噴霧機，走行式動力噴霧機，スピードスプレーヤなどを用いて散布する．果樹，野菜，畑作，水田などの各分野に広く利用されている．散布薬液量は $50 l/10 a$ 以上であるため，薬液の調製には多量の水を調達，確保する必要があるが，比較的低農薬の薬液を多量に散布するため，散布の均一性が良好であり，作物への付着・固着性にも優れているなどの利点がある．

液剤散布の方法には，散布機や散布様式により次のようなものがある．

水和剤，乳剤などから調製した散布液を噴霧機を用いて無気噴霧により薬液を霧状にして散布する噴霧法，ミスト機を用いて有気噴霧で生じた薬液の微粒子(径 $50～100 \mu m$) の霧を吹き付けるミスト法，果樹園や畑地の灌水用に開発されたスプリンクラーを用いて農薬を散布するスプリンクラー法，水和剤，水溶剤などの散布薬液に起泡剤（非イオン界面活性剤）を添加し，専用ノズルで空気と撹拌して細かい泡の集合体にして散布するフォームスプレー法．

ii) 地上固形剤散布　　粉剤，微粒剤 F，粒剤などを人力散粒機，背負式動力散布機（直噴管，曲噴管，多口ホース頭，多口管などを使用），各種動力散粉機（$40～100$ m 多口ホース使用）などを用いて散布する．散布量は通常 $3～4 kg/10 a$ である．多口ホース（散布機と組み合わせ，パイプダスターという）．

iii) 水面施用　　湛水状態の水田に，田植え前後の雑草や害虫防除のために粒剤などを散布する．粒剤は水底へ沈んだ後崩壊し，有効成分は土壌に吸着されて，雑草の発芽を抑制したり，イネ体に吸収されて，イネに寄生している害虫類を防除する．

iv) 土壌施用　　土壌中の害虫や線虫，病原菌，雑草の種子などを防除するために，粉剤，液剤，粒剤などを土壌にすき込むなどして混ぜ合わせる土壌混和，殺線虫剤，土壌殺菌剤などを灌注機を用いて土壌中に注入する土壌灌注，薬液を土壌消毒機を用いて土壌中に注入して，土壌中でガスを拡散させる土壌くん蒸がある．いずれの方法も施用後有効成分の種類，土壌の性質などによって覆土，水封，ビニールシートによる被覆などにより効力の持続や安全性を高める場合が多い．また，粒剤を土面に施用し，薬剤の浸透移行とガス効果による防除効果をねらう土面施用は，作物の立毛中に行われることが多い．粒剤のトップドレッシング（作物の茎葉部に散粒する方法）でもかなりの量の薬剤が土面に落下し，土面施用の効果と複合されることになる．

田植機の普及にともない，土面施用の一種として生まれたのが育苗箱施薬である．すなわち，苗の緑化期から本田へ移植する直前までに薬剤（粒剤，水和剤など）を育苗箱の苗の上から床面へ施用し，移植後の本田における水稲初期の病虫防除を目的とする施用法である．床土表面に施用された薬剤は移植時に苗と一緒に本田に持ち込まれ，苗の近くにある薬剤から溶出した有効成分がイネに吸収されて標的病虫に作用する．

v) 航空液剤散布　　ヘリコプターに薬剤を搭載し，大面積に能率的に散布する．散

布量は，多量散布（3 l/10 a 以上），少量散布（LV 散布，0.8 l/10 a），微量散布（80〜500 ml/10 a）であるが，搭載量が 150〜200 kg に限定されているため，極力濃厚少量散布や微量散布が用いられ，散布薬液の補給回数を少なくして散布能率を高めている．

混作地帯や作物の生育が不均一な地域などでは実用的でなく，また散布に際しては気象条件，立地条件などを十分考慮する．

微量散布は現在実用化されている散布法の中でもっとも高能率かつ省力的散布技術であり，地上高性能噴霧機と比較すると，散布量で約 1/1,000，30〜35 倍の高能率であり，300〜400 ha/日（4 時間）の防除作業が可能である．使用剤型は微量散布剤（ULV）とフロアブル剤（ゾル剤）であり，製剤原液をそのまま散布する．東北地方で多く用いられている散布法である．

vi) 航空固形剤散布　粉剤，微粉剤 F，粒剤などをそのままヘリコプターで散布する．液剤に比べて能率が劣り，粉剤散布は飛散が多いことなどから固形散布は減少傾向にみられ，徐々に液剤散布へ移行している．

vii) 施設内施用　くん蒸剤を常温でガスにして施設栽培圃場に施用するくん蒸法，くん煙剤を直接加熱方式（サーチ式，暖房装置式，くん煙筒など），蒸散方式（蒸散器），薬剤噴射方式（プルスフォグ）などで拡散させるくん煙法，FD 剤を 300〜500 g/10 a 背負式動力散布機などを用いて施設の外から内へ吹き込み散布する微粉少量散布法（フローダスト法）がある．これらは地上液剤散布に代わる，省力・安全性を考慮した施用法として普及している．

viii) 表面処理　薬剤を樹幹・枝・茎などに塗りつけ病害虫を防除する塗布法，種子・種イモ・球根などに付着している病害虫を防除するために粉剤などでそれらをまぶす粉衣法（塗沫法），種子や苗を一定時間薬液に漬けておき，付着している病原菌などを防除する浸漬法がある．

文　　献

第1章（農薬全般にわたるもの）
1) 江藤守総編 (1985). 農薬の生有機化学と分子設計, ソフトサイエンス社.
2) 岡田斎夫, 他編 (1997). 植物防疫講座（第3版）, 日本植物防疫協会.
3) 香月繁孝, 他編著 (1998). 農薬便覧（第8版）, 農文協.
4) 金澤　純 (1992). 農薬の環境科学, 合同出版社.
5) 鍬塚昭三・山本広基 (1998). 土と農薬, 日本植物防疫協会.
6) 渋谷成美, 他 (2001). SHIBUYA INDEX (9 th ed), 全国農村教育協会.
7) 全農 (2001). クミアイ農薬総覧, 全農.
8) 高橋信孝 (1989). 基礎農薬学, 養賢堂.
9) 高橋信孝, 他編 (1996). 新版農薬の科学, 文永堂.
10) 日本農薬学会 (1997). 農薬とは何か, 日本植物防疫協会.
11) 農林水産省生産局生物資材課・植物防疫課監修. 農薬要覧 1980-2001, 日本植物防疫協会.
12) 本田　博, 他 (1993). 新農薬学概論, 朝倉書店.
13) 宮本純之編 (1993). 新しい農薬の科学, 廣川書店.
14) 本山直樹編 (2001). 農薬学事典, 朝倉書店.
15) 山本　出・深見順一編 (1979). 農薬—デザインと開発指針, ソフトサイエンス社.
16) Cheng, H. H. ed. (1990). Pesticide in the Soil Environment：Process, Impact, and Modeling, Soil Science Society of America.

第2章
1) 今月の農業編集室編 (1998). 改定3版 農薬登録保留基準ハンドブック, 化学工業日報社.
2) 佐々木久美子 (2002). 農薬残留基準の設定と Total Diet Study による化学物質摂取量調査, 日本農薬学会第27回大会（土浦）, 要旨 S 2-1.
3) 食品衛生研究会編 (2001). 平成14年版 食品衛生小六法, 新日本法規.

第3章
〈参考文献〉
1) 久能　均, 他 (1998). 新編植物病理学概論, 養賢堂.
2) 佐藤仁彦, 他 (2001). 植物病害虫の事典, 朝倉書店.
3) 都丸敬一, 他 (1992). 新植物病理学, 朝倉書店.
4) 西村正暘・大内成志 (1990). 植物感染生理学, 文永堂.
5) 日本植物病理学会編 (1995). 植物病理学事典, 養賢堂.
6) Agrios, G. N. (1997). Plant Pathology (4 th ed.), Academic Press.
7) Corbett, J. R., *et al.* (1984). The Biochemical Mode of Action of Pesticides, Academic Press.
8) Koller, W. (1992). Taget Sites of Fungicide Action, CRC Press.
9) Lucas, J. A. (1998). Plant Pathology and Plant Pathogens (3 rd ed.), Blackwell Science.

10) Uesugi, Y. (1998). *In* Fungicidal activity (ed. Huston, D. H. and Miyamoto, J.), p. 23, John Wiley & Sons.
11) World Meteorological Organization (1988). Scientific Assessment of Ozone Depletion : Excutive Summary, World Meteorological Organization Global Ozone Research and Monitoring Project Report 44.

〈引用文献〉
1) 石川　亮（2002）. 野菜・果樹の細菌性病害—最新の知見から—, p. 37, 武田薬品工業.
2) 上杉康彦（1999）. 植物防疫, **53**：163-166.
3) 小川　奎・駒田　旦（1984）. 日本植物病理学会報, **50**：1-9.
4) 倉橋良雄, 他（1999）. 日本農薬学会誌, **24**：204.
5) 道家紀志（2001）. 植物の生長調節, **36**：143.
6) 中畝良二, 他（1999）. 植物防疫, **53**：181.
7) Chester, K. S. (1933). *Q. Rev. Biol.*, **8**：275.
8) Clough, J. M. and Godsrey, R. A. (1998). *In* Fungicidal Activity (ed. Huston, D. H. and Miyamoto, J.), pp. 100-148. John Wiley & Sons.
9) Dong, H., *et al.* (1999). *Plant J.*, **20**：207.
10) Görlach, J., *et al.* (1996). *Plant Cell,* **8**：629.
11) Haward, R. J., *et al.* (1991). *Proc. Natl, Acad. Sci. USA*, **88**：11281.
12) Kameda, Y., *et al.* (1986). *J. Antibiot.*, **40**：563.
13) Kessmann, H., *et al.* (1994). *Annu. Rev. Phytopathol.*, **32**：439.
14) Kim, H. T., *et al.* (1996). *J. Pestic. Sci..*, **21**：323.
15) Lawton, K. A., *et al.* (1996). *Plant Journal*, **10**：71.
16) Lawton, K. A., *et al.* (2001). *In* Agrochemical Discovery (ed. Baker, D. R. and Umetsu, K.), p. 127, American Chemical Society.
17) Maleck, K. and Lawton, K. (1998). *Cur. Opin. Biotech.*, **9**：208.
18) Miura, I., *et al.* (1994). *J. Pestic. Sci.*, **19**：103.
19) Nakasako, M., *et al.* (1998). *Biochemistry*, **37**：9931.
20) Narisawa, K., *et al.* (1998). *Plant Pathology*, **47**：206.
21) Shigemoto, R., *et al.* (1989). *Ann. Phytopathol. Soc. Jpn.*, **55**：238.
22) Shigemoto, R., *et al.* (1992). *Ann. Phytopathol. Soc. Jpn.*, **58**：685.
23) Sticher, L., *et al.* (1997). *Annu. Rev. Phytopathol.*, **35**：235.
24) van Loon, *et al.* (1998). *Annu. Rev. Phytopathol.*, **36**：453-483.
25) Wada, K., *et al.* (2001). *In* Agrochemical Discovery (eds. Baker, D. R. and Umetsu, K.), p. 35, American Chemical Society.
26) Yoshioka, K., *et al.* (2001). *Plant J.*, **25**：149.

第4章
1) 阿部憲義, 他（1993）. 性フェロモン剤等使用の手引, pp. 86, 日本植物防疫協会.
2) 鮎沢啓夫, 他（1981）. 微生物防除（石井象二郎編：昆虫学最近の進歩）, p. 296, 東京大学出版会.
3) 安藤　哲（2002）. *Aroma Research*, **3**(1)：26.
4) 岡田斉夫（1986）. 天敵微生物による害虫の防除（岸 國平・大畑貫一編：微生物と農業）, p. 187, 全国農村教育協会.

5) 小川欽也 (1998). バイオコントロール, **2**(2): 18.
6) 加藤隆一・鎌滝哲也編 (1995). 薬物代謝学, 東京化学同人.
7) 下松明雄 (2002; 2003). 日本で作られた新しい殺虫剤の話. 農薬ガイド, No. 102, 1-4; No. 104, 17-21.
8) 斉藤哲夫, 他 (1999). 新応用昆虫学, 生物的防除, p. 165, 朝倉書店.
9) 鈴井孝仁 (1986). 拮抗微生物による土壌害虫の防除 (岸 國平・大畑貫一編: 微生物と農業), p. 160, 全国農村教育協会.
10) 冨澤元博 (1994). ニコチノイド関連化合物の構造活性相関, 日本農薬学会誌, **19**, 229-240.
11) 野口 浩 (1999). 植物防疫, **53**(10): 398.
12) 日高敏隆, 他 (1999). 環境昆虫学, p. 561, 東京大学出版会.
13) 松中昭一 (1996). 植物保護のための生物利用, グリーン研究資料, No. 316, 1.
14) 宮本 徹 (1992). 含イオウ有機リン殺虫剤の活性化に関する研究, 日本農薬学会誌, **17**, S 115-123.
15) 森 樊須・村上陽三 (1981). 生物的防除における捕食・寄生性天敵の役割と利用 (石井象二郎編: 昆虫学最近の進歩), p. 279, 東京大学出版会.
16) 安松京三 (1970). 天敵―生物制御へのアプローチ (NHK ブックス 121), p. 204.
17) 山本 出編 (2003). 新農薬開発の最前線, シーエムシー出版.
18) Axelsen, P. H. et al.: *Protein Science*, **3**, 188-197 (1994).
19) Cook, R. J. and K. F. Baker (1983). The Nature and Practice of Biological Control of Plant Pathogens, p. 539, Amer. Phytopath. Soc.
20) Eto, M. (1974). Organophosphorus Pesticides–Organic and Biological Chemistry, CRC Press.
21) Fleming, W. E. (1972). Biology of Japanese Beetle, USDA. Tech, Bull., No. 14497, pp. 129.
22) Kuhr, R. J. and H. W. Dorough, (1976). Carbamate Insecticides–Chemistry, Biochemistry and Toxicology, CRC Press.
23) Miyamoto, T., et al. (1999). *Pestic. Biochem. Physiol.*, **63**, 151-162.
24) Perry, A. S., et al. eds (1998). Insecticides in Agriculture and Environment, Springer.
25) Sheppard, G. M. (山元大輔訳, 1998). ニューロバイオロジー, 学会出版センター.
26) Shippers, B. and W. Gams eds. (1979). Soilborne Plant Pathogens, pp. 686. Academic Press.
27) Sussman, J. L. and I. Silman (1992). *Curr. Opin. Struct. Biol.*, **2**, 721-729.
28) Yamamoto, I. and J. E. Casida, eds (1999). Nicotinoid Insecticides and the Nicotinic Acetylcholine Receptor, Springer.

第5章

1) 石井敬一郎 (1965). ダニ類 (佐々 学編), p. 421, 東京大学出版会.
2) 石井敬一郎 (1987). 日本農薬学会誌, **12**: 279.
3) 井上晃一 (1989). 植物防疫, **43**: 367.
4) 五箇公一 (1997). 保全生態学研究, **2**: 115.
5) 真梶徳純 (1970). 植物防疫, **24**: 455.
6) 高橋英夫, 他 (1997). 新農薬の開発展望 (井倉勝弥太監修), p. 120, シーエムシー.
7) Gotoh, T., et al. (2001). *Internat. J. Acarol.*, **27**: 303.

第6章

1) 伊藤操子 (1993). 雑草学総論, 養賢堂.
2) 日本植物防疫協会編, 植物防疫講座 (第3版) 雑草・農薬・行政編, 日本植物防疫協会.
3) 米山弘一 (2001). 農薬の作用機構, 除草剤 (本山直樹編：農薬学事典) pp. 131-144, 朝倉書店.
4) Ahrens, W. H. (1994). Herbicide Handbook (7 th ed. 1994), Weed Science Society of America.
5) Hatzios, K. K. (1998). Herbicide Handbook, Weed Science Society of America, Supplement to Seventh Edition-1998.
6) Powles, S. B. and D. L. Shaner (2001). Herbicide Resistance and World Grains. CRC Press, Boca Raton.
7) Rao, V. S. (2000). Principles of Weed Science (2 nd ed.), Science Publishers, Enfild (NH)
8) Rose, M. R., *et al*. (1997). Herbicide Activity：Toxicology, Biochemistry and Molecular Biology. IOS Press Ohmsha. Amsterdam.

第7章

1) 太田保夫 (1987). 植物ホルモンを生かす, 農文協.
2) 岡田斉夫, 他編著 (1987). バイオ農薬・生育調節剤開発利用マニュアル, エルアイシー.
3) 高橋信孝編 (1989). 植物化学調節実験法, 植物化学調節学会.
4) 高橋信孝・増田芳雄 (1994). 植物ホルモンハンドブック, 培風館.
5) 山田 登 (1966). 作物のケミカルコントロール, 農業技術協会.

第8章

1) 池内俊彦 (2001). タンパク質の生命科学, 中公新書.
2) 日本農芸化学会 (2000). 遺伝子組換え食品, 学会出版センター.
3) 山田昌雄 (2000). 微生物農薬, 全国農村教育協会.
4) 山田康之, 佐野 浩 (2000). 遺伝子組換え植物の光と影, 学会出版センター.

索　引

ア

アイオキシニル　177
赤かび病　6
アカネズミ　150
active site gorge　78
アグロバクテリウム　47
Agrobacterium tumefaciens　140
アグロバクテリウム法　199
アグロバクテリウム・ラジオバクター　47,67
アグロバクテリウム・ラジオバクター剤　142
アコニターゼ　80
アシベンゾラル S メチル　54
アジムスルフロン　172
アシュラム　169
アシル CoA　95
アシル CoA エロンゲース　165
アシル転移反応　95
アセキノシル　147
アセタミプリド　121
アセチル CoA　79,93
アセチル CoA カルボキシラーゼ　164
アセチルコリン　76,88
アセチルコリンエステラーゼ（AChE）　77,88,96,149,101
アセチルコリンエステラーゼ（AChE）阻害　99
アセチルコリンエステラーゼ（AChE）阻害剤　108
N-アセチルゼクトラン　111
アセチル転移酵素　93
アセフェート　105
アズキシストロビン　43,44,68
S-アデノシル-L-メチオニン　94
アデノシン 3′,5′-ビスリン酸　92
アトラジン　90,179
アドレナリン作動性シナプス　77
アトロピン　100
アナバシン　119,122
アニオン性界面活性剤　204
亜ヒ酸　81
アブシジン酸　195
アフリカツメガエル　123
アミダーゼ　88,104

アミノ酸 N-アシル転移酵素　95
アミノ酸生合成阻害剤　161
アミノ酸配列の相同性　85
アミノ酸変異　69
アミノ酸抱合　95
O-アミノホスフェート　87,99
γ-アミノ酪酸（GABA）　76,146
アミプロホスメチル　175
アメトリン　179
アラクロール　173
アリエステラーゼ　88
アリールエステラーゼ　88
アリール抱合　104
アリール硫酸転移酵素　92
N-アルキルホスホロアミデート　99
S-アルキルホスホロチオレート　97
アルギン酸ナトリウム　53
アルコール脱水素酵素　87
アルデヒド還元酵素　88
アルデヒド酸化酵素　87
アルデヒド脱水素酵素　87
アルドリン　126,127
アレスリン　116,117
aromatic gorge　78
アロモン　132
アンカプラー　81
アンシミドール　194
アンチモン　132
アンバム　28

イ

硫黄　22,28,56,71,81
イオン障壁　122
育苗箱処理　24
イサエアヒメコバチ剤　135
イソフェンホス　99,107
イソウロン　169
イソキザベン　172
イソプテニル基　114
　──のメチル基の酸化　116
イソプロチオラン　28,58
イソペンテニルアデノシン　194
イソメ　124
イソメラーゼ　90
一原子酸素添加反応　84

一電子還元　88
一酸化炭素　87
一般名　1
遺伝子組換え　198,199
遺伝子農薬　198
遺伝的変異　113
意図的化学物質　72
イナベンフィド　194
イネいもち病　63,70
イネいもち病菌　21
イネ馬鹿苗病菌　192
イネ紋枯病　23
イプコナゾール　43
ipsdienol　129
イプロジオン　43,53,60
イプロベンホス　27
易分解性　127
イマザキン　182
イマザピルイソプロピルアミン塩　182
イマザモックスアンモニウム塩　182
イマゾスルフロン　172
イミダクロプリド　121
イミダゾール基　77
イミノクタジンアルベシル酸塩　35
イミノクタジン酢酸塩　35
イミベンコナゾール　43
インダノファン　181
インドキサカルブ　125
インドール酢酸　192
インパルス　75

ウ

ウイルス　20
うどん粉病　6
ウニコナゾール　194
ウリジン二リン酸-α-グルクロニド　92
ウルバジット　32

エ

exo-brevicomin　129
エクロメゾール　43
エコチオパート　108,109
エジフェンホス　27

索引

エステラーゼ　105
エスフェンバレレート　118, 119
エスプロカルブ　168
エゼリン　89
エゾヤチネズミ　150
エチクロゼート　192
エチジムロン　169
エチレン　195
エテホン　195
エトキサゾール　147
エトキシスルフロン　171
エトフェンプロックス　114, 118
エトプロホス　150
エトベンザミド　174
エネルギー代謝　78
エネルギー代謝阻害除草剤　165
エピクチクラ　140
エピバチジン　125
エポキシ化　83
エポキシドヒドロラーゼ　89
エルゴステロール生合成阻害剤　60
エレクトロポレーション法　199
塩化メトキシエチル水銀　22, 24, 31
塩基性塩化銅　32, 71
塩基性硫酸銅　32, 63, 71
塩基性硫酸銅カルシウム　24
塩素酸塩　185
エンドスルファン　14, 128
エンドタール二ナトリウム　181
エンドファイト　68
エンドリン　13, 127

オ

オキサジアゾン　179
オキサジキシル　35, 43, 57
オキサジクロメホン　181
オキサゾリン環　147
オキサミル　150
オキシカルボキシン　35, 81
オキシキノリン　64
オキシキノリン銅　32, 44
オキシテトラサイクリン　49, 58
S-オキシド　97, 98, 107
N-オキシド　86, 87, 99, 107
オキシム　100
オキシムカーバメート　109, 111
オーキシン　160, 192
オキスポコナゾールフマル酸塩　43
オキソリニック酸　44
オキソン体　73, 96

n-オクチルアミン　87
オクトパミン作動性シナプス　124
オビドキシムクロリド　100
オリザリン　174
オルソベンカーブ　169
オンシツツヤコバチ剤　135

カ

開花促進　194
害虫抵抗性遺伝子　200
害虫抵抗性作物　200
解糖系　55, 79
界面活性剤　204
カイロモン　132
カオリン　205
化学的形態変化　186
化学名　1
拡散性　208
核酸生合成阻害　57
核多核体病ウイルス　137
拡展性　207
獲得抵抗性　65
果実肥大促進　192
カスガマイシン　22, 48, 53, 58, 63
ガス抜き　149
カゼイン　205
カチオン性　204
活性化　87, 90, 96, 97, 99, 105, 107, 111, 112
活性グルコース　95
活性中心　77, 88
活性メチオニン　94
活性硫酸　92, 93
活動電位　75
活動電流　75
滑面小胞体　83
カテコールアミン　87
過敏感反応　20
カフェンストロール　181
カプタホル　28, 44, 53, 56, 63
過分極　76
可溶化剤　204
カラバル豆　108
顆粒病ウイルス　138
カルコン　92
カルタップ　124
カルバミル化　110
カルバミン酸　108
カルフェントラジンエチル　181
カルブチレート　169
カルプロパミド　24, 37, 63, 67, 70
カルベンダゾール　28, 43, 54, 61

カルボキシルエステラーゼ　88, 103, 106
カルボフラン　109, 112, 150
カロチノイド生合成阻害除草剤　163
環境ストレス　195
環境負荷　189
環状ジエン殺虫剤　127

キ

菊酸　113
菊酸エステル　115
気孔開放, 開閉　194, 195
キザロホップエチル　163, 176
キサンチン酸化酵素　87
寄生性線虫　136
キタジン　27
キタジンP　27
キチン　73
キチン合成阻害　60
拮抗　67
キノメチオネート　28, 44
キノン　49
キノン還元酵素　88
忌避剤　133
キャプタン　24, 28, 44, 53, 56
キャンベリコ液剤　141
吸汁昆虫　73, 103, 111
急性毒性　101
吸着(態)　186, 187
cue-lure　133
競合　67
凝集力　206
共力剤　115, 206
キラル　107
キントゼン　24, 25
筋無力症の治療薬　108

ク

グアニジン構造　121
クエラ鳥　102
クエン酸　79
ククメリスカブリダニ剤　135
クチナーゼ　21
クマテトラリル　151
クマネズミ　150
クミルロン　169
グラム陽性通性嫌気性桿菌　139
グリシン　76
クリプトラン　15
グリホサート　176
グリホサート耐性作物　186
グリーンバーグ経路　58

グルクロン酸抱合（体）92,95
グルコシド抱合　95
グルコシル転移酵素　95
グルコース-6-リン酸　84
グルタチオン（GSH）89,91
グルタチオン S-転移酵素（GST）89,102,104
グルタチオン抱合体　89
グルタミン酸　77
グルタミン生合成阻害除草剤　162
グルホシネート　176
グルホシネート耐性作物　186
クレー　205
クレソキシムメチル　37,44,49,68
クレトジム　176
クロキシホナック　192
クロメプロップ　174
クロラニル　52
クロラムフェニコール　48,58
クロリダゾン　181
クロルジメホルム　124
クロルタール　167
クロルチオン　102
クロルナイトロフェン　178
クロルピクリン　22,23,25,35,56,149
クロルピリホス　15,106
クロルフェナピル　147
クロルフタリム　181
クロロタロニル　25
2-クロロ-5-チアゾリル基　120
クロロネブ　25,37
4-クロロ-3-ピリジル基　120
クロロフィル生合成阻害除草剤　163
くん蒸剤　2,73

ケ

硅藻土　205
警報フェロモン　129
茎葉処理　23,153,155
結合タンパク質　90
結晶性毒素　139
解毒　105,111,112,117
ケトン還元酵素　88
ケラチン　73
ケルセン　128,145
嫌気呼吸　80
懸垂性　207

コ

光化学系 II 阻害剤　161
光学異性体　113,116
好気呼吸　80
航空液剤散布　209
航空固形剤散布　210
交差抵抗性　147
こうじ菌産生物　49,71
交信撹乱剤　131
合成ピレスロイド　116,117,118
抗生物質　45
酵素阻害剤複合体　99,110
コエンザイム Q　55
呼吸系阻害　25,55
呼吸鎖電子伝達系　80
黒きょう病菌　139
固体希釈剤　205
コチニン　122
固着剤　205
固着性　207
コナガコン　131
コナダニ類　143
コミュニケーション物質　128
ゴム質樹脂　205
コリンエステラーゼ　89
コリン作動性シナプス　77,107,109
コール酸　95
コレマンアブラバチ剤　135
Colorado potato beetle　126
昆虫生育制御剤　82
昆虫病原性微生物　136

サ

細菌病抵抗性植物　200
サイトカイニン　194
細胞質　87,92
細胞質多角体病ウイルス　138
細胞分裂阻害　61
細胞分裂阻害除草剤　165
細胞融合技術　197
酢酸　33
酢酸フェニル水銀　31
作物残留性　8
殺菌活性　186
雑草の総合管理　153
雑草防除剤　2
殺虫活性　28,115
殺虫スペクトル　125
殺鳥剤　102
さび病　6
サーフ剤　23

サリゲニン環状リン酸エステル　90
サリチオン　105
サリチル酸　202
サリン　99,100
酸化還元電位　80,85
酸化的脱硫黄　83,112
酸化的リン酸化　56,81
酸化的リン酸化阻害除草剤　165
酸化フェンブタズズ　146
残効性　125,189
酸：CoA リガーゼ　95
酸性白土　205
ザントモナス　185
産雄単為生殖　143
残留性　187

シ

次亜塩素酸カルシウム，ナトリスム　33
シアゾファミド　43
シアナジン　179
シアノイミノ体　121
α-シアノピレスロイド　115
シアノホス　93,102
シアン酸ナトリウム　185
シイタケ菌糸抽出物　49,71
ジウロン　169
ジエトフェンカルブ　28,62,69
色素生合成阻害除草剤　163
シハロホップブチル　177
軸索　74,126
ジクロシメット　54,63
シクロスルファムロン　171
ジクロフルアニド　54
シクロヘキシミド　48,58
ジクロメジン　54
ジクロルプロップ　192
ジクロルボス　105
ジクロロプロパン　23,25,35
ジクロロプロペン　23,25,35
ジクロン　52
ジクワット　178
ジケグラック　192
試験名　1
ジコホル　146
脂質生合成阻害　58
糸状菌　139
施設内施用　210
ジチアノン　44,52,56
ジチオピル　184
シデュロン　169
シナプス　74

索引

シナプス小胞 74,76
シナプス前膜 76
シナプス電位 76
ジネブ 28,56
シネリンⅠ・Ⅱ 113,115
シネロロン 113
ジノカップ 37
シノスルフロン 171
シノモン 132
ジヒドロストレプトマイシン 49,53,58
ジヒドロニコチリン 122
ジヒドロネライストキシン 124
シビレエイ 123
ジフェノコナゾール 43
シフェノトリン 117
ジフルフェニカン 174
ジフルベンズロン 82
ジフルメトリム 43
シプロコナゾール 43
シプロジニル 43,58
シペルメトリン 114,117,119
ジベレリン（GA） 192
ジベレリン（GA）処理適期拡大剤 191
脂肪酸（脂質）生合成阻害除草剤 163
脂肪酸のβ酸化酵素 87
シマジン 14
シメコナゾール 43
ジメタメトリン 178
ジメチリモール 43,57
ジメチルジチオカルバミン酸メチルヒ素 32
ジメチル馬尿酸 95
ジメテナミド 173
ジメトエート 103
ジメトモルフ 43
シメトリン 95,178
ジメピペレート 168
シモキサニル 35,57
ジャガイモ飢饉 19
ジャスモリンⅠ・Ⅱ 113,115
ジャスモロン 113
ジャスモン酸 195,202
japonilure 129
ジャンボ剤 23
臭化メチル 23,149
集合フェロモン 129
重力屈性 160
熟期促進 194
宿主交代 20
樹状突起 74,76

シュードモナス 47,67
シュードモナス CAB-02 47,142
Pseudomonas 属細菌 43
シュードモナス・フルオレッセンス 24,47,68,140
シュラーダン 11,99,107
種類名 1
蒸気圧 148
商品名 1
情報伝達物質 128
ショクガタマバエ剤 135
食菌 67
食毒剤 2,73
植物アクチベータ 202
植物生育調節剤 4
植物生理活性物質 190
植物ホルモン 190
植物ホルモン作用の阻害・攪乱型除草剤 160
食物連鎖 126
除草剤処理層 156
除草剤耐性作物，遺伝子 200
除草剤抵抗性 185
除草剤の製剤処方および施用法 159
除草剤分布層 156
除虫菊 113
処理層 188
ジラム 28,56
シリロシド 151
シロバナムシヨケギク 113
神経ガス 73,100
神経細胞 74
神経鞘 74
神経筋接合部 123
浸漬処理 150
浸潤・浸透剤 204
浸透移行性 149
浸透性薬剤 73
シンメチリン 181

ス

水酸化第二銅 32,71
水酸化トリフェニルスズ 32
水質汚濁性 8
髄鞘 74
水中崩壊性 208
水稲の育苗箱用殺虫剤 125
水封 149
水和剤 23,24
ステモフォリン 125
ストレプトマイシン 49,53,58
ステロール脱メチル化阻害剤 60

スーパーオキシド 88
スピロジクロフェン 147
スミスネズミ 150
スミチオン 101
スルフェニルプロピキスル 112
スルホキシド 86,103,115
スルホン 103

セ

ゼアチン 194
青酸ガス 81
静止電位 75
制線虫作用 150
生体成分生合成阻害 57
静的抵抗性 20
性フェロモン 128
生物濃縮 126
生物農薬製剤 71
生物防除 49,67
性誘引物質 129
ゼクトラン 109,111
セサミン 115
セサモリン 115
石灰硫黄合剤 6,22,63
石灰粉末 205
接触角 207
接触剤 2,73
摂食阻害物質 132
絶対配置 115
セトキシジム 163,176
ゼラチン 205
serricornin 129
セリン残基 88
セリン水酸基 78
セルラーゼ 21
全身獲得抵抗性 65,202
選択作用性 187
選択性除草剤 154
選択毒性 72,82,101,103,117
線虫 148

ソ

双極子相互作用 78
総合防除 49,133
増糖作用 192
咀嚼昆虫 103,111
速効性 115
ソマン 99,101
粗面小胞体 83

タ

第Ⅰ相反応 82
第Ⅱ相反応 82

索引　　219

ダイアジノン　101, 104
ダイクロラン　25
対抗菌剤　142
大豆レシチン　48
耐性菌　62
ダイファシノン　151
ダイホルタン　15, 28
ダイムロン　169
タイリクヒメハナカメムシ剤　135
大量誘殺　130
タウリン　95
他感作用物質　132
多剤耐性　70
ダゾメット　54, 181
立木処理　155
脱アセチル化　111
脱アミノ化　83
N-脱アルキル化　83
O-脱アルキル化　83
N-脱イソプロピルオキシノン　108
脱カルバミル化　110
脱共役剤　81
脱着　186
脱皮阻害　146
脱皮ホルモン　82
脱分極　75, 121
脱メチル体　111
脱離基　99
脱リン酸化　99
多糖生合成阻害　60
種なしブドウ　190
ターバシル　181
タブン　101
タラロマイセス・フラバス　47, 67
タラロマイセス・フラバス水和剤　142
多硫化石灰　28
タルク　205
炭酸水素カリウム，ナトリウム　33, 71
胆汁酸　95
タンパク質合成　57
タンパク質合成阻害　57
タンパク質生合成阻害除草剤　165

チ

チアジアジン　28
チアジアゾリジン系　90, 91
チアゾール環　121
チアベンダゾール　43, 54, 61

チオノ体　73, 96
チオファネート　28, 54, 61
チオファネートメチル　24, 28, 54, 61
チオメトン　103
チキン合成　82
地上液剤散布　209
地上固形剤散布　209
チトクロム　55, 81
チトクロム P450 (CYP)　83, 85, 96, 194
チトクロム P450 モノオキシゲナーゼ　159
遅発性神経毒性　88, 103, 106
チフェンスルフロンメチル　171
チフルザミド　35
着色促進剤　195
チウラム　60
チラム　24, 28
チリカブリダニ剤　135

テ

抵抗性　131
抵抗性雑草種　156
抵抗性発現　113
抵抗性誘導　68
disparlure　130
低毒性農薬　7
ディルドリン　126, 127
テクロフタラム　35
デスメディファム　169
テトラコナゾール　43
テトラピオン　167
テトラヒドロフラン環　121
テトラメトリン　114, 117
テニルクロール　174
テブコナゾール　43
テブチウロン　169
テプラロキシジム　176
デリス根　10, 80
デルタメトリン　118, 119
テレフタル酸銅　32, 37
テロドリン　13
電子供与体　84, 86
電子伝達系　56
展着剤　204
天敵　132

ト

銅　16
瞳孔収縮剤　108
登熟向上　194
倒状軽減　194

淘汰による優性化　113
動的抵抗性　20, 201
登録失効　101, 126
毒性と毒物　72
毒性発現　102
特定毒物　107
土壌灌注　24
土壌くん蒸　23
土壌細菌　138
土壌残留性　8
土壌消毒　73
土壌処理型除草剤　188
トップドレッシング　209
ドデシルベンゼンスルホン酸ビスエチレンジアミン銅錯塩　54
トミノストロビン　37
trans-farnesene　129
トリアジフラム　178
トリアジメホン　43
トリアジン　54
トリアゾリジン系　91
トリアモル　60
トリアリモル　43
トリカルボン酸 (TCA) 回路　55, 79
トリクラミド　50
トリクロピル　166
トリクロルホン　105
トリコデルマ・アトロビリデ　24, 49
トリコデルマ (*Trichoderma*) 菌　47, 68, 141
トリシクラゾール　54, 62
トリデモルフ　43
トリネキサパックエチル　194
トリフルラリン　174
トリフロキシストロビン　37, 44
トリホリン　54
ドリン剤　127
トルクロホスメチル　28, 62
トリフルミゾール　43

ナ

内的自然増加率　144
内分泌攪乱作用　22
苗立率　195
ナトリウムイオンチャンネル　75, 115, 121, 125, 126
ナトリウムポンプ　75
1-ナフチルアセトアミド　192
ナフトキノン骨格　147
ナプロアニリド　174
ナプロパミド　172

鉛 16
ナミヒメハナカムシ剤 135

ニ

ニカワ 205
ニコスルフロン 171
ニコチノイド 119
　——の殺虫力，選択毒性 121
ニコチリン 122
ニコチン 86, 119, 121
ニコチン性アセチルコリン受容体 121
ニチアジン 119
二電子還元 88
ニテンピラム 121
ニトロメチレン系化合物 119
ニトロメチレン構造 121
2-PAM 100
乳化剤 204
乳剤 23, 24
ニューロパシーターゲットエステラーゼ 88, 105
2, 4-D 7, 166, 192

ネ

ネオニコチノイド 77, 120, 121
　——の選択毒性 123
根頭がん腫病 140
ネライストキシン 115, 124, 126, 127

ノ

脳血液関門 102, 123
農薬登録 190
農薬によるリスク 72
ノックダウン 115
ノニルフェノールスルホン酸銅 32
ノボビオシン 49, 53, 57
ノルアドレナリン 77
ノルニコチリン 122
ノルニコチン 119, 122
ノルフルラゾン 163, 181

ハ

灰色かび病 21
バイオタイプ 156
白きょう病菌 139
パクロブトラゾール 194
バイオリアクター 197
ハダニ類 143
ハタネズミ 150
パダン 124

バチルス・ズブチリス 47, 67
バチルスズブチリス水和剤 142
Bacillus thuringiensis 138
Bacillus popilliae 139
Bacillus moritai 139
発生予察 130
パーティクルガン法 199
花ぶるい防止 195
ハマキコン 131
ハモグリコマユバチ剤 135
パラオキソン 101
パラコート 88, 178
パラチオン 11, 16, 100, 101, 125
バリダマイシンA（VMA） 24, 48, 53, 64, 67, 71
バリドキシルアミンA 64
ハロスルフロンメチル 172

ヒ

ビアラホス 176
非イオン性界面活性剤 204
非意図的化学物質 72
ビエリシジンA 81
ビオアレスリン 116, 117, 118
ビオレスメトリン 117
光屈性 160
非感受性 68
ピクロラム 167
ヒ酸 81
ヒ酸鉛 5
ヒスタミンH2受容体拮抗薬 121
ビスピリバックナトリウム 181
微生物殺菌剤 71
微生物農薬 203
非選択性除草剤 154
ヒ素 16
ビテルタノール 43
ヒドロキシイソキサゾール 24, 57
ヒドロキシステロイド硫酸転移酵素 92
ヒドロキシルアミン 87
ヒドロキシルイソキサゾール 43
ビナパクリル 37, 81
非病原性遺伝子 20
非病原性エルビニア・カロトボーラ 47, 67
非病原性エルビニア・カロトボーラ水和剤 142
非病原性フザリウム菌 49, 67, 68
ビフェナゼート 147
ビフェニルヒドラジン構造 147

ビフェノックス 178
ピペロニルブトキシド 86, 110, 115
ピペロホス 176
病害抵抗性遺伝子 200
病原 19
表皮薬害防止 191
表面処理 210
表面張力 207
ピラクロホス 97, 107, 150
ピラゾキシフェン 180
ピラゾスルフロンエチル 172
ピラゾホス 28
ピラゾリン系化合物 125
ピラゾレート 163, 179
ピラフルフェンエチル 180
3-ピリジルメチルアミン 119
ピリダジノン骨格 146
ピリダベン 146
ピリデート 181
ピリフェノックス 54
ピリブチカルブ 168
ピリミカルブ 109
ピリミジルオキシ構造 147
ピリミノハックメチル 182
ピリメタニル 43
ピルビン酸 79
ピレスロイド 113, 118, 126
ピレスロロン 113
ピレトリンⅠ・Ⅱ 113, 115, 117
ピレトリン酸 113
ピレトリン酸エステル 115
ピロキロン 54, 62
ビンクロゾリン 43, 53, 60

フ

ファイトアレキシン 20
ファーバム 28
ファモキサドン 56
Phizoctonia solani 140
フィゾスチグミン 89, 109
フィプロニル 125
フェナジンオキシド 54, 81
フェナミノスルフ 54
フェナリモル 43, 54, 60
フェニトロオキソン 102
フェニトロチオン 101
フェニルカーバメート 109
フェニル酢酸水銀 24
フェニルピラゾール系化合物 124
フェノキサニル 50, 63
フェノキサプロップエチル 176

フェノキシカルブ 82
フェノトリン 114, 117
フェモキサドン 54
フェリムゾン 43, 62, 64
フェロモン 128
フェロモン剤 2
フェンチオン 102, 106
フェントラザミド 173
フェンバレレート 114, 118, 119
フェンピクロニル 43, 56
フェンピロキシメート 146
フェンブコナゾール 43
フェンプロパトリン 114, 118
フェンプロピモルフ 44
フェンヘキサミド 35, 54
フェンメディファム 169
フサライド 25, 62
フザリウム病 67
フザリン酸 64
フシダニ類 143
節間伸長抑制作用 194
不斉 107, 113, 116
ブタクロール 174
ブタミホス 175
付着器 63
付着性 207
物質代謝 78
ブトネート 105
負の交叉耐性 69
部分電荷 121
フラザスルフロン 171
ブラシノライド 195
ブラストサイジンS 22, 45, 53, 58, 63
フラビン含有モノオキシゲナーゼ 86
フラメトピル 54
不良環境耐性機能 190
フルアクリピリム 147
フルアジナム 54
フルアジホップ 176
フルオルイミド 44, 53
フルオロアセチルCoA 80
フルオロクエン酸 80
フルオロジフェン 90
フルジオキソニル 43, 56
フルスルファミド 35, 43, 63
フルトラニル 35, 53, 81
フルミオキサジン 181
フルリドン 163
プレチラクロール 174
フロアブル剤 23
プロクチクラ 140

プロクロラズ 43
プロジアミン 174
プロシミドン 44, 53, 60
フローダスト剤 206
プロチオホス 90, 107
プロチオホスオキソン 91, 97, 98, 107
プロドラッグ化 103, 147
プロパニル 174
プロパモカルブ 31
プロピコナゾール 43
プロピザミド 172
プロヒドロジャスモン酸 195
プロピネブ 28
プロピルスルフェン酸 98
プロフェジン 82
プロフェノホス 97, 107
プロヘキサジオンカルシウム塩 194
プロペタンホス 99
プロペナゾール 24, 54, 65, 71
プロポキスル 112
ブロマシル 181
プロメトリン 178
ブロモブチド 172
フロラスラム 181
α-ブンガロトキシン 123
分散剤 204
分散性 207
分枝アミノ酸生合成阻害剤 161
分子種 85, 89, 104
分子状酸素の活性化 85, 86
噴射剤 206

ヘ

Beauveria bassiana 139
ヘキサコナゾール 43
ヘキシチアゾクス 146
ベクター 198
ベスロジン 175
ペクチナーゼ 21
ベノミル 24, 24, 31, 43, 54, 57, 61
ペフラゾエート 43
ヘムタンパク質 83
ペラルゴン酸 181
periplanone B 128
ペルオキシダーゼ 90
ペルメトリン 114, 117, 119
ペンコナゾール 35, 53, 62
6-ベンジルアミノプリン 194
ベンズヒドロールピペリジン系化合物 125
ベンスルフロンメチル 171

ベンゾイミダゾール骨格 53
ベンゾエピン 14
ベンゾビシクロン 163, 181
ベンゾフェナップ 180
変態 82
ペンタクロロアニソール 27
ペンタクロロニトロベンゼン 25
ペンタクロロフェノール 25
ペンタクロロベンジルアルコール 25
ベンタゾン 181
ベンチアゾール 54
ベンチオカーブ 169
ペンディメタリン 174
ペントキサゾン 181
ペントースリン酸経路 84
ベントナイト 205
ベンフラカルブ 109
ベンフレセート 181

ホ

膨圧 21
萌芽防止 192
芳香族アミノ酸生合成阻害剤 162
抱合反応 89
放線菌 81
包埋 137
ホコリダニ類 143
捕食寄生者 134
捕食者 134
補助成分 189
ホスチアゼート 150
ホスファミドン 11
ホスフィニルオキシスルホネート 107
ホスフィニルジスルフィド 97
ホスフィン酸 95
3′-ホスホアデノシン-5′-ホスホ硫酸 92
6-ホスホグルコン酸 84
ホスホラスオキシチオネート 96
ホスホン酸 95
ホセチル 28, 65, 66
ホノホス 96
ポリオキシン 48, 53
ポリオキシン D・B・L 60
ポリカーバメート 28
ポリビニルアルコール 205
ホルクロルフェニュロン 194
ボルドー液 5, 22
ホルマミド体 111
ホレート 86, 103

bombykol 128

マ

膜機能の攪乱 62
膜電位の閾値 115
マラチオン 101, 103, 106
マラリヤ 126
マレイン酸ジエチル 90
マレイン酸ヒドラジド 181, 192
慢性毒性 126
マンゼブ 28, 56
マンネブ 28

ミ

ミオスミン 122
見かけ比重 206
ミクロソーム 84, 86, 88
ミクロソーム画分 84
ミクロソーム電子伝達系 84
ミクロブタニル 43
道しるべフェロモン 129
mixed function oxidase（MFO）84, 96
ミツバチ 123
ミパホックス 106
milky disease 139
ミルディオマイシン 48, 58
ミルベメクチン 146

ム

虫追い, 虫送り 5
無髄神経線維 74
ムスカリン性アセチルコリン受容体 121

メ

メソミル 109
メタアミドホス 97
メタ位の置換基効果 102
メタスルホカルブ 31
メタミドホス 105
メタラキシル 35, 53, 57, 66
Metarhizium anisopliae 139
メタンアルソン酸カルシウム 32
メタンアルソン酸鉄 32
メタンアルソン酸鉄アンモニウム 32

メチオクロール 128
メチマゾール 86
メチルイソシアネート 149
メチルイソチオシアネート 54
methyl eugenol 133
メチルダイムロン 169
メチル転移酵素 93
メチルパラチオン 11, 101, 106
メチルブロマイド 23, 35
メトキシアクリレート 81
メトキシクロール 128
メトスルフロンメチル 171
メトブレン 82
メトミノストロビン 44, 49
メトラクロール 173
メトリブジン 179
メパニピリム 43, 58, 64
メフェナセット 174
メプロニル 35, 53, 81
メルカプツール酸 89
メルカプツール酸抱合体 91
メルホス 106

モ

モノアミンオキシダーゼ 87
モノアミン酸化酵素 124
モノフルオル酢酸ナトリウム 151
モノフルオロ酢酸 80
モノフルオロ酢酸アミド 11, 80
モノフルオロ酢酸塩類 11
モリネート 168

ヤ

薬剤耐性菌 68
薬剤抵抗性 143, 147
薬物代謝酵素 82
ヤマトクサカゲロウ剤 135

ユ

誘引剤 133
有害生物 133
有機アニオン 90
有機合成殺鼠剤 151
有機ニッケル 28
有髄神経線維 74
ユビキノン 81

ヨ

幼若ホルモン 82
溶存態 187
溶脱 187

ラ

落果防止 191
ラニチジン 121
ラミナジョイント 195
卵菌類 62

リ

β-リアーゼ 89
リニュロン 169
リブロース-5-リン酸 84
リムスルフロン 171
粒径 206
粒剤 23
硫酸亜鉛 33
硫酸オキシキノリン 44
硫酸タリウム 151
硫酸転移酵素 92
硫酸銅 32, 71
リン化亜鉛 151
リン化アルミニウム 11
リン酸アミド型有機リン剤 86, 107
リン酸エステル 91
リン酸-o-トリル 105

レ

レスメトリン 114, 117
レナシル 181
レプトホス 27, 106

ロ

老化 100
老化抑制作用 194
ロテノン 14, 81

ワ

矮化剤 194
ワクチン 49
ワルファリン 151

英略語・記号索引

AChE（アセチルコリンエステラーゼ）　77, 88, 96, 101, 149
AChE 阻害　99
ACN　181
ADP　81
ASM　54, 65
ATP 合成　81

BHC　6, 12, 16, 126, 127
BIT　65
BTH　54, 202

CAB-02　47
CAT　179
CDNB　90
CMA　32
CMV　68
CNA　25, 37
CoQ　81
4-CPA　192
CPV　138
CYP　85

DBEDC　54
DBN　181
DCBN　181
DCIP　149
DCNA　25
DCNB　90
DCPA　35, 43, 49, 172
D-D　35, 149
DDT　6, 16, 17, 73, 115, 126, 128
m-DET　133
DFP　106
DIMBOA　156
DL 粉剤　206
DMI　60
DN　81
DNA リガーゼ　198
DNOC　81
DPA　167
DPC　37
$d\pi$-$p\pi$ 寄与　103

EBI　43, 60
EBP　27

EDDP　27, 28, 58
EPN　12, 105
EPTC　90

FAD　84, 86
FADH　80
FD 剤　206
FMN　84
FMO　86

γ-BHC　127
GABA　76, 146
GABA レセプター　125
GSH　89, 104
GST　89, 102, 104
GV　138

IBP　27, 28, 58, 70, 91, 92
IGR　82
IPC　168
IPM　153

JAS 法　71

KT_{50}　115

MAC　32
MAF　32
MAFA　33
MBC　61
MBCP　27
MCP　7, 166
MCPA　191
MCPB　166, 191
MCPP　166
MDBA　166
MEMC　31
MFO　84, 96
MFO 阻害剤　86
MGK 264　115
MMC　31
MTMC　109

NAC　109, 191
nAChR のアゴニスト　125

NAC 代謝分解　110
NADH　80
NAD(P)H　84
NADPH　86
NADPH-P 450 還元酵素　88
NADPH 再構成系　86
NPV　137

PAC　180
2-PAM　100
PAP　92
PAPS　92
PBZ　65
PCBA　25, 37
PCNB　25, 37, 56, 62
PCP　10, 14, 25, 37, 56, 177
PGPR　141
PMA　31
PMAC　31
PR タンパク質　202

SAP　175
SAR　202
SH 阻害剤　56
SKF 525-A　86, 87
ST　92
ST 1　92
ST 2　92

TCA 回路　55, 79
TCMTB　54
TCTP　167
TEPP　11
TMB-4　100
TOCP　105
TPN　25, 37, 56, 63
TPTH　32, 57

UDPGA　92
UDP-グルクロン酸転移酵素　92
UDP グルコース　95
UGT　92

VAA　64
VMA　64
VX　101

MEMO

| 農　薬　学 | 定価はカバーに表示 |

2003 年 9 月 25 日　初版第 1 刷
2022 年 3 月 25 日　　　第14刷

編集者　佐　藤　仁　彦
　　　　宮　本　　徹

発行者　朝　倉　誠　造

発行所　株式会社　朝　倉　書　店

　　　　東京都新宿区新小川町 6-29
　　　　郵便番号　　162-8707
　　　　電　話 03(3260)0141
　　　　Ｆ Ａ Ｘ 03(3260)0180
　　　　https://www.asakura.co.jp

〈検印省略〉

© 2003　〈無断複写・転載を禁ず〉　　　新日本印刷・渡辺製本

ISBN 978-4-254-43084-4　C 3061　　　Printed in Japan

JCOPY 〈出版者著作権管理機構 委託出版物〉

本書の無断複写は著作権法上での例外を除き禁じられています．複写される場合は，そのつど事前に，出版者著作権管理機構（電話 03-5244-5088, FAX 03-5244-5089, e-mail: info@jcopy.or.jp）の許諾を得てください．

好評の事典・辞典・ハンドブック

書名	編者	判型・頁数
感染症の事典	国立感染症研究所学友会 編	B5判 336頁
呼吸の事典	有田秀穂 編	A5判 744頁
咀嚼の事典	井出吉信 編	B5判 368頁
口と歯の事典	高戸 毅ほか 編	B5判 436頁
皮膚の事典	溝口昌子ほか 編	B5判 388頁
からだと水の事典	佐々木成ほか 編	B5判 372頁
からだと酸素の事典	酸素ダイナミクス研究会 編	B5判 596頁
炎症・再生医学事典	松島綱治ほか 編	B5判 584頁
からだと温度の事典	彼末一之 監修	B5判 640頁
からだと光の事典	太陽紫外線防御研究委員会 編	B5判 432頁
からだの年齢事典	鈴木隆雄ほか 編	B5判 528頁
看護・介護・福祉の百科事典	糸川嘉則 編	A5判 676頁
リハビリテーション医療事典	三上真弘ほか 編	B5判 336頁
食品工学ハンドブック	日本食品工学会 編	B5判 768頁
機能性食品の事典	荒井綜一ほか 編	B5判 480頁
食品安全の事典	日本食品衛生学会 編	B5判 660頁
食品技術総合事典	食品総合研究所 編	B5判 616頁
日本の伝統食品事典	日本伝統食品研究会 編	A5判 648頁
ミルクの事典	上野川修一ほか 編	B5判 580頁
新版 家政学事典	日本家政学会 編	B5判 984頁
育児の事典	平山宗宏ほか 編	A5判 528頁

価格・概要等は小社ホームページをご覧ください．